遺伝子は行動を
いかに語るか

M. ラター 著
安藤 寿康 訳

Genes and Behavior
Nature-Nurture Interplay Explained

培風館

Michael Rutter
Genes and Behavior: Nature−Nurture Interplay Explained

Copyright © 2006 by Michael Rutter

This edition is published by arrangement with Blackwell Publishing Ltd, Oxford. Traslated by Baifukan Co Ltd from the original English language version. Responsibility of the accuracy of the translation rests solely with Baifukan Co Ltd and is not the responsibility of Blackwell Publishing Ltd.

本書の無断複写は，著作権法上での例外を除き，禁じられています．
本書を複写される場合は，その都度当社の許諾を得てください．

序　文

　行動遺伝学と社会化理論が互いに相反せざるをえないとみなされていた期間はあまりにも長かった。両「陣営」の研究者たちは，相手側の「陣営」の研究の概念や発見を攻撃するのではなく，研究をほとんど引用しないのだ。その結果，それぞれの研究が貢献すべきことについて無意味な論争と深刻な誤解を生むことになった。私がこの本を執筆することにした目的は，行動における遺伝的影響が重要性をもつさまざまなあり方の可能性を，専門的にではなく，読みやすく説明することである。このことは，遺伝子がどのように働くかを伝えることになるわけだが，それがはっきりしてくると，遺伝子がそれだけで働いているわけではないということがわかってくる。こうして，環境的影響に関する知識や氏と育ちの相互作用がどのように発達の過程で作用しているかについての議論が必要となってくるであろう。「育ち」は家庭での養育パターンにのみ言及されがちだが，この本の題名が表しているように，もっと広い範囲の環境的経験をさすことを意図している。

　私は遺伝学者としての訓練を受けてはないが，およそ30年間，行動遺伝学のユーザーであったし[1]，私自身が遺伝的メカニズムや遺伝の問題について知識を得ようとしてきた。しかしながら，同時に，それと同じ期間，私は発達と心理社会の研究者でもあった[2]。これらのバックグランドを一つにまとめることで，私は行動遺伝学の熱心な支持者[3]であると同時に，ある程度，行動遺伝学の行き過ぎに対する批判者[4]となるに至った。したがって，私はうまくいけば専門的な遺伝学の概念や発見の「翻訳家」の立場をとれるだろう。加えて，私は遺伝研究の倫理に関する考察にも深くかかわってきた[5]。このことも私が成し遂げたい行動遺伝学と社会化理論の統合を達成するためのよいバックグランドを与える助けとなっている。

i

1章では遺伝学の主な成果を概観し，つづいてなぜ遺伝子と行動の話が驚くほどの論争になったかを考察する。部分的には，こうした論争は誤解や間違われやすい主張によって起こったが，遺伝学が過去に悪用されてきたことや，今後も適切に扱われなければ誤用されかねないことは受けとめなければならない。遺伝学の批判者たちは，彼らが悪しき生物的還元主義とみなすものを攻撃してきた。したがって，こうした概念のもつ意味を論じ，還元主義的アプローチのよい側面と悪い側面の両方を指摘したい。

この本を通じて明らかなように，遺伝的影響は確率的であって，決定論的なものではない。この意味をわかってもらうために，2章では，リスク因子と保護因子の概念を，遺伝的影響と環境的影響の両方にあてはめて論じる。エビデンスが示しているのは，因果関係や行動に寄与するそのいずれの影響も，たいていの場合，カテゴリー的なものとして考えるだけでなくディメンショナルに〔訳注：連続的な次元性をもつものとして〕考えることが必要だということである。伝統的に，人は，異常な疾患や症状と，一般の人々に起こる標準的な差異を峻別しがちである。近年の研究から，例えば冠状動脈疾患のような身体症状やうつ病のような精神疾患においては，正常と異常のあいだにかなりの連続性があることが示されてきている。これは統合失調症や自閉症のような重篤な疾患の場合ですら同様である。

以上を背景に，3章では，双生児や家族，養子の研究を，ある特定の集団における行動（正常，異常ともに）の個人差に及ぼす遺伝的影響と環境的影響の相対的強さを決定するのに用いることができることを説明する。また，4章では重要な精神疾患や健常な特性もしくはパーソナリティを選び，それとの関連でわかってきたことについて手短に紹介する。5章では同じことを環境的影響の側面について論じる。

6章は遺伝的影響と環境的影響の強さを量的に表すことにかかわる前半のグループの章と，特定の遺伝子の同定や遺伝子の働きに関連する後半のグループの章を橋渡しする。つまり，6章ではさまざまなパターンの遺伝についてわかっていることを概説する。続いて7章では，遺伝子が実際に何をしているのかを説明する。専門的でない言葉で平易に書かれてはいるが，この6章と7章は遺伝学を学んだことのない人々にとってはあまり親しみ

のない表現と概念かもしれない。詳細を知りたいと思わない読者は，ここは読み飛ばしてもらってもかまわないだろう。しかしながら，できれば読んでいただきたい。なぜなら遺伝子がどう働くかを理解することは，行動に関する遺伝学の重要性を理解し，同時に遺伝学の限界も理解する上でとても重要だからである。8章は行動に影響を及ぼすと考えられる個別の遺伝子を見つけるのに使われる方法について解説し，なんらかの重大な精神疾患の発病しやすさにかかわる遺伝子について明らかになったことを要約する。

9章では遺伝子と環境について，両者の相関と交互作用の役割に関する議論を通じてまとめる[6]。多くの点で，この章がこの本の中心的な問題を扱うこととなる。なぜならここでは遺伝子と環境が，完全に別々とも独立ともみなせないことを示しているからある。遺伝子は多くの場合，大切なところまで環境を通して作用する。すなわち，遺伝子の効果が現れるのは，まず第一に，ある人が危険な環境に出会う確率が，その人が自分の環境を形づくり選択する遺伝的影響を受けた行動による影響を受けるからである。また第二に，環境が意味をもつのは，遺伝子が危険な環境に対する人々の感受性に結果として影響するというということである。人は環境への脆弱さにおいて多様であり，遺伝子はその個人差にかかわっている。

10章では，視点を変えて，実際に環境が遺伝子にどういう働きをするかということについて述べる。いままでは通常，経験の結果として遺伝子が変わることはありえないと考えられてきた。遺伝子配列に関していえばそれはいまでも正しい[7]。しかし身体組織の遺伝子発現の場合，それは正しくない[8]。それはつまり，DNAはその人が受け継いだものだが，そのDNAの効果は，個々の細胞の構造と機能のなかで，DNAの産物の発現をもたらす連鎖反応に依存しているということである（7章で論じている）。これが，どのように環境が遺伝子を変えるのか，また実際に変えているのかという意味である。遺伝子発現の研究はわれわれを非常に複雑な基礎科学の領域に連れていくことになるが，10章は生化学がやっている実験よりも，そうした研究の成果（このほうがずっと重要で理解可能である）について集中的に記述する。

最後に，11 章では政策や実践に対する意味づけの可能性と絡めて，まとめと見通しを探る。

Notes

文献の詳細は巻末の引用文献を参照のこと。

1) Folstein & Rutter, 1977a & b; Rutter, 1994, 2004
2) Rutter, 1972, 2002a
3) Rutter, 1994; Rutter, 2004; Rutter & McGuffin, 2004
4) Rutter, 2002b; Rutter, & McGuffin, 2004; Rutter et al., 2001a
5) Royal College of Psychiatrists, 2001; Rutter, 1999a
6) 遺伝子・環境間相関とは，人が特定のリスク環境あるいは保護環境に出会う確率に遺伝子が影響していることをいう。遺伝的影響は人々の状況や経験の選択を形づくらせる行動への効果を通じて作用する。遺伝子・環境間交互作用とは，特別なリスク環境や保護環境に対する人々の感受性あるいは被害の被りやすさに遺伝子が影響していることをいう。
7) 遺伝子配列は遺伝情報を提供する。それらは DNA（デオキシリボ核酸）のなかの化学基（アデニン，グアニン，シトシン，チミン，略して A, T, C, G）の特定の順番からなり，それが翻訳されてタンパク質となる（7 章参照）。
8) 遺伝子発現とはその効果を DNA がメッセンジャー RNA（リボ核酸）への転写を通じて発揮しタンパク質に翻訳される過程である（8 章参照）。

感謝のしるし

　遺伝子について私が学んだほとんどは，社会学，遺伝学，そしてロンドンの精神医学協会の発達心理研究センターの同僚たちの恩恵を受けたものである。また，リッチモンドにあるバージニア精神医学および行動遺伝学研究所，オックスフォード大学の人類遺伝学ウエルカムトラストセンターの同僚，そして，私が研究を始めたころに一緒に働いていたスーザン・フォルスン，アービング・ゴッドマン，ジェリー・シェルたちのおかげでもある。特に妻であるマージョリー（彼女とは1990年代に発達についての本を共同執筆したのだが）に，本当にとても感謝している。そして，アサロン・カスピ，ケネス・ケンドラー，テリー・モフィット，トニー・モナコ，バーバラ・モーハン，ステハン・スコット，そして原稿段階の手書きのこの著書を読んでためになる提案と，コメントをくれたアニータ・タパーに感謝をしている。言うまでもなく，残された誤解釈は完全に私の責任によるものである。デボラ・バリンガーミルとジェニー・ウィッカンは参考文献と形式を分類し，あいまいな言語や不適当もなく，原稿からこの最終段階にもってくるまでおおいなる助けとなってくれた。以上のすべての人々に心から感謝したい。

　　　　　　　　　　　　　　　　　　　　　　　　マイケル・ラター

目　　次

1 章　なぜ遺伝子と行動の話題は論争を呼ぶのか？ ── 1
2 章　原因とリスク ── 23
3 章　生まれはどのくらい，育ちはどのくらい？ ── 51
4 章　さまざまな精神疾患や特性の遺伝率 ── 81
5 章　環境に媒介されるリスク ── 115
6 章　遺伝のパターン ── 145
7 章　遺伝子は何をしているのか ── 179
8 章　特定の感受性遺伝子の発見と理解 ── 197
9 章　遺伝子と環境の相互作用 ── 223
10 章　環境は遺伝子に何をしているのか ── 265
11 章　結　　論 ── 277

訳者あとがき　283
用語解説　289
引用文献　297
索　引　327

1章
なぜ遺伝子と行動の話題は論争を呼ぶのか？

　私はこの本で，遺伝学の話題がわれわれすべてにとってなぜそんなに重要なのか，とりわけ精神疾患（うつ病や統合失調症など）や健常な心理的特性（学業成績の個人差やパーソナリティの特徴など）の原因や変化の経緯にかかわる問題に，遺伝学の話題がどうすれば十分有益な情報を与えてくれるかを説いていこうと思う。ただし遺伝学の真価を述べていくなかで，私は，遺伝的影響を敵視する一部の批判者たちに広く蔓延している遺伝学に対する誤解を指摘するだけでなく，遺伝学のある種の主張につきものの「過剰宣伝」や誇張も指摘しなければならなくなるだろう。

　この本の舞台設定のために，遺伝子と行動の話がなぜこのように驚くほど論争の的となってきたかに関する考察へと話を進めていくが，その前に，遺伝学の成果や主張について少し述べる必要がある。それは実験室の基礎的科学と，より応用的な研究の両方にかかわるものである。

■ 遺伝学の成果

　遺伝学の歴史は19世紀中ごろまでさかのぼる。そのころ，メンデル（オーストリアの修道士で科学者としての教育も受けていた）が，えんどう豆の研究を用いて，**遺伝子**は世代から世代へ伝えられる微粒子状の因子であり，それぞれの遺伝子が異なった型をとることを突き止めた。それがいま**対立遺伝子**（アレル：allele）とよばれるものである（Lewin, 2004 を参照）。おもしろいことに，彼の発見の重要性はそのときには世間に認められず，実際には彼の死後かなり経つまでその価値は評価されなかった。

また，20世紀中ごろになるまで，デオキシリボ核酸（**DNA**）が遺伝をつかさどる物質を構成していることは明らかにならなかった。しかしそのときでさえ，遺伝子がどのように働くのかはまったく理解されていなかった。

私が医学生だった1950年代はじめは，ヒトがいくつの染色体をもっているのかということすら知られていなかったし（それが見いだされたのは1956年である），ダウン症がストレスの結果であるのはどのようにしてかという議論がされていたのだ（それが第21染色体が1本多いことに由来していることはつい1959年に発見されたばかりだ[1]）！　基本的な生物学のしくみについては，1953年に大躍進が起こった。ワトソンとクリックによってDNAが一対のらせん状の構造をしていることが発見されたのである。すばらしく控えめな表現で，彼らは論文を次のように結んでいる。「われわれが想定したこの特有の組合せは，とりもなおさず遺伝物質の複写を可能にするしくみであることを示しているのを，われわれは見逃さなかった」[2]。もう一つの重要な飛躍は，1977年にフレッド・サンガーが，DNAのどのらせんのなかであろうと**ヌクレオチド**（nucleotide）の正確な配列を決めるしくみを記したことである。これらの発見はともにその重大さにふさわしくノーベル賞の受賞に至った。20世紀後半には，恐ろしいまでに目を見張るような分子生物学の一連の科学的発見があり（そのうちいくつかはさらなるノーベル賞をもたらした），遺伝子の作用に関する生物学的な詳細を豊かに理解させてくれるようになった。そのなかの重要な詳細のいくつかは7章で概説する[3]。

遺伝子の働きを支える生物学的メカニズムに関する基礎科学的な解明とはまったく別に，技術的（そして概念的）な発展が，特定の疾患の易罹患性〔訳注：病気や疾患へのかかりやすさ〕に関連する遺伝子を同定する道を開いた。おそらくその最初の非常に重要な一歩は，酵素がDNAをある特定の配列のところで切るのに使えるという発見であり，そして次のもう一歩は，ゲノム全体にわたる多型マーカー（個人個人で異なるいくつかの形をとるという意味）の発見であった。その最初の種類は，制限酵素断片長多型（**RFLP**）というものだった。しかしこれらは，マイクロサテライト単純反復配列（SSR）や，もっと最近では一塩基多型（SNP）によって

取って代わられてきた。最近のそうした発展の利点は，かなり多量のマーカーを利用可能にすることである。そのほかに二つ，分子遺伝学の可能性に革命的変化をもたらした発展があった。一つめは，1980年代中ごろのポリメラーゼ連鎖反応（PCR）の発見で，特定のターゲットとなる**DNA配列**の選択的な増幅が可能になり，遺伝子のクローニング（すなわち複製）ができるようになって，研究をさらに促進させた。二つめは，自動化された高速の方法が開発され，それまで使われてきたマーカーの全ゲノムにわたる敏速なスクリーニングが可能になった。それに加えて，遺伝子の同定に必要な統計的手法にも重要な進展があった。最後に，動物種間にまたがる大規模な遺伝子の重複が見つかったことも重要であったことを強調しなければならない。それによって，他の有機体（イースト菌やショウジョウバエなども含んだ）についての研究から示唆を得ることや，**動物モデル**を通して遺伝子の機能についての仮説を検証することが可能になった。

こうした革命的な発展がもたらしたのは，莫大な数の単一遺伝子型の医学的症状（特定の環境的要因を必要とせずもっぱら遺伝子に由来するという意味。6章参照）に関与する個別遺伝子の同定である。複数の遺伝的，環境的な**リスク因子**のあいだに複雑な相互作用が存在する多因子性疾患への感受性にかかわる遺伝子についてみると，その進歩はずっとゆっくりしたものであるが，8章で述べるように，いままさに発展しつつある。

このことはすべて，科学的にみて間違いなくきわめてエキサイティングなことであるが，特定の医学的症状に関する遺伝的問題への理解を十分に与えてくれたわけではなかったのかもしれない。しかしながら，6章で述べるいくつかの通常とは異なる遺伝子のしくみが示すように，臨床的には重要な進歩がある。

科学者たちは，個々の遺伝子の機能と効果についての的確な理解に，科学的のみならず医学的可能性が大きいと認めたため，1990年に国際共同研究ヒューマン・ゲノム・プロジェクト（HGP）が全ヒトゲノムの配列の解明に乗りだした。その報告書の草案は，2001年にHGPと競合する営利企業のセレラ・ジェノミクス社の両者によって発表された[4]。その次の報告書は2004年に発行された。重要な発見の一つは，タンパク質を暗号化し

た遺伝子の数（20,000〜25,000）が考えられていた数よりかなり少ないということだった。これは遺伝子の働きを理解する上でいろいろな意味があり，7章で論じる。

　20世紀前半における遺伝子のメカニズムに関する初期の発展，ならびに20世紀後半における分子生物学分野の急激な発展と並行して，それとやや独立した発展が集団量的遺伝学にあった。実際には，才能がどのように家系に伝わるかについて19世紀中ごろにフランシス・ゴールトンの行った研究がこの分野の先駆けとなったが，遺伝学のこの部門の土台をつくったのは，統計学者のカール・ピアソンとロナルド・フィッシャー，それに遺伝学者のJ. B. S. ホールデンであった。心理的**特性**（trait）や精神疾患への遺伝的影響と環境的影響の相対的重要性を決定するために，双生児と養子の研究がきわめて効果的に用いられていた。精神疾患については，1948年にモーズレー双生児レジスターを作成し，自分自身が設立した医学研究会議の遺伝精神医学部門での研究を行ったエリオット・スレイターが重要な人物であった。20世紀の後半には，サンプリングと統計学の両方できわめて重要な発展があった。そしてその結果として，広範囲にわたる心理的特性や精神疾患の遺伝規定性についてのみごとな知識の集大成がつくられた[5]。初期になされていたものよりもはるかに決め手となる双生児や養子研究へ取り組みがなされたことも重要である[6]。特に，研究者たちは異なる研究方略を融合させることの必要性をよく理解していた。その結果わかったことは，遺伝的要因が，ほとんどすべての心理的特性の発現と，ほとんどすべての精神疾患の発症の個人差のなかで重大な役割を果たすということであった。いくつかの実例（**自閉症**や**統合失調症**など）では，遺伝的影響が圧倒的に多い。しかし，多くのケースでは，遺伝的影響の寄与はより少ない（一般母集団の分散の約20〜60パーセントを説明する程度）。

　三つの重大な発見が特に重要である。一つめは，特性や疾患のかなりの部分に関して，遺伝的要因と環境的要因の両方が影響を及ぼしているということである。これは生まれつきの資質が原因，これはしつけが原因というようにきちんと分けてしまうことは，誤解を招くことになることを意味する。二つめは，まれな状況を除いて，遺伝子は心理的特性や精神疾患の

決定因ではないということである。つまり，遺伝的影響は，因果連鎖の異なった部分に直接，間接に作用する複雑な効果の混合体であるということである。そして三つめは，遺伝的影響力の広がりは，社会的行動や態度，さらに特別なタイプのリスク環境の経験しやすさにまで及ぶということである。

過去半世紀にわたるこれらの目を見張る遺伝学の発展は，この後に続くことが期待されるその恩恵のために，例外なく喜んで歓迎されるだろうと考えられるかもしれない。しかしながら，専門家も素人もその反応は同じようにきわめて多様であるため，さまざまな論争のなかで何が問題となっているかに話題を移していかなければならない。

医学的な実用性がないと考えられていること

ル・ファニュ[7]は，科学を評価しつつも，「新しい遺伝学」を現代医学の大きな失敗の一つとしている。彼が着目しているのは，遺伝子の研究が疾患の原因を解明することで治療や予防の効果的な新しい方法を導きだす，という約束が簡単には果たされてきていないという点である。なぜなら遺伝子工学や遺伝子選別や遺伝子治療に成功したといっても，遺伝子の研究はきわめて限定された成功しかもたらしてこなかったからだというのである。彼は続けて，全体的にみると，それは遺伝子が病気のなかで重要な役割を果たさないからであり，また遺伝子が重要な役割を果たすとき（嚢胞性線維症のような単一遺伝子性疾患のような場合）でも，遺伝効果はとても複雑で理解しにくいので，それらについて何か手を施すということがほとんどできないからだ，と主張する。遺伝子治療は過大評価されすぎであり[8]，遺伝学は薬の発見において目覚ましい進歩に結びついていないという彼の見解は，疑いの余地なく正しい。それでもやはり，彼の結論は時期尚早で過度に悲観的である。その誤りは，遺伝的影響と単一遺伝子性疾患を同等とみなしていること（これらが医学的状態のごくわずかな割合の説明をすることは正しい）や，（いわば一部の遺伝子の信奉者と同じように）遺伝子の同定それ自体が病気の原因を解明するだろうと想定していること

である。4章で論じるように、双生児や養子の研究が見いだした発見は、遺伝的影響は精神疾患も含めすべての医学的症状において（決定的ではないが）非常に重要であることを有無を言わせず示している。しかし遺伝子は、ほとんどすべての場合で、多要因の因果関係の一部分として環境的影響とともに作用している（この意味についての議論は2章を参照）。

「新しい遺伝学」を否定する時期尚早さは、二つの異なった考え方から生じている。第一に、そして最も決定的なことは、遺伝学から得られた指標を用いるものの、それを越えて、どのように因果的影響が作用するのかを解明するための生物学研究を行う必要性を無視している点である。遺伝子の発見それ自体ではこのようなことはできないだろう。7章で議論するが、DNA自体はどんな疾患過程の原因ともならないし、それゆえ、ある疾患の結果の素因となる遺伝子を個々に同定しても直接的に有益な情報とはならない。ブライソン[9]が、科学の分野を手軽に概観できるとてもおもしろい人気のある著書のなかで述べているように、ヒトゲノムの暗号解読は単にそのはじまりを構成しているだけにすぎない。なぜならどうやって効果が現れるのかをそれは明らかにしてはいないからだ。タンパク質はその働きを供給してくれる働き馬であり、いままでのところ、疾患に関係したタンパク質の働きについて（ましてや行動に関係したものについて）、われわれは驚くほど無知である。「**プロテオミクス**」という用語が、タンパク質の相互作用の働きについての新しい研究分野をカバーするために数年前に登場した。もしわれわれが、どうやって遺伝子が疾患の因果関係にかかわっているのかを理解したいと思うのなら、プロテオミクスについて大きく前進させることが必要であり、またそのためには時間がかかるだろう。

しかしながら、化学を理解することは、重要ではあるが、それだけでは十分ではない。化学的効果が特定の疾患もしくは特定の特性や特徴をもたらす役割を果たすに至る複雑な経路を解明する必要がさらにある。そのためには、細胞化学から身体全体の生理学までを網羅し、どのような過程が問題となる結果を導きだしているかについての仮説や考えを発展させたり検証したりする、統合された生物学が必要とされるだろう。さらに加えて、因果過程の決定的な一部分として遺伝子と環境の両者の相互作用を理解す

るために,かなり異なる分子疫学の分野が必要とされる。これらはすべて,潜在的には実行可能だろう。しかしそれには時間がかかるだろうし(何十年もであって,たった数か月や数年ということはない),われわれは遺伝子の発見から因果過程の決定までの長い道のりを追い求める方法をたったいま習得したばかりなのだ[10]。「新しい遺伝学」の否定が時期尚早であるというもう一つの理由は,多因子による障害や特性に関与している遺伝子の同定に必要とされる時間の長さを正しく評価できていないということにある。さらにまた,科学者たちには高まる期待に応えられないことに対する責任を負い続けてきている。2000年に発表された論文で,プロミンとクラッビー[11]は,われわれはすぐに「感受性遺伝子であふれかえってしまう」だろうと主張した。8章で示すように,重要な進歩はあるが,(身体的もしくは心理的な)多因子の特性の遺伝子を同定することは非常に難しいことも繰り返し証明され続けている。なぜなら,ほとんどの遺伝子はとても小さな効果しかもたず,またそれらの効果はしばしば環境の状況次第であるからだ(9章の**遺伝子・環境間交互作用**を参照のこと)。私は本書が明らかにしてくれるのを願っているが,「新しい遺伝学」は,効果的に科学の他の部門と結びつくことによって初めて重要な進歩をもたらすことを,あらゆるエビデンスは示唆している。

■ 双生児や養子の研究のエビデンスは質が悪いのか

遺伝率という基本概念を心理的特性の個人差に適用することに対してもそうだが,とりわけ双生児や養子の研究の質が悪いということに対して,量的行動遺伝学は(医学的遺伝学とは違い)痛烈な攻撃を受けてきた[12]。3章と4章で議論されているが,方法論への批判のいくつか,特に初期の研究についての批判は,部分的には妥当であることを認めなければならない。双生児研究の前提に疑問をもつことに十分な注意が払われておらず[13],養子家族の環境範囲に制約があることの意味を正しく理解し損ねていることもしばしばあり[14],さらにサンプリングの問題に対する懸念[15]や研究参加者の偏りの影響[16]もあった。これらの批判はそれなりに妥当であるが,

行動遺伝学全体を否定することに躍起な批判者たち[17]にも，研究の発見に対して都合のいいところにしか注意を向けていないという罪が同じようにある。たとえ説明されるべき母集団分散の程度にかなりの不確実性があるにしても[18]，感情に動かされない冷静な批判者であれば誰でも，個人差に遺伝子が重要な影響を及ぼしていることを示すエビデンスを否定できないと結論づけなければならないだろう。

　関連する重要な点が三つある。第一に，方法論の問題にきちんと対処している研究には特別な注意を払う必要がある（4章参照）。第二に，異なる研究（対照的な長所と限界のパターンをもつ）がどのくらい同じ結論を導きだしているかに注意を払う必要がある。第三に，環境的影響が研究の発見の全体的パターンをどのくらい説明できそうなのかを問う必要がある。世論が遺伝的影響の強さについて意見を異にするのはもっともだろうが，遺伝的影響が重要であることに対して疑問視する合理的理由は一つもない。

▌行動遺伝学の不正と偏り

　シリル・バートの双生児データの例がまさにそうだが[19]，行動遺伝学の研究は，時折あからさまな不正を含んでいるというエビデンスから，さらなる懸念が生じている。バートは英国で非常に有名な心理学者で，知的障害に関する重要な先駆的疫学研究に着手し，専門家として応用心理学の樹立に多大な功績を残し，因子分析（特性をどのようにまとめあげるかについて研究するための統計的方法）の開発で重要な役割を果たした。しかしながら，彼はまた知能における遺伝的影響の大きさを強く提唱した人物であり，彼の発表した双生児研究に基づく発見は（いくつものもっともな根拠によって）不正に改ざんされたのではないかと疑われるようになった。行動遺伝学の（とりわけ知能指数（IQ）に焦点をあてた）主唱者たちのなかには，不正のエビデンスを一所懸命に否定したり，それほどひどくはないと言おうとしている者もいる[20]。しかし，冷静な評者たちのほとんどは，データ改ざんのエビデンスがとても強いため，信頼できないものとしてバートのデータを排除する必要があるという結論を下している。また，

不正への批判に加えて，行動遺伝学者のなかには研究のエビデンスへのアプローチの仕方にかなり偏りがあることへの懸念もある[21]。これらは重大な科学的関心事であるが，異論の多いデータを含めようと除外しようと，遺伝的影響についての結論はほとんど同じである。それにもかかわらず，その信頼に欠ける状況は行動遺伝学の大儀を決して助けていない。何人かの行動遺伝学者たちが不正や偏りの現実を受け入れることに躊躇しているために，それよりも圧倒的に多量の質の高い双生児研究が，不当に酷評されているのはきわめて遺憾なことである。

■ 怪しい組織から研究資金を受けとっていること

これといくらか関係のある関心事として，行動遺伝学者たちのなかに，遺伝学を人種差別に使うことを支援すると思われたり，非常に怪しい組織から研究のための経済的援助を確かに快く受けていたりするということがある。アイゼンクとジェンセンは，人種差別主義的な目的をもっていると広くみなされているパイオニア・ファンドから基金を受けとっていることをまったく問題視してきていない。ハンス・アイゼンクは，バートと同じように，ロンドンのとても優れた心理学者であった。彼は，精神疾患に関連するパーソナリティ特性についていくつかの非常に重要な量的研究に着手したり，弟子たちを通じて心理療法に行動的方法を使用する先駆けとなった。彼はすばらしい教師かつ伝達者であり，とても読みやすいペーパーバックシリーズを通して心理学を上手に普及させた。しかしながら，彼はまた，人種と知能指数，喫煙とガン，そして占星術についての熱狂的論客でもあった。不正行為として一度も正式な調査を受けたことはないけれども，生涯を通してずっと，アイゼンクはエビデンスの使い方が少し怪しいという疑惑をかけられていた[22]。彼が勤めていた機関は，倫理委員会に提出するのを「うっかり見落とした」研究のためにパイオニア・ファンドから得た研究資金を返上することをアイゼンクに要求した。

アメリカの心理学者，アーサー・ジェンセンは，一般知能の生物学的に中心にある核としての"g"という考え方に関するさまざまな概念や発見に

かかわった世界的な専門家である[23]。彼はこの話題において，いくつかのとても重要で質の高い研究に取り組んできた。しかし，遺伝に関してジェンセンといえば，特にアフリカ系アメリカ人が白人と比較して平均して知能指数が低いのは遺伝的素質が原因であり，教育的な介入によって知能指数の値を上げようとしても失敗する運命にあるのだと論じた論文[24]を連想する。彼は公然と認めようとはしてはいないが，彼の主張は誤っていることが知られている（なぜならグループ内の違いで明らかになったことに基づいてグループ間の違いの原因を推測することには正当性がなく[25]，またどの双生児のデータもアフリカ系アメリカ人に基づいていないからである）。彼は資金団体によって自分のエビデンス報告を非難しようとする企てはこれまでに一度もないと主張している[26]が，薬剤研究のように[27]，資金源が研究結果の報告のされ方に影響を及ぼしているのは明らかである。アイゼンク[28]も同様に，喫煙と肺ガンとの関係について行った重要な議論は，タバコ会社からの莫大な援助の影響を受けたものではない，といつも主張していた。しかしながら，ブリティッシュ・アメリカン・タバコが科学的発見をもみ消したという正当なエビデンスがある[29]。そもそも特定の科学者の研究に誰が資金提供したかは無関連などと考えるのは，認識が甘い。きわめて当然のことだが，倫理指針勧告は資金源を考慮に入れなければならないといつまでは規定している[30]。

それに加えて，遺伝学の発見を差別的な**優生学**の実行を支援するために悪用する心配がある。例えば，優生学の原理に基づいて，1930年代中ごろ，約20,000人ものアメリカ人が彼らの意志に反して断種させられた[31]。ナチスドイツはさらにそれ以上にことを推し進め，1934年から1939年のあいだに約322,000人を同じ末路に追いやった。もちろん，これらの忌わしき政策は遺伝学の発見の誤解に基づかれたものであることは事実であるが，その発見がとても優れた遺伝学者たちによって支えられていたというのも事実である。多くの人々は，この歴史に刻まれた過去は嘆かわしくきわめて遺憾なことではあるが，それは今日の情勢と関連はないと考えているだろう。しかし，本当にそうだろうか？　ミューラー–ヒル[32]は，知能指数の感受性遺伝子が発見されたとき，遺伝的優越や劣等の概念が（知能指

数についての見解を理由に。以後の記述参照）優生学への誘惑を必然的に伴って，おそらく再現するだろうと指摘した。また「デザイナー・ベビー」（遺伝子に基づいて選ばれた赤ちゃん）は将来的に適切な手段だという一部の優れた（しかし道徳的に無邪気な）遺伝学者たちの見解をめぐる懸念があるのももっともである[33]。

■ 知能遺伝子の特定という聖杯

　行動遺伝学が知能指数や一般知能だけを特に重要視していないのは明らかである。むしろ，あらゆる心理的特性や精神疾患に及ぼす遺伝的影響と環境的影響に関心がある。それにもかかわらず，知能指数の**遺伝率**に関する主張にだけ議論が集中するのも事実である。ケイミンの『IQの科学と政治』という本[34]のなかに，「知能指数（IQ）スコアがいかなる形であれ遺伝的であるという仮説を慎重な者に受け入れさせるデータはない」という主張がある。実際，知能指数の個人差に遺伝的影響が重要だということを指摘したエビデンスはたくさんあり，そのほとんどの推定値が約50パーセントの遺伝率としている。しかし，批判の基本は遺伝率の正確な値がどのくらいかということよりも，むしろいささか遺伝学の心得のある心理学者が，みなが同じように傑出した性質をもつことが望ましいような重要性の高い特性がいくつかあると論じる傾向のほうにある。かくして遺憾にも数多くの論者が知能指数を，人間の特性として他のどの特性より重要視するような上位の位置へ高めている。その結果，十分に知能指数が備わっていないと考えられる社会や民族集団は異なる扱いをされなければならず，知能指数に影響する遺伝子の研究は，行動遺伝学の聖杯（最終目標）の一つとならなければならなかった[35]。もちろん知能指数が高いということが，教育的にも職業的にも成功に対する強力な予測因子となりうることは否定できない。さらに，これは社会的，政治的状況が大きく異なる社会においても同様にみられる[36]。

　一方，知能指数の非常に高い人々の追跡調査で，その人たちは成人後の人生でみながみな必ずしも成功を収めているわけではないということが報

告された。知能指数以外の人間の特性も，うまく適応して成功するためには必要不可欠なのである。われわれは考えたり話したりする動物であるばかりでなく，社会的生物である。そして，大きな意味での成功とは，一般知能だけではなく，社会的関係のなかでの諸能力に左右されるものである。もっと広範囲の重要な適応的特性を無視して知能指数にばかり焦点をあてるのは，馬鹿げているといえるだろう。また，すべての人が高い知能指数をもつことや，高い知能指数の子どもたちを「デザイン」するために遺伝子操作を行うことを望むのも賢明ではない。そういうことをすると，まずはじめに，人間の知能指数以外の望まれる特性において，思いがけず不益な影響が出てくる。仮にすべての人が一様に高い知能をもつようになったとして，それが生物学的にも社会的にも有益なことになりうるかは疑問である。個人差というものは生物学の本質的な一部であり，その個人差を取り払い，みなを同じようにしようとするというのは馬鹿げているし，絶対に達成不可能である。

■ 個人差は不平等と結びつくのか

　生物学的な観点からみて，人間でもその他の動物でも，それぞれ技能，性質，限界において多様性をもつ個体がいるというのは望ましいことだ。あらゆる状況に対して理想的だと考えられるただ一つの「モデル」は存在しないし，また存在しえないだろう。ある一つの環境に適応したり成功したりする特性は，環境が変われば同じようにはいかないだろう。新しい環境に出くわしたときに，その状況にうまく適応できるような個人差があるのは，生物学的には好都合なことである。もちろん，それはどのように進化するかにかかわる重要な特徴の一つであり，遺伝における主要な概念である。

　それにもかかわらず，ここ数年，社会改革をめざす人や社会科学者は，個人差は社会の不平等を生みだしていて，それは本質的には望ましいことではないと考えている。確かに，社会格差が原因となって不健全な結果を招いたというエビデンスは多くある。それに伴う悪影響は明らかに社会階

層の下層でみられる[37]。この社会格差の効果がどのような因果メカニズムによって生じているのかは、正確にはまだよくわかっていないが[38]、不利益の一部は、医療機関やその他のサービスへのアクセス可能性の限界から[39]、また一部は喫煙、ダイエット、運動などによる生活スタイルへの影響からきている。アメリカやイギリスのような貧富の差が開き続けている国々で社会格差が大きくなってきたのは、懸念されて当然である。

　しかし、このことと個人差をなくしてしまいたいという欲求は決して同じものではない。トーニーはこの問題を次のように表している。「生来の資質にはのっぴきならない差があるが、そうした不平等は、個人差にではなく所属する組織のなかで、自らの資源とすることで取り除くことをめざすというのが文明化された社会の証である。もし社会格差が現実的に小さくなるのであれば、社会的活力の源である個人差というものは、もっと成熟し、その表現が見つかるようになるだろう。」[40]　言い換えれば、問題なのは、社会が人々のパフォーマンスを妨げ、それぞれの可能性を引きだし自分を最大限に生かす技術を磨く機会を奪うような何の利益にもならない人為的「障壁」を置いたということである。そのような「障壁」は、差別的な住宅政策や教育機会の不足、そして多くの社会で深く根づいている人種や宗教的差別によってもたらされたのは明らかだ。とても重要なのは、遺伝的影響の重要性に焦点をあてることが、これらの重大な社会的影響（前述の差別など）を無視することにはつながらないということである。われわれはそのような社会的影響がどのように作用するのかをもっとよく知らなければならないし、利益にならない不公平に対処するために適切な行動を起こさなければならない。しかし、そのことと、生物学的に影響される個人差を取り除こうという不毛で破壊的な追求とを混同させてはならない。

　にもかかわらず、心理学者のなかには、遺伝子に焦点をあてると、行動に及ぼす重要な社会的影響から興味と注意を逸らしてしまう可能性があることを懸念している人たちがいる[41]。確かにこのような懸念を生じさせる原因が、遺伝論者の著作物のなかに昔もいまも起源をもつことを認めなければならない。イギリスで遺伝精神医学を確立したエリオット・スレイター（上述）は、社会精神医学やその分野で仕事をする人々に敵対的であっ

た[42]。また，彼が生物学を擁護する姿勢は，精神疾患に対する治療としての脳外科手術への無批判な擁護と結びつき，それが独自の専門領域として発展しそうだと考えるほどに強いものだったのである[43]。同様に，たいへん優秀な言語学者の一人スティーブン・ピンカーも，非遺伝論者は，心は「空白の石板」（環境がすべてを変えうるという意味）だと考える愚かな「かかし」であるとして，社会研究の分野全体を糾弾している[44]。

　遺伝論を重視することは社会的影響を軽視することにつながりかねないという懸念は，ある程度妥当なものである。なぜなら，遺伝的概念や，より広く生物学的概念の重視は，時間の経過や集団間で変異する障害や心理的機能のレベルよりも，個人差に重点をおいているからである[45]。環境的要因が過去およそ半世紀にわたる犯罪，薬物乱用，若年層の自殺などの増加と関連していることは間違いない。同様にそれらは知能の一般水準の向上にも関係している[46]。それは，これらの特性のすべてにおいて個人差に永続的に大きな影響を及ぼすような遺伝的要因がないと主張しているのではなく，そのレベルの高さの変化に非遺伝的要因があるはずだと言っているのだ。遺伝子プール内での変化は遅すぎて，そのような大きな時間的傾向を説明できない。同様に，アメリカでヨーロッパの少なくとも12倍の頻度で殺人が起こるのが遺伝的要因によるものだとはとうてい考えられない。あらゆる可能性において，遺伝的要因はそのような暴力行為を起こさせる可能性をもっているが，国によって差があるというのは遺伝的要因のせいだとは考えにくい。むしろエビデンスが示しているのは，それが銃を手に入れやすいかどうかの関数だということである[47]。行動遺伝学は，このエビデンスを無視したことで批判されてきたのは正しい。もちろんそれは，遺伝的要因が環境との相互作用を通じてかかわっていないと言っているのではなく，遺伝的要因をストレートに決定因とする考え方は正当性を欠いていると言っているのである。

■ 遺伝論の誇張

　これと関連して懸念されることは，遺伝論が誇張されているということだけでなく，自分たちの主義主張に反するエビデンスを頑なに無視している遺伝学者がいるということだ。バウムリンド[41]とジャクソン[41]はいずれも，科学的エビデンスについて何人かの行動遺伝学者の考えがもつ限界に注目するとともに，極端な環境だけは重要だとする意見や，家族内での教育の多様性が実際の結果をもたらさないという主張[48]に憤りを覚えてもいる。5章で議論するが，家庭環境は関係がないとするようなおおざっぱな主張は，研究のエビデンスから支持されない。行動遺伝学者が往々にして環境的影響について見いだされてきたことを全面的に無視していることにはとても驚かされる。あたかも非遺伝学者による研究は不適切なものであるかのようだ。そこに潜んでいるのは，多くの行動遺伝論者が，遺伝学のデザインを直接使っていないエビデンスに注意を払おうとしないという問題である。その結果，かなり一方的な研究結果に偏ってしまっている。

　行動遺伝学を支持する者たちが，主義を誇張し，誤った主張をしてきたことに罪があるのは明らかだが，それは彼らの行ってきた議論がまったく間違ったものだと言っているのではない。この本の目的は，研究結果に対して客観的な見解をもとうとすることであり，それによって遺伝子が行動における個人差にどのような役割でもって影響するのかということへの結論を導きだそうとすることである。いやおうなくそれは，遺伝子が実際どのように働いているかをみる冷徹なまなざしとなるだろうし，行動における個人差を形成する過程で遺伝的メカニズムがどのように働くかを同じように厳密にみるまなざしになるであろう。

■ どのようにして社会的行動の遺伝子が存在するのか

　行動遺伝学の批判者は，犯罪，離婚，同性愛など，明らかに社会的行動に遺伝的影響がみられうるという一見馬鹿げた考えを嘲笑してきた。しかしこの非難は的外れだ。もちろん，そういった行動を起こさせる遺伝子は

存在していないし，存在する可能性もないことは事実である。しかし，そのような行動を示す傾向性は人によって異なり，その限りにおいて，遺伝的要因がかかわることを想定できる理由がいくらでもある（4章，8章を参照）。社会的なものとそうでないものに行動を区分するのは無意味である。ある程度，どんな行動も社会的文脈や社会的な力に影響される。しかしそのことが，行動が遺伝的要因に影響されないことを意味するわけではない。あらゆることに遺伝的影響はあるだろうが，環境的影響を受けやすいことが遺伝的要因の影響を受けないという意味で独特だと考えるのはまったく見当違いだ。進化論的考え方からみれば，遺伝子は異なった環境への適応に深く関係しているということは明らかである（9章を参照）。そして実証的なエビデンスが，遺伝子・環境間相関や遺伝子・環境間交互作用を証明しているのである。

▌神経遺伝学的決定論は不適切なのか

最後に，そしておそらく最も重要なことは，神経遺伝学的決定論なるものへの批判があることだ[49]。こういった議論のなかには他の議論よりも土台がしっかりしているものがある。例えばローズ[50]は，行動遺伝学の主張は，遺伝的影響が直接的であること（**統合失調症**「の」遺伝子，**自閉症**「の」遺伝子，あるいは**双極性障害**「の」遺伝子というような言い方に示されているように）を意味するが，遺伝的経路がそれよりずっと間接的であることを示すエビデンスと矛盾すると論じている。DNA は **RNA**（リボ核酸）に影響を及ぼす。RNA はポリペプチドの生成に影響を与え，それによってタンパク質の生成に影響する。そしてそれが，病気を引き起こす物質代謝に影響する（7章参照）が，それは遺伝子がある特定の病気を引き起こすという言い方が示唆するよりももっと複雑だ。また，そのような主張は，遺伝子と環境の相関と交互作用の影響を無視し，とりわけ遺伝子の発現における環境的影響の効果を無視している（9章，10章参照）。こうしたあらゆる点について，行動遺伝学への批判の議論は適切なものである。遺伝的影響は実際にあまねくみられ，きわめて重要だが，間接的なものである。

しかしこれはまさに，何人かの主導的な遺伝精神医学者自身が議論してきたことである。ケンドラー[51]は，「『～の遺伝子』という概念が意味するような強固で，はっきりとした，直接的な因果関係は，精神医学的疾患には存在しない。それが真実であってほしいと願うかもしれないが，われわれは『精神医学的疾患の遺伝子』をもってもないし，発見することもないだろう」ときっぱりと述べている。このことが受け入れられれば（明らかにそうでなければならないが），神経遺伝学が何を言おうとし，何を言おうとしていないかを明確にしておくことはやはり重要である。科学における還元主義アプローチが意味するのは，最終的にすべては第一原理に由来しており，あるレベルの事柄はすべてより下位のレベルから説明可能であり，一見複雑にみえるものは，限られたセットの概念や，より単純でより基礎的な構成要素から説明可能であるというものである[52]。ローズ[50]は，そうした考えは説明責任を，社会的なものから個人的なものへ，個体においては，生物学的システムから分子レベルへ転嫁するという理由で反対してきた。しかし，それは生物学に対して過度に狭い見方をしているということになる。デネット[53]は，「進化とは，『人間は，起こりうることを想像し，さまざまな行動を概念化する能力と，それゆえに手段だけでなくその目的を見極めることができる能力によって，考え，感じる存在である』ということを意味してきた」，と主張した。言い換えれば，われわれの思考のプロセス（とその行動への効果）を通して，自分の身に起こることに影響を及ぼすことができるのである。決定論は，決して不可避性を意味しているのではない（なぜなら回避や予防をすることができるからだ）。非決定論は実は操作の余地がないということになる（なぜなら，われわれにものごとをどのように変えるかを決定させることができることこそが決定論だからだ）。現実的な選択肢（と一目ではそうと見えないもの）が決定論の世界には存在する。決定論は遺伝子の機能の仕方に論理的な構造があるということを意味する。しかしそれは，遺伝子があらゆる行動と直接的な因果関係をもつということを意味するのではない。明らかにそうではないのだ。

　ローズ[50]がさらに反論するのは，神経遺伝学的決定論は，環境的影響と社会的文脈の効果をともに無視することによって，あらゆるメカニズムを

生物の内部に位置づけているようにみえる，という点である．本書を通して議論されるように，そのような還元主義はエビデンスと矛盾する[54]．還元主義のよい面は，原理を単純化しようとし，構成概念と因果経路を特定しようということにある．しかし，還元主義のある種の悪い面は，生物学において知られていることに関して考慮すべきさまざまなレベルを度外視し，これをすべて分子レベルで行おうとすることだ．

　レウォンティン[55]は，全体論的説明が結論を出すことはできない（あらゆるものがその他すべてとつながるということはないので）としつつも，三つの主な特徴を主張する．第一に，発達において，特定の遺伝効果と環境効果だけではなく，ランダムな効果があるということである．第二に，進化は単に適応ではなく，構築を含むということである．つまり，環境が生命体の発達を形づくるのと同じように，生命体は自分たちの環境を大きく形づくるということである．第三に，重要なフィードバックループがあるということである．つまり，つながったプロセスのある一点におけるゆらぎが，別の部分における変化の原因となり，それがまたはじめの部分における変化に対する原因となるということである．

　モランジュ[56]は少し違った表現で同じことを述べている．彼は，生物はほとんどいつも，厳密に統制され，構造的で動的な秩序に基づいている，と指摘する．そのプロセスを正しく理解すれば，それらが規則的なパターンに則っているということは明らかだ．ある程度までは決定論は正しい．遺伝子は，発達のプロセスに対して，そしてまた成熟した生物の機能に対してまさに基礎を提供している．

　一方，遺伝効果は間接的なものなので，すべてを分子レベルにまで還元することはできない．生物は，階層性をもったさまざまなレベルの組織で形成されている．そこには遺伝子産物を生物の内部におけるその遺伝子の働きと結びつける正確な因果のつながりがある．しかし，そのつながりは組織のさまざまなレベルを経由する．それぞれのレベルにおいて，そのつながりは形を変え，異なるルールに従う．その複雑性は，ある遺伝子が複数の異なる効果をもちうるという事実から始まる（7章参照）．そして，ある DNA 断片は，それぞれ異なった機能をもつメッセンジャー RNA とタン

パク質をつくることにかかわっているかもしれない。また，遺伝子を一つのものとしてとらえることは間違っている。タンパク質を生成するプロセスは，その他の多くの遺伝子と関係しており，その遺伝子はそれ自身，タンパク質に直接的な影響をもたないが，直接影響を及ぼす遺伝子に作用を及ぼすことによって重要な影響を与えている。タンパク質の産物から行動のような特定の機能的特徴に至る経路は，さらに間接的なつながりが関与している。遺伝子が，特定の行動を引き起こす経路になんらかの形でかかわっているという発見は，遺伝子がそのような行動の原因であることを意味するわけではない。遺伝子のタンパク質生成はそれ単独で起こるのではなく，複雑なネットワークや構造の形成に組み込まれ，それが階層的組織全体に統合されることで起こるのである。さらに，多要因の特性（それに関心となる行動の大部分を説明もの）には，遺伝子・環境間相関や，環境への感受性に及ぼす遺伝的影響（9章参照），そして遺伝子の発現における環境的影響に関係しているかもしれない環境との相互作用（10章参照）がある。

こうした状況を要約すると，基礎科学としての遺伝研究は，効果の発生の仕方を組織的に説明する重要な原理のいくつかを確定するのにおおいに役立ってきたといえる。しかし同時に，そのような研究が強調するのは，因果経路が蓋然的で間接的なものであるということである[56]。

また，遺伝効果は，特定の診断的エンドポイントに特化しない因果経路に作用する。われわれはその経路が何なのかに関心を寄せなければならない（7章参照）が，特定の精神医学的診断に注意を絞ってしまうのは賢明ではない。遺伝効果は人間の機能における個人差のあらゆる多様性に及んでいると考えることのできる理由は枚挙にいとまがない。そして，遺伝効果が精神医学的診断に直接作用すると考える理由はまったくない。

さらにサンドラ・スカー[57]，デイヴィッド・ロウ[58]，スティーブン・ピンカー[44]，そしてジュディス・リッチ・ハリス[59]ら遺伝学の主唱者のおおげさな主張をめぐっては，多くの懸念が表明されてきた。

再び，数人の精神医学的遺伝論者たちが同じ考えを主張し始めた。ケンドラー[54]は，心身二元論にくみしない，精神医学のための概念的かつ哲学

的に整合性のある枠組みが必要であると主張してきた。つまり，精神医学は，精神的で一人称の経験に無条件にその基礎を据えている。多層システムへのアプローチが重要である。複雑性を含み，かつ実証的に堅固で多元的な説明モデルを支持することが必要であるということである。彼がたとえを使いながら説明するように，これは妥協的な「あらゆる重箱の隅」概念を主張することではなく，アメリカ国家研究評議会がそのレポート[60]に名づけたように，科学は「ニューロンから隣人へ」と広がっていかなければならない。

結　論

　要するに行動遺伝学は，関連する数多くの過剰宣伝のせいで議論を巻き起こしてきた。これは，遺伝に関する発見を扱ったメディアの過ちも大きいが，主唱者たちの過ちが大きなものだというべきだ。本書で，私は，その過剰宣伝のもとで，行動における遺伝的影響がどこまで真実なのかを見極めようと考えている。健常な行動についても精神疾患の発症についても，その個人差に関する因果メカニズムを理解するために，遺伝研究の発見は重要な意味がある。しかし，遺伝学に関する実証的発見に移る前に，遺伝的影響がかかわっていると考えられる行動の多様性に関連するリスク因子と保護因子の諸概念について論じなければならない（2章）。

Notes

　文献の詳細は巻末の引用文献を参照のこと。

1) 次の文献を参照：Valentine, 1986; also McKusick, 2002.
2) Watson & Crick, 1953.
3) 専門的な事柄がきちんと明確に書かれているものとして次の文献を参照：Lewin, 2004 and Strachan & Read, 2004. 科学的な重要ポイントとその医学的な意味がわかりやすく説明されているものとして次の文献を参照：Weatherall, 1995.
4) International Human Genome Sequencing Consortium, 2001, 2004; Venter et al., 2001; see Sulston & Ferry, 2002 for a more personal account of what was involved in this pioneering international collaboration.
5) Plomin et al., 2001.
6) Rutter et al., 1990 & 1999.
7) Le Fanu, 1999.

8）次の文献を参照：Kimmelman, 2005; Marshall, 1995a & b; Relph et al., 2004.
9）Bryson, 2003.
10）自閉症との関連で必要なことが簡潔に書かれているものとして次の文献を参照：Rutter, 2000a. 精神疾患の神経基盤を理解する助けとなる遺伝学の役割が広く論じられているものとして次の文献を参照：Rutter & Plomin, 1997 and McGuffin & Rutter, 2002.
11）Plomin & Crabbe, 2000.
12）次の文献を参照：Joseph, 2003; Kamin, 1974; Kamin & Goldberger, 2002.
13）Rutter et al., 2001a.
14）Stoolmiller, 1999.
15）Devlin et al., 1997.
16）Taylor, 2004.
17）例：Joseph, 2003; Kamin, 1974.
18）Kendler, 2005a.
19）この問題に関するとても明確で公平な説明として次の文献を参照：Mackintosh, 1995.
20）ジェンセンの見方に関しては次の文献を参照：Miele, 2002.
21）ジェンセンのミネソタ人種間養子研究の扱い方については次の文献を参照：Rutter & Tienda 2005.
22）次の文献を参照：Storms & Sigal, 1958 and Pelosi & Appleby, 1992.
23）Jensen, 1998.
24）Jensen, 1969.
25）次の文献を参照：Tizard, 1975.
26）次の文献を参照：Miele, 2003.
27）Antonuccio et al., 2003; Bekelman et al., 2003; Blumenthal, 2003.
28）Eysenck, 1965, 1971 & 1980.
29）Glantz et al., 1995; Hilts, 1996; Ong & Glantz, 2000.
30）Royal College of Psychiatrists, 2001.
31）Devlin et al., 1997; Black, 2003.
32）Müller-Hill, 1993.
33）次の文献を参照：Rutter, 1999a; Nuffield Council on Bioethics, 2002.
34）Kamin, 1974.
35）Herrnstein & Murray, 1994; Jensen, 1998.
36）Firkowska-Mankiewicz, 2002.
37）Marmot & Wilkinson, 1999.
38）Rutter, 1999b.
39）Starfield, 1998.
40）Tawney, 1952, p. 49.
41）Baumrind, 1993; Jackson, 1993.
42）Rutter & McGuffin, 2004.
43）Sargant & Slater, 1954.
44）Pinker, 2002.
45）Rutter & Smith, 1995; Rutter & Tienda, 2005.
46）Flynn, 1987; Dickens & Flynn, 2001.
47）Rutter & Smith, 1995.
48）サンドラ・スカー（Scarr, 1992），ロウ（Rowe, 1994），ピンカー（Pinker, 2002），ハリス（Harris, 1998）のような遺伝学の主導者たちのおおげさな主張を参照のこと。
49）Rose, 1995, 1998; Rose et al., 1984.
50）Rose, 1998, pp. 272-301.

51）Kendler, 2005c.
52）Bock & Goode, 1998.
53）Dennett, 2003.
54）次の文献を参照：Kendler, 2005b.
55）Lewontin, 2000.
56）Morange, 2001.
57）Scarr, 1992.
58）Rowe, 1994.
59）Harris, 1998.
60）Shonkoff & Phillips, 2000.

Further reading

Morange, M. (2001). *The misunderstood gene.* Cambridge, MA & London: Harvard University Press.

Nuffield Council on Bioethics. (2002). *Genetics and human behavior: The ethical context.* London: Nuffield Council on Bioethics.

Rutter, M. (2002b). Nature, nurture, and development: From evangelism through science toward policy and practice. *Child Development, 73*, 1-21.

2章

原因とリスク

▍原因の必要条件と十分条件

　行動と精神疾患における遺伝的影響の役割について議論をする前に,「因果関係」の意味について考える必要がある。メディアはよく, ある病気の「原因」が新しい研究の一部分によって発見されたものとして紹介する。どうやら, 誰かが問題の病気にかかっているという事実を十分に説明できる原因がただ一つであるかのようだ。ロスマンとグリーンランド[1]は, いかにライトのスイッチを押すことが, ライトをつけるただ一つの要因であるようにみえるか, という比喩をあげて説明している。スイッチを押すこととライトがつくことのあいだには一対一の対応がある。ライトをつけるのに他に何かをする必要はなく, 一見するとスイッチを押すことが完全な原因であるようにみえる。しかし, 彼らも指摘しているように, こんな単純な場合でも, 因果過程のなかに他の要因が大きくかかわっている。ライトがつくためには, ソケットに電球が入っていて, スイッチから電球への配線が切れておらず, 回路が閉じているときに電流をつくりだすのに十分な電圧が必要である。実はこれらのすべてが, 因果過程において不可欠な要素なのである。スイッチを入れることはライトをつける直接的な働きをもたらすが, これは他の要素がそれらの果たすべき機能を果たさないと起こらないのである。因果関係は必然的に, 一斉に活動する一連の構成要素から成り立っている。たとえ最も直接的な関係であっても然りである。行動や精神疾患といったもっとずっと複雑な状況ではなおさらだ。

次に考えるべきことは，ある原因となる要因が「必要条件」かどうか，つまり他の要因の作用はさておき，ある一つの必要な原因となる要因がなければ結果は生じないのか，ということである。これは例えば，完全に一つの遺伝子のせいで発症する感染症や疾患のような場合にあてはまる（7章，8章を参照）。連鎖球菌に感染しないかぎり，連鎖球菌性咽頭炎にはかからない。この因果過程では，病原菌が必要条件となる。風邪がウイルスを原因として発症するのも同じことである。精神遅滞や，時に自閉症を引き起こす可能性のある（6章，8章を参照）**結節性硬化症**のような遺伝的な病気であっても同様のことがいえる。しかし，注目すべきことは，必要条件は，たとえ数が多くても，それ自体は病気を起こすのに「十分な」ものではないということである。病気を起こす病原菌やウイルスに感染したとしても，すべての人が感染症にかかるわけではないということは周知のとおりである。これまでの研究によると，病気が発症するかどうかは人の免疫システムに左右され，それはストレスや情緒不安定[2]，あるいは他の病気（HIVや結核など）の影響を受けることがあるようだ。また，ある特定の病原菌に対する感染のしやすさも，特定の遺伝子により影響を受けることが示されている[3]。病原菌は必要条件であるが，完全に十分条件ではなく，因果過程では他の影響力も原因としての要因を構成するのである。

■ リスク因子と保護因子の概念

　生物学や医学では，さまざまな要素が決定論的というよりは確率的な動き方をするため，状況がもっとずっと複雑であることがほとんどである。すなわち，因果過程にかかわる要素はある結果が生じる可能性を高めるが，結果を決める（あるいはそれが生じることを保証する）までには至らず，また結果はそれらがなくとも生じる可能性がある。このような場合，因果関係には多くの要因がかかわっているが，そのなかでも主要な要因のことを「リスク因子」という。これは，その因子がある特定の結果をもたらすリスクを高めるが，その結果を決めるわけではないことを意味する。例え

ば，肺ガンに対しては喫煙がリスク因子となる。ヘビースモーカーでも肺ガンにならずに高齢まで生きている人がいることは周知のとおりである。同様にタバコを吸ったことがなくても肺ガンにかかる人も多い。一方，喫煙が肺ガンを患うリスクを劇的に高めているということは，エビデンスから明らかである[4]。

　この確率的なリスクの概念は，遺伝学を理解するためには欠かせないものである。なぜなら，ほとんどの遺伝子の働き方がそのようなものであるからだ。遺伝子は人々がある特性を示したり，ある疾患をもつ可能性を高めたりするが，そうなることを決めるものではない。その特性あるいは疾患が発生するかどうかは，環境効果の範囲はもとより，他の遺伝子にも左右される。とはいえ，ある遺伝子あるいは環境の要因がリスク因子であるとみなされるには，なんらかの形でそれが因果過程にかかわっていなくてはならない。別の医学的な事例をあげるとよくわかるかもしれない。高コレステロールは冠動脈疾患の重大なリスク因子の一つであることが知られ，コレステロールは心臓から血液を供給する動脈の流れを妨げるアテロームの沈着を引き起こす重大な要因の一つである。しかし，高コレステロールそれ自体が冠動脈疾患を引き起こすのではない。それはリスクを大幅に高めるものである（そしてスタチンを服用することで，コレステロールは減り，それに比例してリスクも低くなる）。しかし，高血圧，肥満，血液の異常な凝固傾向，運動不足，喫煙，そして肺感染症は，冠動脈疾患ひいては心臓発作のリスクをもたらす。注目すべきことは，コレステロールに関連するリスクの影響が，正常域の下のほうのレベルにも及ぶということである。単なる異常なレベルでの結果というだけのことではない。同じことは遺伝子にもいえる。リスクをもたらす遺伝子のほとんどは病理的な突然変異体というよりは，ふつうの遺伝子である。それらの遺伝子の特定の種類が，ある形質や疾患をもたらす可能性の増大と関連しているというだけのことなのである。しかし，コレステロールの事例のように，これらの遺伝子自体は結果の原因となるものではない。それらは単にリスク全般に寄与するにすぎない。あるときは軽微なかかわり方で，あるときは重大なかかわり方で寄与する。

同様のことは保護因子についてもいえる。これについては二つのかなり異なるとらえ方があるだろう。第一に，それらは対応するリスク因子と同じ連続体のプラス方向の端にすぎないというとらえ方がある。これに従えば，高コレステロールが冠動脈疾患のリスク因子であるのに対し，低コレステロールはその保護因子として分類されよう。同様に，よい親子関係が**反社会的行動**の保護因子であるのと同時に，親の否定的態度はリスク因子である。この観点からすると，それらは同じ連続体の反対の極を構成するにすぎないため，リスク因子と保護因子の区別は意味をもたないことになる。しかし，第二の考え方は，保護因子をもっぱら（あるいは主に）リスク因子に対する抵抗の効果として働くととらえるという点で大きく異なる。つまり自然曝露，予防接種のいずれかによって，ある特定の感染病原体に対する免疫を得ることは，その病原体に対する保護効果をもたらす。免疫の獲得はそれ自体では利益とはならず，後々感染病原体に感染したときにだけ利益が得られるものである。同様に，活発に運動したり，緑色野菜を常に摂取したりすることは，他のリスク因子があるなかで冠動脈疾患に対する一定の保護因子となる。養子縁組は，生物学上の親に虐待されたり育児放棄されたりするなど，子どもに対するさまざまなひどい心理学的結果に対する保護因子を構成する。しかし，養子縁組でないということがリスク因子だとみなすのは無意味である。なぜなら，リスクの高い家族から来ていない子どもにとっては，保護因子としての効果あるいはプラスの効果をもたらさないためである。

　遺伝学においてこの区別と関連するのは，遺伝子のなかには保護機能への影響力を通じて作用しているものがあるということである。これはガンについて最もはっきりしている。細胞の増殖は正常な生物学的な現象であるため，ガンという形の手のつけられない状態になる可能性がある。ここにかかわるのは，細胞の増殖を促進する腫瘍遺伝子，そして細胞の増殖のコントロールを保つのを助けたり逸脱した細胞をアポトーシス（細胞の死という正常な現象について使われる用語）へと追い込む腫瘍抑制遺伝子の2種類の遺伝子である。これらの二つの相対する遺伝効果と，保護遺伝子の「発現」を妨げる可能性のある環境効果との相互作用が，ガンを生じさ

せる多面的なプロセスを生んでいるのである（遺伝子の活動のプロセスは7章を参照）。精神疾患は，リスク因子と保護因子の影響力に関して，一般に思われているよりもガンに類似している。生理学的な出来事とともに，不安あるいはうつといった感情でストレスあるいは逆境に反応するのはあたり前のことである。反応が完全に欠如しては適応できないが，同じくらい反応が過度に強く長くなってもダメージであり，疾患につながる。われわれはまだこの因果過程をやっと理解し始めたばかりだが，明らかなのは，環境効果だけでなく，遺伝効果に関してもリスクと保護の両方のプロセスについて考える必要があるということである。

因果関係の検証

リスク因子について研究する際，考えるべきことが五つある。第一に，要因が本当に因果過程とかかわっているかどうかを解き明かすことができる研究を行うことが必要だということである。関連がただの偶然の一致で生じることもあれば，リスク因子と思われていたものが，因果過程に本当に関連している唯一の要因である別の「第三の」変数とたまたま関係したことで生じることもある。たとえとても強い関連があっても，それだけでは因果関係かどうかはわからない。ロスマンとグリーンランド[1]はこの点について，バートランド・ラッセルの二つの時計を例として説明している。二つの時計はどちらも高精度で，いつも毎時間チャイムを鳴らす。しかしそれらはもともとわずかにずれてセットされているため，時計の一つはもう一方よりも数分早くチャイムを鳴らす。関連は完全だが，最初の時計のチャイムが2番目の時計のチャイムの原因になっているのではない。同じように，住んでいる場所と選挙での投票の仕方にはとても強い関連があるが，それは特定の場所に住むことが，他の政党を選ばずにある政党に投票することの「原因」であるわけではない。医学の例として，住んでいる場所あるいは就いている職業と，疾患へのかかりやすさ，あるいは早死にする傾向とのあいだに関係がある[5]。この関係は強く，時間的にも非常に一貫しているが，地理的要因も職業も，それ自体は疾患や死を引き起こしはしない。むしろそれらは，因果過程にかかわっている他のリスク因子の範

囲の表現または指標となっている。この場合，われわれは直接的な因果関係が関連していないことを示すために，リスク因子あるいはリスクのメカニズムという言葉ではなく，「**リスク指標**」という言葉を使う。因果関係についての仮説を検証するなかで考えるべき問題は多く，それらのいくつかは3章でとりあげる遺伝効果，5章でとりあげる環境効果にかかわる[6]。

個人における特定のリスクの強さ

ある要因が本当にリスクを引き起こすことが確証されたら，二つめに考えるべき問題はリスクの影響の強さである。これは当該の結果がそのリスク因子をもつことでどの程度増えるのかをさす，いわゆる「**相対危険度**」とよばれるものによって測られることが多い。したがって，相対危険度が2であれば，リスク因子をもっている人がその結果を被る可能性が，もたない人と比べて2倍高いということを意味する。これは「オッズ比」で表されることもある。おおざっぱにいえば，オッズ比とは，リスク因子のない場合と比較したときに，リスク因子をもっている場合にその結果が生じる確率である。

強い相対危険度をもつリスク因子もいくつかあるが，そのようなリスク因子は標準的というよりもむしろ例外的である。8章で論じるが，多くの個別の遺伝子がもたらす相対危険度は2よりもずっと小さい。同様に，単独の環境リスクの相対危険度も同じ程度である（5章参照）。これは多くの遺伝子によってもたらされる累積危険度がそれよりもはるかに大きいにもかかわらず小さいのであり，それは多くの環境のリスク因子から生じる累積危険度でも同様である。

母集団全体におけるリスクの総体的レベル

三つめの問題は，ある結果を生じさせる因果関係全体のうち，ある特定のリスク因子は母集団全体のなかでどの程度を説明するかについてである。これは「寄与危険度」として知られている。もちろん，それは相対危険度が示す効果の強さによって影響されるが，リスク因子の生起頻度にも大きく影響される。数年前，私は寄与危険度について，**ダウン症**の例を用

いて説明したことがある[7]。ダウン症は知能指数に対し非常に強い影響を及ぼし，概してダウン症の人は一般母集団に比べると知能指数は60ポイント程度低い。これは非常に高い相対危険度に相当する。それにもかかわらず，ダウン症は一般母集団における知能指数の変動に対する寄与危険度は低い。それは，ダウン症が母集団中のごく少数の人にしか影響しないからである。実際にこのことが意味するのは，もしダウン症がなくなったとしても，一般母集団の全般的な知能指数に実質的な違いはないだろうということである。

　ダウン症の別の例を使って，この点をもう少し説明してみよう。周知のとおり，妊娠してダウン症の子どもを生む確率は母親の年齢に非常に強く影響される[8]。40歳の母親がダウン症の子どもを生む相対危険度は出産100回につき1回である。そういわれると，ダウン症の子どものほとんどは40代の母親から生まれたと思うかもしれないが，実はそうではない。ダウン症の子どもの大半は若い母親から生まれるのである。若い母親での相対危険度は低い（25歳の母親から生まれる確率は出産1600回につき1回）が，40代で母親になるよりももっと若いうちに母親になるほうがはるかに数が多いため，高齢の母親の寄与危険度は低いのである。

　もう一つ関連のある統計量は「絶対危険度」だろう。これは人がある結果と関連のあるリスク因子をもっている場合の，その結果が生じる実際の確率を意味する。またダウン症の例であげると，40代の母親からダウン症の子どもが生まれる相対危険度は非常に高いが，「絶対危険度」はそれでも非常に低い。すなわち，たとえリスクが若い母親と比べて高くなっていても，赤ちゃんがダウン症になる見込みはきわめて低い。30歳の母親からダウン症の子どもが生まれる相対危険度は15歳の母親のほぼ16倍であるが，絶対危険度はわずか1パーセントでしかない。

誘導期間

　四つめの問題はいわゆる「誘導期間」というもので，原因となる要因が発現してからある結果が起こり始めるまでの時間をさす。誘導期間は，リスクが複数の遺伝的要因によりもたらされるとき，非常に長くなることが

多い。一般に，中年あるいはそれ以降になるまで発症することのない**アルツハイマー病**や**ハンチントン病**（4章，8章を参照）のような疾患に対する遺伝的影響は強い。同じことは疾患の結果にかかわる数多くの環境のリスク因子にもいえる。例えば，女の胎児が高用量の特定の性ホルモンにさらされると，膣ガンのリスクが増大するが，それは多くの場合，15年から30年経たなければ発症しない[9]。同様に，赤ちゃんが子宮にいるときに作用するさまざまな環境のリスク因子は，統合失調症の危険度を高めるが，これは青年期後期あるいは成人期初期までは発症しないことが多い。

そのような長く続くことの多い因果過程の誘導期間には，関連して考慮すべきことがある。すなわち，因果関係はいくつかの異なる段階から成り立っていて，それぞれの段階が，その前の段階に依存しているということである。これはガンの発症にあてはまることが知られており，ガンが発症する場合，ピックルス[10]が指摘したように，原因は互いに独立して働くとは考えられない。多くのガンには前ガン性の段階がある（例えば，大腸ガンに先行する特定の形のポリープ，子宮ガンに先行する頸部の変形など）。それらの段階自体はガンと診断されるようなものではないが，さらなるリスク因子（これは未知の種類であることが多い）が生じると，後にガンが発症するリスクを高める。すなわち，2番目あるいは3番目の段階で作用する原因が，より早い段階で作用する別の原因の結果としてもたらされたその段階に依存しているならば，相互作用がかかわっているはずである。後の段階のリスクが作用するのは，異なるリスク因子が関連のある段階への因果過程の進行を意味するときにのみであるため，後の段階でのリスクと早期の段階でのそれとを同列に扱うのは意味がない。それは，幼年期に発症する病気の原因が，ずっと後に発症する同じ病気とは違うということを意味するといえよう。例えばうつ病や反社会的障害はいずれもそうした事例であると思われる[11]。

リスク因子間の交互作用

五つめの問題は，リスク因子間の交互作用の重要性である。特定のリスク因子に関連する寄与危険度は常に合計100パーセントになるはずであ

ると考えられているが，それはリスク因子間で交互作用があるときにはあてはまらない[1]。交互作用が意味するのは，あるリスク因子に関連する危険度が他のリスク因子の存在により強められる（あるいは弱められる）というような相乗的な相互作用があるということである。これは遺伝子間（4章，8章で論じる），遺伝子・環境間（9章で論じる），異なる環境のリスク因子間で起こる。単に複数のリスク因子にだけ左右されるのではなく（ほとんどの場合がそうだが），ともに作用するリスク因子の特定のパターンにも左右されるようである。言い換えると，ある結果が生じるには，ある二つの（あるいはそれ以上の）リスク因子が「どちらとも」なくてはならないということである。遺伝子・環境間交互作用に関連して，このトピックは9章でもっと論じるが，それがどのように作用するのかについて，一例をここであげよう。

　フラミンゴはどこでもその華やかで美しいピンク色で有名である。この色は，エビとプランクトンという特定の餌(えさ)によるものであることが知られている。もしフラミンゴがなんらかの理由でそれらを摂取することができなかったら，ピンク色ではなく白になる。フラミンゴの色は餌という環境効果に完全に依存しているのである。それに対し，餌により身体をピンク色に変えるというフラミンゴの能力は完全に遺伝子に依存している。カモメに同じ餌を与えてもピンク色にはならない。フラミンゴの色は50パーセントが遺伝子によるもので，残りの50パーセントが餌によるものであるといういい方は意味をなさない。100パーセントが遺伝子，100パーセントが餌という環境の要因（どちらもなくてはならない）によるものなのである。それら自体ではピンク色になることはない。フラミンゴの身体が何色になるのかは本質的に，遺伝子と環境との「共同」作用によるものなのである。

■ 遺伝子のディメンショナルな作用

　多数の遺伝子と多数の特殊な環境的要因に依存している特性では，遺伝子が診断のカテゴリーでなくディメンショナルな性質の上で作用するのが

ふつうであろう。これは（読み能力や多動と同様に）測度やディメンションとの直接のかかわりのなかでみられたり，遺伝効果を定量化するのに使われる数学的なモデルにおいて仮定されたりする。例えば，**統合失調症**は思考障害，幻覚，錯覚といった質的に特有の特徴を含む明らかに異常な状況である。一見すると，統合失調症は正常域のなかでの変動とははっきりと区別されなければならないようにみえる。一般母集団の人はみなある程度統合失調症の面をもっていて，そのなかでもある人はほんのわずかな特性しか示さず，またある人はもう少し多く，そしてその特性を最大限に示す人は明らかに精神障害であると考えるのは合理的とは思えないだろう。しかし，双生児や養子の研究にも適用されているように，このモデルが仮定しているのはそういうことなのである。ゆえに，遺伝学を詳しく説明する前に，身体的な疾患（心臓発作，脳卒中など），精神疾患（統合失調症や自閉症など）の両方について，われわれがもっている知識をもとに，このディメンショナルなアプローチが意味のあるものであるかを検討する必要がある。この問題は，遺伝学的な研究が「真の」実体を扱っているかどうか，そして一般母集団に広く及び，さまざまな社会的，心理的影響を明らかに受ける行動に遺伝子が及ぼす影響について考えるのは妥当かどうか，という問題を考える上で非常に重要である。

　リスク因子あるいは症候のあり方において，明らかな障害や機能不全，あるいは疾患と正常な変動とのあいだの連続性と非連続性をめぐる議論は白熱してきたものの，さしたる光明はなかった。この歴史のいたるところで，精神医学の分類はディメンショナルなアプローチとカテゴリカルなアプローチのあいだの衝突といえるものに悩まされてきたのである。『精神疾患の診断と統計マニュアル第4版（DSM-IV）』[12]，『国際疾病分類第10版（ICD-10）』[13]のような主要な診断基準は，もっぱらカテゴリカルなつくりをしている。これは，多くの医学の診断がカテゴリカルでなくてはならないという，よい意味での実用的な理由が部分的にはかかわっている[14]。臨床家は患者に抗うつ薬を投与すべきかを決めなくてはならない。ディメンショナルなスコアが中程度であるときには低用量のドラッグを与えるが，スコアが非常に高いときには高用量のドラッグを与えるというのは無意

味だろう。これは，軽度のうつ病が，より深刻な精神疾患で必要とされるよりも低用量の薬物に反応するということは示されていないからである。非常に低い用量では薬はうつ病を緩和しない。にもかかわらず，ディメンションとカテゴリーを結合するのは有利なことと長く認識されてきており[15]，DSM-V をめぐる最近の研究課題[16]でも，このことを重要な可能性として受けとめている。

　ディメンションは正常と精神病理とのあいだの連続性を仮定し，線形の数量化を行って，ディメンションを定量化し分離するために内的実証的なデータを使う[17]。それに対し，カテゴリーは正常と精神病理のあいだが不連続であるかのように機能し，数量化（症候群か障害かあるいはその両方かについての）を使うのは，診断上の切れ目を決めたり，定義された症候の外側だという基準が妥当であることを確認したりすることが必要だと考えるためである[18]。そのような外的妥当性の確認は，生物学的知見，薬物反応，遺伝学的知見，疫学，障害の経路により，多くの可能性のうちの一部にだけ言及するためにされるものと認識されてきた。こうして比べると，実証的研究によってどちらが正しいあるいは確かであると決めることができるはずだと考えたくなる。しかし，それはただ一つの普遍的に「正しい」答えが存在するという誤った観念に基づくものであり，実際にはまったくそうでない[19]。例えば，知能指数は誰かの教育上の達成度，あるいは大人の生活での社会生活機能を予測するのに関心があるときにはディメンションとしてよく機能する。一方，生物学的な原因に関心があるときにはカテゴリーのほうがよい。なぜなら，重篤な精神遅滞の原因は正常域での個人差にかかわる原因とはかなり違うからである[20]。

　カテゴリーは神経生物学的な説明に役立ち，ディメンションは心理社会的な説明に役立つとときどきいわれる[21]が，実際にはそうではない。例えば，内科学の分野では概して血圧，アテロームの度合い，身長は個人のもつ重要なディメンショナルな特徴であるが，それらはすべて生物学的な要素を含んでいる。最終的な結果（冠動脈閉塞症つまり心臓発作による死亡など）はカテゴリカルであるにもかかわらず，冠動脈疾患のリスク因子（コレステロール値，新生児の栄養，喫煙，血液の凝固傾向など）と，そ

れにかかわる病理学的なプロセスはいずれもディメンショナルである。精神病理学の分野において疫学の知見は，一般的な精神疾患のほとんどは正常と精神病理のあいだにはっきり識別できるような境界はなく，連続型の分布になっているということを示し続けてきた。実際に，実証的な分析に基づくと，人々の精神疾患へのかかりやすさの基底にある分布が正規分布していないエビデンスはほとんどないないということがよく議論されてきた[22]。このことが示唆するのは，異常行動の尺度の多くが歪んだ形に見えるのは，アーチファクト（人為的要素）なのかもしれない。言い換えれば，異常を生じさせるような，質的に異なるプロセスが障害を生んでいるとは考えられないということである。

　ほとんどの人は，うつ病あるいは反社会的行動といった特性について，この議論をためらうことなく受け入れる。それは，誰でも深刻な社会的ストレスに直面すればうつを感じやすいものであり，また時にはささいな反社会的行動を起こしてしまう人が多いからである。そのため，深刻な機能不全を伴うより重い障害となる大うつ病性障害が，一般にみられるうつという状態の重篤な変異と考えるのは合理的であるように思われる。一方，比較的最近まで自閉症や統合失調症といった障害は，正常域のなかでの変動とはまったく切り離されて考えられてきた。しかし，遺伝学的なエビデンスはこの問題について再考を迫っている。統合失調症とシゾイドパーソナリティ障害とは同じ遺伝的易罹患性を示している[23]。同様に，自閉症は社会的コミュニケーションの異常の範囲をずっと広げたところと関連しているのである[24]。だいたい同じような知見が，特殊な言語発達障害[25]やディレクシア[26]についてもいえる。いずれのケースでも，遺伝的に影響を受けた疾患への易罹患性は，従来の診断の境界を越えて大きく広がっている。言い換えれば，これらのケースのすべてにおいて，双生児のデータも家族のデータもリスクは診断のカテゴリーのみを含むのではなく，広範囲にわたる障害を含み，そのいくつかは，診断カテゴリーが示すよりもはるかに一般的な認知的，行動的障害も含んでいる。

　遺伝的易罹患性はこれまで考えられてきたよりも限定的ではなく，一般母集団にまで及ぶディメンションあるいは連続性を含むことが見いだされ

ているようである。しかし，正常と精神病理のあいだに質的な差異がまったくないと結論を下す前に，いくつか注意しなくてはならないことがある。第一に，従来の診断によって障害をもつとされる人を出発点とする研究の知見を正しく評価する必要がある。ここを出発点とすると，同じ家系のなかで血縁の近い者は同じ障害の発生率が増大するだけでなく，症状の現れ方があまり深刻でない多様な障害の連続体をもつ確率も高い。重要な問題は，もし出発点が障害をもたない一般母集団のなかの誰かだったら，血縁者で見つかった軽度な障害と著しい障害を合わせたものが，通常の診断で精神障害とされた人の家族でみられるのと同程度の遺伝的疾患の易罹患性を反映していただろうかということである。そうである可能性もあるだろうが，それは決して自明なことではない。

例えば，一般母集団において，一般知能に影響する遺伝効果と，読みや数学などの特殊技能でみられる遺伝的影響には大きなオーバーラップがみられることが明らかにされているが[27]，そのことは**言語障害，ディスレクシア，自閉症，注意欠陥／多動性障害（ADHD）**といった障害には特定の遺伝効果が何もないということを必ずしも示すものではない。これらの障害について遺伝学が明らかに示しているのは，遺伝的な疾患への易罹患性が従来の診断境界を越えて広がっているということ，しかしこれらの拡大が一般母集団の正常域のなかでの変動と同義であるということを必ずしも意味しないということである。例えばクノピックら[28]は，読字障害における遺伝効果は知能指数の低い子どもよりも高い子どもに強く表れ，これは第6染色体上にすでに特定されていたディスレクシアの遺伝子座にあてはまることを発見した。

この区別は軽度の知的障害（一般的な学習障害）を例にとると最もわかりやすいだろう。軽度の知的障害をもつ人のなかには，**ダウン症やアンジェルマン症候群**（6章参照）といった障害をもつ人もいる。こうした障害のいずれについても，知能指数は下は深刻な精神遅滞から，上は正常域にまで広がっている。この範囲には知能の正常域も含まれるため，一般母集団の知能指数の変動は病理的な状態を引き起こす因子と同じ因子により生じると推測したくなるだろう。言い換えれば，ダウン症は，別の人では高い

知能指数へと導く（遺伝あるいは環境の）ポジティブな影響が少なかったために生じているというわけである。もちろん，われわれはそれが正しくないことを知っている。ダウン症やアンジェルマン症候群にみられる医学的症状は，一般母集団の知能指数の個人差にほとんど，あるいはまったく影響しない特定の遺伝的な原因によるものだからである。高い知能指数はダウン症を引き起こす染色体の異常がないから生じるのではない。一方，大多数の人（正確な割合は明らかではないが）は，このような医学的症状をもっていない。一般母集団における低い知能指数は，正常域での知能指数の変動に影響する（遺伝あるいは環境の）因子と同じ因子により生じていると考えられる。それらはポジティブな影響が少なかったり，ネガティブな影響が多かったりするが，質的な違いはない。そのため，ディスレクシアや特異的言語障害が，母集団全体の一般知能に作用する原因とは大きく乖離させるような特定の原因を伴うような前者のカテゴリーに分類されるのか，それとも知的スキルのパターンにおける正常な変動の一部にすぎない特定の欠陥を伴った後者のカテゴリーに分類されるのかということが問題となるのである。多くの人々は因果関係をかなりの特殊性を含んでいるものだととらえているようだが（私もそうではないかとみているが），それが正しいかどうかはいまだにわからず，将来の研究に答えを待っている。

　なんらかの確固たる結論を下すにはあまりにも心もとないエビデンスしかないが，今後の研究において必要なのは，ディメンションが高度に非特殊性をもつ一般母集団にまでわたって広がっているという可能性と，特定の遺伝的疾患への易罹患性のなかには重要なディメンションがあるが，それらは互いに区別され，一般母集団にみられる変動の幅を含んでいないという対照的な仮説の両者について検討することである。

　さらに重要な点は，これらの幅広い表れ方についてのエビデンスは，それらが従来のように診断された疾患とは，どこかかなり異なっているようにみえるということである。例えば，**自閉症**についていうと，従来のそれとは異なり幅広い表現型は精神遅滞やてんかんのどちらとも関連していないようにみえる。この違いの理由はわからないままであるが，幅広い表現型，他のありそうなオーバーラップを導く一連の因果的な影響と，幅広い

表現型をより深刻な障害へと変形させる役目をもつ一連の因果的な因子というある種の二段構えのメカニズムがあるのかもしれない。

▎多重因果経路

　精神疾患のリスク因子に関して書かれたものの多くが，おのおのの精神疾患にたった一つの因果経路が存在するかのような仮説を暗黙に立てようとする傾向がある。そうなれば研究がめざすのは，その経路が何から成り立っているか，そしてまた実際に作用している因果経路を決めるもとにある根本原因が何であると考えられるか，といったことだけを探求すればよいことになる。さまざまな理由から，これは根本的に誤った方向を向いた仮説だ。それは精神疾患や心理的機能の領域のみならず，医学と生物学全般に関しても誤っている。まず，圧倒的に多くのケースで，心理的特性も精神疾患も，その原因は多要因にわたる。このことはつまり，心理的特性や精神疾患が，感受性あるいは易罹患性に寄与するいくつもの遺伝的要因と，やはり同じように因果関係の一部分に作用するいくつもの環境的要因のある種の結合であり，相互作用であるということを意味する。こうした状況のもとでは，より基本的でより根本的な単一の原因というような概念を用いることがほとんど意味をなさない。

　しかしながら，この仮説が誤った方向に向いている別の理由がもう一つある。それは原因となる要因がその効果を発揮する際に，異なった経路がしばしば複数あるということだ。例えば呼吸器系の疾患の場合，しばしば早死に至る閉塞性気道疾患というかなり深刻な障害がそれにあたる。だがそれはいくつもの異なる形で発症する[29]。例えば，タバコの吸いすぎ，喘息の発作の反復，肺感染症は，それぞれ最終的に同じエンドポイントに至る一連の変化を始動させる。喫煙，喘息，感染がはじめに示す直接の効果はどれもすべて異なっているが，他方で，それらは呼吸器官の経路に生命を脅かすのと同じような疾患のエンドポイントへの素因となる変化を意味するさまざまな特徴を共有している。どの因果経路も複数の原因となる要因からなり，それらは時には相加的に，そして多くの場合は相乗的に機能

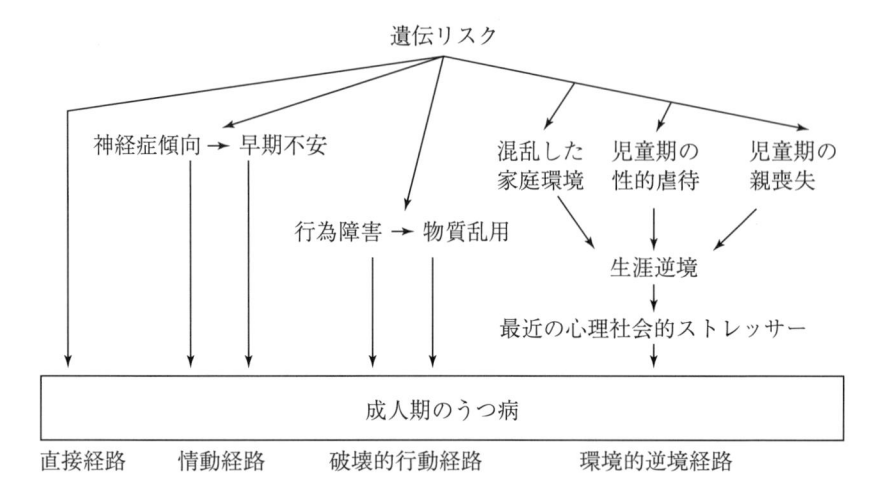

```
                              遺伝リスク
        ┌────┬──────┬─────┬────┬────┬────┐
     神経症傾向→早期不安    │    混乱した 児童期の 児童期の
        │    │             │    家庭環境  性的虐待  親喪失
        │    │             │       │       │       │
        │    │         行為障害→物質乱用    │       │
        │    │             │       └───→生涯逆境←──┘
        │    │             │               │
        │    │             │        最近の心理社会的ストレッサー
        │    │             │               │
        ▼    ▼             ▼               ▼
    ┌──────────────────────────────────────────┐
    │            成人期のうつ病                │
    └──────────────────────────────────────────┘
     直接経路  情動経路  破壊的行動経路   環境的逆境経路
```

図 2.1 遺伝子から成人期のうつ病に至る単純化された因果経路　［出典：Kendler et al., 2002.］

する．疾患のプロセスを正しく理解するときはいつでも，複数の要因が因果関係に部分的にかかわっていること，またそれらが一緒になって作用し，最終的に閉塞性気道疾患となるような病態生理学的変化に至ることを理解するだけでなく，同時に，少なくとも初期段階では，因果過程がまったく異なってみえることも理解しなければならない．

まさにいま考察したことと同じことが，精神疾患に関してもあてはまる．例えばケンドラーら[30]は，自分たちの行った成人女性の双生児研究から見いだされたことをまとめている．詳細な結果はきわめて複雑で，その全体は出版された論文に示されているが，図 2.1 が関係すると思われるいくつかの経路（遺伝子からくる経路だけに絞った）をかなり単純化して図示している．これらの経路が互いに完全に別々であることを示しているわけではないが，強調されているのは，経路には対照的なものがいくつもあり，それらがすべてうつ病に導かれ，異なった形で作用するやや異なったリスク因子の混合体となるということである．この図はまた，これらリスク因子がライフスパンの異なる時点である程度の作用をもつことも表している．

例えば，人生の初期に逆境にさらされ，そのことが重要な意味をもつことがある。なぜなら，とりわけそうした出来事が成人になったときに，きわめてネガティブなよりひどいライフイベントを経験するような出来事の連鎖を起動させるからである。これら人生の後になって起こるライフイベントは，うつ病の開始にとって重要な促進要因として働くが，個々人がそのような要因を並はずれて経験してしまう資質は，その人の遺伝的感受性と初期経験の影響を受けている。このことはどれもきわめて複雑にみえるかもしれないが，大事な点は，こうした多重因果連鎖のステップ一つひとつが分析可能であるということ，そしてそれぞれのステップにかかわる別の媒介となるメカニズムを比較し，それぞれ互いに検証しあうことができるということである。とはいえ，はっきりと強く伝わってくるのは，こうした要因のどれ一つをとっても，ほかと比べておしなべてより重要であるとか，重要でないとか判断することがほとんど無意味だということである。そのように定量化を単純化しすぎると，因果経路が多重であることを見逃し，経路の大部分がいくつもの経路から成り立っているという事実を見逃してしまうことになる。この図から明らかになるであろうことは，遺伝の明確な特徴が全体を通じて明らかにみてとれるということであり，その結果，遺伝のメカニズムの役割を理解することが重要だということである。しかし同じくらい明らかなことは，遺伝的要因が非遺伝的要因と結びついて作用しており，因果過程の理解にはいつもそれらの相互作用にかかわるメカニズムを適切に理解することを同時に行わなければならないということである。

■ 因果という概念に関する多面的な性質

　第一に，多重因果経路に関するこの議論のなかでは，仮に因果経路が多重であったとしても，基本的にはそれらはすべて同一のものを扱っているという暗黙の仮定があると考えがちである。しかしそうではない。

　図 2.2 は反社会的行動に関してこの点を簡単に図示したものである。ここで，一人ひとりは反社会的行動を犯してしまう傾向に差があるとする。

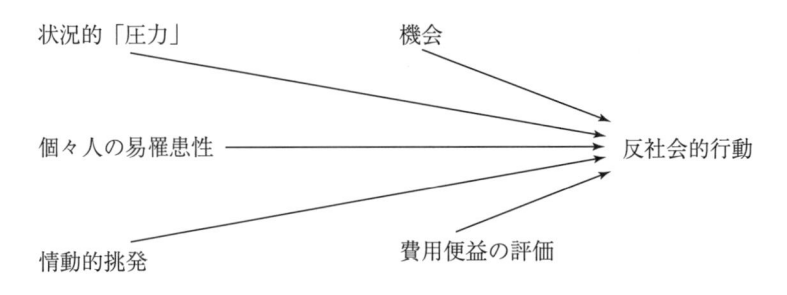

```
状況的「圧力」              機会

個々人の易罹患性　　　　　　　　　　　　反社会的行動

情動的挑発          費用便益の評価
```

図 2.2 犯罪に至る過程の因果図式 ［出典：Rutter, Giller, & Hagell, 1988. Copyright © 1998 by Cambridge University Press.］

　このことは左端から始まる矢印によって表され，本当の意味で，それが出発点を構成するものでなければならない。しかしながら，反社会的行動を犯してしまう傾向の高い人がすべて，実際に非行行為を犯すわけでは決してなく，そのような行為を犯す傾向の相対的に低い人もごくわずか，特殊な状況では非行行為を犯すことがある。一人ひとりの行為の犯しやすさは多要因的である。これはそこに複数の遺伝子と複数の環境的要因がかかわっているということである。だが，さらにその傾向が実際の非行行為へと移行することにかかわる（どのような原因によってであれ）異なった一連の影響があるのかどうかについて問わなければならない。場面によって異なるストレスには，フットボールゲームのときに暴力行為に及んだ群衆のなかにいたといったような社会的状況があるかもしれないし，アルコールで酩酊したり，薬物の影響を受けたりといった個人的な要因がかかわっているかもしれない。そのときには情動的挑発に結びつく他の要因があり，それらがケンカを売ったり，人種に対して軽蔑的な侮蔑をしたり，あるいは自分の運転を危険にさらす（交通渋滞のイライラ）ような攻撃的なふるまいをしたりするかもしれない。
　さらに，たとえこれら三つのリスクに結びつくような因子がそろったとしても，ある人が実際に犯罪行為を犯すかどうかは，機会に依存する。もしそうした人たちが山歩きをしていたとしたら，どんなに反社会的な感情

をもっていたとしても，犯罪を犯してしまうような機会はそうそうない。逆に，人間のたくさん集まる都会の状況にいれば，機会はもっとずっと多い。とはいえ，そのような状況ですら，機会のレベルはさまざまである。誰かが車のドアに鍵をかけていなかったら？ レストランの床の上に無防備に置かれたままのハンドバッグがあったとしたら？ 最終的には，費用便益について考える必要がある。誰かその犯罪を目撃する人がいて，犯人の逮捕のために何か動こうとしたら？ その一帯を防犯カメラが監視していたとしたら？ 犯罪がすぐに気づかれ，見つかって出口から脱出する時間がない可能性はどのくらいか？ よく理解しなければならないのは，このようないろいろなことを考えることの重要性が，人によって，また状況によって異なるが，しかしながらこれらはすべて因果経路にとって潜在的に重要なのである。

　もちろん，こうしたことは非行行為のように個人の選択による行動にはあてはまるだろうが，臨床的な意味をもった精神疾患には同じようにはあてはまらないと考える人もいるだろう。だが，この区別は見た目ほど明確ではない。例えば，まったく同じ考え方が自殺という行為にあてはまることはまずもって言うまでもない。また，おそらくうつ病と危険を冒す傾向との結びつきに基づいた個々人の自殺の犯しやすさがあるだろうが，それに加えて，泥酔するといったような状況要因というものがあり，多くの場合，まさにそれをしてしまうきっかけとなる出来事（ケンカや屈辱的な失敗のような）があり，自分自身を死に追いやる手段を手にする機会の問題，そして費用便益のある種の評価の問題がある。とてもよく似た問題が薬物乱用にもあてはまり，これには多重なステップからなる因果経路がかかわっている。つまり，薬物を手に入れられることが必要であり，その薬物を試しに初めて使ってみることにかかわる要因が必要であり，経常的な多量摂取への進行があり，そして心理的，薬理学的な薬物への依存になる諸要因がある。これら諸段階のそれぞれで機能する因果の影響がまったく同じではないことは明らかである。

　たぶんこれほどはっきりとはしていないが，同じことが個人の選択の問題ではない精神疾患（自殺や非行行為のような形の）にもあてはめて考え

られる。ここでも遺伝と環境の諸要因が折り混ざって影響を受ける個々人の傾向がある。例えば，不快な住まいの条件のなかにいることとか，報われることのほとんどない志気の低い学校に通うとか，報酬がわずかで自律感をもちにくい仕事に就くといったような状況的環境があるかもしれない。だがそれだけでなく，主たる精神疾患の多くは，愛する人から拒絶されたり屈辱的な経験をしたりといったような長期にわたって自分を脅かすきわめてネガティブなライフイベントによって誘発され，また進行する。ここでも，もし例えば重大なライフイベントを経験する確率がそれに先立つ状況や小さいころの行動の影響を受けているのなら，これらのいずれもが独立とみなすことはできない[31]。

　第二に，因果に関して最終的に重要な事柄の一つは，エンドポイントがいくつものかなり異なった仕方で概念化できるということである。原因について書かれた文献のほとんどは，それが遺伝学に基づこうと心理社会的研究に基づこうと，個人差に関する問いに焦点をあてようとしている。別の言い方をすれば，なぜこの人はうつ病で，あの人はうつ病でないのかということが問題となっているわけである。与えられる答えは，リスクの確率によって量的に評価されるだろうが，それは本質的にはちょうどある人がうつ病を経験するしやすさ（あるいはある特定の心理的特性のもちやすさ）に関する個人差の問題にかかわっている。このことは因果について考える上でとても重要なことだが，一筋縄でいくものではない。例えば人口のかなりの割合が，人生のどこかの時点で大うつ病性障害に苦しむだろう。報告される数値はさまざまだが，それは女性の場合，その人口の4分の1から3分の1である。そうした人たちの多くは，うつのエピソードを1回だけ経験し，その長さもとても短い。もう一方の極には長期にわたるうつのエピソードを何回も経験し，大きなハンディキャップとなって生きる上での足かせとなっている人たちがいる[32]。公衆衛生の視点やサービスを設計する立場からみると，ある人が人生のある時点でなぜうつ病を発症するかよりも，ある人がただ一過的なうつのエピソードを経験するだけなのか，それとも何年か先に再発するのかという別の問いに主たる関心の焦点があたることになる。再発，あるいは疾患の過程にかかわる因果要因は，うつ

病になるのに関与する要因と必ず重なってはいるだろうが，まったく同じというわけではない。例えば，数多くの研究から児童期の身体的，性的虐待は，のちのうつ病の発症率を実質的に高めるリスクと結びついていることが示されている。しかし，イギリスにあるワイト島で行われた，児童期と青年期に初めてうつ病が観察された若者についての中年までの追跡研究で，このリスクが主として再発性のうつ病（単一エピソードではなく）と結びついていることがわかっている。そしておそらく，これは成人期よりも青年期に始まるうつ病に対して大きなインパクトをもつ傾向にある[33]。また別の研究でも，ひとたびうつ病というハンディキャップとなるような疾患を経験すると，疾患に冒されるという経験そのものが，将来うつ病を再発させやすくするような何かをその人にもたらすことになる。これがいわゆるキンドリング効果とよばれるものである[34]。

　因果についての第三の考え方は，集団における全体としての疾患のレベル，あるいは集団レベルでみた特性に焦点を絞るということである。この場合に問題になるのは，誰がその特性をもつか，あるいは疾患を示すかということではなくて，その集団のなかで罹患した人の割合がどのくらいであるかということである。過去50年のあいだに，若年層の犯罪や薬物使用と薬物乱用，そして自殺（特に若い男性）の割合が大幅に上昇してきていることが示されている[35]。興味深いことに，このような集団レベルでの傾向は，必ずしもあらゆる年齢群にあてはまるというわけではないということだ。例えば若い男性の自殺率が上昇していた同じ時期に，高齢者のグループの自殺率は実質的に下がっていた。多くの場合において，個人差の原因と時間的推移のなかでみられる割合の変化の原因は，同じであるか，少なくともかなり重なったものだろう。一方，それはかなり違うものかもしれない。例えば，実に驚くべきことに，アメリカに住む若者の殺人率は，大部分のヨーロッパの国々に住む若者の殺人に関する同等の数字よりも，少なくとも何倍も多い[36]。この劇的に大きな割合の違いにかかわる主たる要因は，銃火器の入手のしやすさにあるというエビデンスがある。しかしながら，アメリカ国内でみると，銃火器を相対的にどれだけ入手しやすいかは，殺人率に特に関係はしていない。これは，アメリカでは入手しやす

さのばらつきが相対的に小さい一方で，入手しやすさのアメリカとヨーロッパのあいだの差はきわめて大きいからであると考えられる。

　さらに劇的な形で，過去1世紀のあいだにほとんどすべての産業化諸国で幼児の死亡率が大幅に減少し，出生時の推定寿命がほぼ倍増したことはよく知られている。イギリスでは20世紀の初めには，男性の出生児推定寿命は42年だったが，いまやほぼ76年である[37]。同じ期間に，集団の平均身長も大幅に増加してきている[38]。このような極端に劇的でかつきわめて重大な傾向をもたらした主たる理由が，疾患の医学的原因あるいは医学的処方ではなく，公衆衛生の領域に見いだせるということは，ほぼ間違いない[39]。おそらく栄養がよくなったことと衛生状態が改善されたことが，二つの重要な要因であろう。しかしこうした大きな時間的変化が，遺伝的要素の強い特性にあてはまるということに注意しなければならない。例えば，身長の遺伝率はおよそ80パーセントである。3章で論じる理由から，このように高い遺伝率であっても，新しい種類の環境的要因が大きな変化をもたらさないという意味ではなく，事実として明らかに変化をもたらしているのである。このことは遺伝的要因が，このようなきわめて大きな時間的変化や，国ごとあるいは集団ごとの割合の劇的な違いに，何の役割も演じていないことを示しているのだろうか。必ずしもそうではない。少なくとも，遺伝子が割合やレベルの変化を説明するということはありそうもない。遺伝子プールはふつうこれほど早く変化しないからだ。一方，遺伝子がある状況では間接的な効果をもっているかもしれない。例えばフリンは，過去50年ほどのあいだに，知能の平均レベルがかなり上昇してきていることをはっきりと示した[40]。この上昇が，人々が知能検査のことをよく知るようになり，それを扱うことに慣れてきたことの関数であるといえばそのとおりだろう。しかしエビデンスをよく調べてみると，そのような要因に加えて，実際に知能が上昇したという確かな結果が得られる。逆説的にみえることだが，この上昇は認知発達にとって重要と考えられる環境的要因に生じた変化に適応して上昇したと考える以上に上昇しているように思われるのだ。ディッケンスとフリン[41]は，ある種の増幅変数があるからに違いないという興味深い仮説を提案している。彼らは，増幅変数の起源

が遺伝子にあると示唆している。つまり、ある人々は教育機会（家庭や学校での）からよりよく恩恵を受けることができるので、増幅変数として働く（機能する）ようになると考えられる。これはとてももっともらしい仮説であるが、きちんと検証されなければならない。しかしながら、明らかに、もし介入的措置が（さまざまな成果に関して）集団全体に対して適用されたとしたら、不平等を生むことになる。なぜなら（他のことを一定にすれば）、恵まれた人のほうが恵まれない人よりも与えられたものを効果的に利用することができるからである[42]。重要なことは、遺伝子が環境的要因によってはじめにもたらされたなんらかの事柄への間接的な効果に、しばしば重要な形で役割を演じていると考える必要があるということである。あるものは主として遺伝によるのか環境によるのかという疑わしい時代遅れの二分法は、正しいものの考え方ではない。

▌ リスクの特殊性と非特殊性

　行動遺伝学の批判者によってしばしば主張される反対意見の一つは、遺伝的影響が反社会的行動のように、定義もうまくできなければ概念化もうまくできないようなさまざまな行動の概念と結びつけて考えられてきたということだ。言わんとしているのは、糖尿病や冠動脈疾患のような「厳密に定義される」疾患と結びついた遺伝的要因を探すのであれば、それはまったくもって適切かもしれなし、あるいは統合失調症や自閉症、双極性障害のような障害の重い精神疾患にも適用できるかもしれないが、社会的文脈から離れたら定義しにくいような特性の遺伝率を出そうとすることは、おそらく意味をなしえない、ということである。同様の反対意見が知能の遺伝についてもいわれる。それは知能が何であるかについて真の合意が得られていないし、知能とは知能検査が測ったものだというしょうもない理論的解釈に頼りがちだからである。表面的にはこれらの批判はもっともらしく聞こえるが、実際には誤っている[43]。なぜなら、遺伝子が人間の特性や疾患を伝統的に特徴づけたり診断したりするものとしてコードされている仮定する理由などないからである。

遺伝子が行動をコードしているわけではない。遺伝子は，健常であれ異常であれ，あらゆる種類の行動に対する感受性の個人差のなかで役割を演じる生化学的経路において，因果的に意味をもつ（ふつう考えられている以上にダイナミックな経路によってではあるが。7章参照）。引き続き反社会的行動の例をあげると，反社会的行動を犯す傾向の個人差において役割を演じている遺伝子は，犯罪というものそれ自体に対して直接関係をもっているわけではないだろう。むしろ危険を冒すこと，刺激を求めること，仲間の影響への感受性，勉強の成績，薬物服用とかかわっているかもしれない。だがそのことが，こうしたさまざまな道筋のどれに遺伝的影響が作用するのかを特定しようとする遺伝研究を進めていくことの価値を否定することにはまったくならないのである。遺伝研究も，違った種類の反社会的行動を，見いだされた違った遺伝的影響を受けた因果経路に従って分類するための方法を提供するのに一役買うかもしれないのである。これとまったく同じことを，知能や**ADHD（注意欠陥／多動性障害）**との関連で出された反対意見に適用することができる[44]。知能はつまるところ"g"のようななんらかの単一の要因によるかもしれないし，そうではないかもしれない。また ADHD は質的に異なる精神病理学的状態なのかもしれないし，そうではないのかもしれない。重要なのは，遺伝研究がこうした選択肢の分類に役立ち，どれが重要かについては完全に中立だということである。実証的な発見が結論をいずれかの方向へと向かわせるのであり，遺伝学の理論そのものが方向を決めるわけではない。

　もう一つの反対意見は，医学研究を，例えば知能や ADHD などにまで適用すると，非遺伝的要因の影響の重要性から注意をそらすことになってしまうのではないか，そしてそうした非遺伝的要因をもつという特徴の重要さと，それが個人に内在する程度の両方について誤った印象をもたらすのではないか，というものである。熱狂的遺伝論者が遺伝的視点から知能について語る内容が，しばしばこうした批判の的になっていること[44]，またある程度同じように，ADHD という疾患の概念を好き好んで使う人たちが，この疾患が質的に他とは確かに異なる様相であると強調しすぎる傾向にあること[45]は認めなければならない。それでもなお，知能の諸測度は，

それがどのように概念化されていようとも，一つの強力な予測力をもつことを否定することはできない。それらは学業成績のあらゆる側面を説明するものではないし，ましてや社会的成功のあらゆる側面を説明するものでもない。だが，知能が重要でないというのは，大事なことを見て見ぬふりをすることと同じであると思われる。これは ADHD についてもいえる。ADHD が短期的にも長期的にもかなりの社会的機能不全を伴う現象であることは，さまざまな研究のなかで十分一貫して示されている[46]。もし遺伝研究がこの種の特性にかかわる因果要因の意味を理解するのに役に立つのであれば，それは有益なことになるし，実際にそう考えてよい理由がいくらでもある。

　特殊性についてのもう一つの問題は，個々のリスク因子（遺伝子であれ環境リスクであれ）が特殊効果をもつか非特殊効果をもつかということである。ひと昔前は，遺伝研究は特定の精神病理的症状に特殊な遺伝子を見つけられそうだということを根拠として研究される傾向があった。いくつかの精神疾患についてはいまでもそうかもしれないが，多くのケースで，遺伝効果が，従来の精神病理診断にも，心理的特性が概念化され分類される仕方にも，まったく一貫性をみせないものであることが次々と明らかになってきている。このことは別に驚くべきことではない。なぜなら，遺伝子から疾患に至るリスク経路も環境から疾患に至るリスク経路も間接的であるからだ。もし遺伝効果が何種類かの生化学的経路によるものであるなら（事実そうである），同じ経路が他の遺伝的，あるいは環境リスク因子の有無によって異なる結果をもたらしたとしても，驚くほどのことではない。こうした可能性は，7章，8章，9章においてさらに考察する。

　これに匹敵することを，環境のリスク因子についても同じようにあてはめて考えることができる。もし環境が引き金となったリスクが心理的経路や**神経内分泌機能**や思考パターン，あるいは人間関係のスタイルに影響を与えていたら，明らかにこれら一つひとつは単一の心理学的産物を越えた効果を示すだろう。しかしさらに，あたかも単一であるかのような環境リスク因子の多くが，実に多様な幅をもったリスクのメカニズムからなっているということをよく理解しておかなければならない。例えば，喫煙は，

それがもたらす悪影響を列挙すれば，肺ガン，冠動脈疾患，呼吸器系疾患，皮膚のしわなどのリスク因子であることは明らかである。しかし，明らかに同じリスクのメカニズムがこれら一つひとつに同じようにかかわっているわけではない。周知のように，肺ガンの素因になっているのは発ガン性のタールであるし，他の効果が一酸化炭素やニコチンの血管に及ぼす効果のようなまったく別の媒介因子にかかわっている。同じように，肥満は変形性関節症，糖尿病，高血圧の素因となるが，ここでも，きわめて異なったメカニズムでそうなっているのである。変形性関節症への効果は四六時中たくさんの重いものを運んだりした結果として，関節の損傷を通じて生じる。糖尿病は膵臓機能に与えられた負荷によって引き起こされ，高血圧はまた別のメカニズムによって引き起こされる。同じようにして，精神病理における心理社会的リスク因子も，これら非特殊性の程度にかかわってくる。いわばある効果はいくつもの異なった種類の結果に対するリスクを担う機能面に作用し，同じく一見すると単一であるかのようにみえるリスク因子がまったく異なるリスクのメカニズムにかかわっているのである。

　一方で，このように考えることが，異なった精神病理の症候群に一つひとつの独自性があるという考えを放棄したり，異なる心理的特性や特徴を区別する概念を投げ捨ててしまったりすることを意味しない。同じように，グローバルリスクという概念にまで広げてしまうべきだといっているのでもない。これは，事実上，因果関係が複数の多様なリスク因子が分析できないまま，ごちゃごちゃに混ざった概念スープである因果モデルを採用せざるをえないという絶望に対する忠告である。その代わりに，われわれはたった一つの因果経路がなければならないと仮定せず，原因が一つの基本的な因果要因，あるいはたった一つの根源的ステップからなると期待せず，リスクが特殊であるか非特殊であるかについていかなる仮定もおかず，因果経路を描くことにまじめに取り組む必要があるのである。最もありそうなのは，これら両方が混ざったものになることである。続く章ではこれがどのようなものになるかについていろいろ考えていく。

■ 結　論

　単一の「基本的」原因という考え方は，その単純さゆえに魅力的に映る。しかしこの概念は，より一般的な確率的仮定ではなく，ほとんど適用されない決定論的メカニズムを意味するがゆえに，誤解を導きやすい。なぜなら，リスク因子と保護因子のあいだの相互作用を無視しているからであり，多くの場合に見いだされている複数の因果経路ではなく，単一の因果経路が意味されているからである。確率的リスクという概念は医療の多くにとって基礎となるものであり，精神疾患や心理的特性に及ぼす遺伝的影響の作用に対しても同じようにあてはまる。

Notes

　文献の詳細は巻末の引用文献を参照のこと。

1) Rothman & Greenland, 1998.
2) Cohen et al., 1991; Petitto & Evans, 1999; Stone et al., 1992; Wüst et al., 2004.
3) Hill, 1998a & b; Kotb et al., 2002.
4) Doll & Crofton, 1999; Doll et al., 2004.
5) Townsend et al., 1988.
6) 考慮すべき主要な統計学的問題が論じられているものとして次の文献を参照：Kraemer, 2003.
7) Rutter, 1987.
8) Aitken et al., 2002.
9) Rothman, 1981.
10) Pickles, 1993.
11) Rutter, in press a.
12) APA, 2000.
13) WHO, 1993.
14) Rutter, 2003a.
15) Kendell, 1975.
16) Kupfer et al., 2002.
17) Achenbach, 1985, 1988.
18) Rutter, 1965, 1978; Taylor & Rutter, 2002.
19) Taylor & Rutter, 2002; Pickles & Angold, 2003.
20) Volkmar & Dykens, 2002.
21) Sonuga-Barke, 1998.
22) van den Oord et al., 2003.
23) Kendler et al., 1995; Siever et al., 1993.
24) Bailey et al., 1998; Rutter, 2000a.
25) Bishop et al., 1995 & Bishop, 2002a.

26) Snowling et al., 2003.
27) Plomin & Kovas, 2005.
28) Knopik et al., 2002; Wadsworth et al., 2000.
29) Rutter, 1997.
30) Kendler et al., 2000a.
31) Champion et al., 1995; Robins, 1966.
32) Lee & Murray, 1988; Angst, 2000.
33) Maughan et al., to be submitted.
34) Kendler et al., 2000b, 2001.
35) Collishaw et al., 2004; Rutter & Smith, 1995.
36) Rutter et al., 1998.
37) Office for National Statistics, 2002.
38) Weir, 1952; Tizard, 1975; van Wieringen, 1986.
39) McKeown, 1976.
40) Flynn, 1987 & 2000.
41) Dickens & Flynn, 2001.
42) Ceci & Papierno, 2005.
43) Rutter, 2002b.
44) Jensen, 1998.
45) Barkley et al., 2004.
46) Schachar & Tannock, 2002.

Further reading

Rutter, M. (1997). Comorbidity: Concepts, claims and choices. *Criminal Behaviour and Mental Health, 7,* 265–286.

Rutter, M. (2003a). Categories, dimensions, and the mental health of children and adolescents. In J. A. King, C. F. Ferris, & I. I. Lederhendler (Eds.), *Roots of mental illness in children.* New York: The New York Academy of Sciences. pp. 11–21.

Rutter, M., Giller, H., & Hagell, A. (1998). *Antisocial behavior by young people.* New York: Cambridge University Press.

3章
生まれはどのくらい，育ちはどのくらい？

　量的遺伝学は，ある特性（特徴）に関して，母集団内の変異に対する遺伝的影響と環境的影響の相対的な強さの推定に関心がある。ただし，普遍的にみられる特性への遺伝効果を扱うのではない。例えば，すべての人間が（疾患や障害がないかぎり）言語を獲得する力をもつことや，直立歩行の能力をもつこと，そして物をつかむことができる手をもつといった事実は，進化の結果，すべての人間において機能する遺伝子に明らかに起因する。量的遺伝学は，このような万人が同じように所有している遺伝子は扱わない。むしろ，人々のあいだで変異のある特性だけが研究対象である。つまり，身長，知能，特定の疾患を発症する傾向といったものが研究対象とされる。

　調査結果は，個人差に関する集団の統計量となって表される。したがって，特性の遺伝率（総体的な遺伝的影響を表す統計量）が例えば60パーセントであるというのは，ある特定の個人がもつ特性の60パーセントが遺伝的に決定されるという意味ではない。遺伝的要因がその特性に関して，ある特定の母集団内の個人間の変異の60パーセントを説明することを意味している。このように考えると，調査結果は必然的にその母集団に特有であるということになる。例えば，調査対象となっている母集団すべての人がHIV感染者で，エイズの全症状に至る移行過程での変異を何が説明するのかという研究課題をもっていると仮定しよう。それらの調査結果は，基本原因が感染であったという事実にもかかわらず，変異の大部分は遺伝的要因によることを示すものになるだろう。同じように，母集団すべてが

フェニルケトン尿症にかかっていた子どもからなっていて，しかしその一部は，早期に低フェニルアラニン食事療法によって治療され，一部はその食事療法を後から開始し，そして残りの一部は通常の食事療法を行うと仮定する。研究課題は，子どもが知的障害になる可能性に対する遺伝的影響と環境的影響の重要性かもしれない。この場合，フェニルケトン尿症は完全に遺伝的な症状であるが，調査結果が示すのは，知的障害になる傾向が完全に環境によって決定されているということだろう。明らかにこれらの二つの例は極端なケースであるが，このような問題はいろいろな事柄に幅広くあてはまる。量的遺伝学から調査結果を解釈する際，調査されている母集団に対して，細心の注意を払う必要がある。例えば，子どもの知能の変異に対する遺伝的影響が，社会的にも教育的にも恵まれた家族の子どものほうが，恵まれない家族の子どもよりも，はるかに強いことを示した研究が二つある[1]。これが一般化できる研究結果であるのかどうか，これまでのところ確証を得られるほど十分な研究はなされていないが，重要なことは，ある種の集団から得られた結果を異なる母集団に一般化するためには，注意深くなければならないということである。

量的遺伝学のすべての基本は，遺伝的影響と環境的影響を，通常その両者がともに働いている状況であっても切り離して検討するある種の自然実験を用いることにある。よく使われる二つのアプローチは，双生児研究法と養子研究法とよばれるものの枠のなかで提供される。

▎双生児研究

双生児研究法は，この目的のために**一卵性双生児**と**二卵性双生児**の比較を用いる。この理論的根拠はとてもわかりやすいもので，それは一卵性双生児（MZ）が，両親から受け継いだ遺伝子のすべてを共有している（すなわち同祖的（identical by descent））のに対し，二卵性双生児（DZ）は平均して50パーセントの遺伝子しか共有していないという事実に依拠している。もし一卵性双生児が二卵性双生児よりも，研究されている特性において類似しているとしたら，遺伝的影響によるものであると考えてよいだろう。し

かし，そう推測するためには，いわゆる「等環境仮説（EEA）」を前提にしなければならない。つまり，一卵性双生児と二卵性双生児の差異が遺伝子だけの影響によるものというためには，一卵性のペア内にみられる環境の変異が二卵性のペア内とほとんど同じであると仮定しなければならない[2]。

等環境仮説

　この仮定は，一見いささか受け入れがたいように思われる。例えば，一卵性双生児は二卵性双生児より明らかに似たような服装をしているようにみえる。同じく（遺伝的理由から）行動，態度，関心などにおいても，一卵性双生児は（どのペア内でも）二卵性よりもよく似ていそうである。これは，一卵性がより類似した経験を選び，他者との類似した相互作用パターンをとるからだと考えるのが無難のように思われるだろう。しかしながら，それだけが話のすべてというのであるなら，EEAは覆されない。なぜなら，もし環境が遺伝子によって完全に操作されているとしたら，その効果はそこにかかわっている遺伝子に，そしてその遺伝子のみによるものと考えられ，一卵性双生児と二卵性双生児のあいだで異なっている環境が，研究の対象となっている特性に影響を与えていないと考えるのがもっともらしいからである。実際，例えば，双生児が同じような服を好むかどうかは，その双生児の知能や統合失調症の易罹患性の違いとは関係がない。

　行動遺伝学ではほとんどいつも，二卵性双生児よりも一卵性双生児のあいだで（いずれの場合もペア内で）より大きな環境の類似があることによって，**環境に媒介されて**（environmentally mediated），一卵性双生児ペア間におけるある特性や障害に対してより大きな類似を生んでしまう可能性に注目してきた[3]。なぜならば，この可能性が，双生児研究への批判の第一の焦点となってきた問題だからである。この可能性を研究するにはさまざまなやり方があるが，一つの重要な量的アプローチは，仮定したバイアスの影響を多変量統計モデルに組み込むというものである。その結果は，ほとんどの場合においてバイアスを起こす効果はないことを示していた（つまり，バイアスの影響を考慮に入れるか入れないかにかかわらず，遺伝効果の推定値が同じであったのである）。この結果により，EEAが完全に成

り立つという結論が導かれたことになる。だが問題は、環境の類似性の違いがもたらすバイアスの影響はかなり限定的なものであって、心理的特性や精神障害のいずれにおいても環境に媒介された影響が説得力をもつようなことは何一つないという点である。このように、身体的類似や、どれくらい一緒に過ごしたかということは、大きな心理的影響はもたらさないということであり、このことこそが重要な発見である。

EEA に対する第二の批判は、同じペア内での一卵性双生児の経験が、二卵性双生児の経験に比べて類似しない傾向があることである。このような場合、EEA の侵害によって、もし研究の対象となっている特性や障害に環境的影響があるならば、遺伝的影響の誤った過小評価につながるであろう。このようなことが起こりそうな状況は、主として産科的要因であろう。

例えば、一卵性双生児が二卵性双生児よりも、出生時の体重差が大きい傾向にある。これは、ふつう**一絨毛膜性**一卵性双生児が、血液循環を共有していることから生じる（二人に血液を与える胎盤部分に境界がないために起こる現象である）。ひどい場合には、いわゆる双胎間輸血症候群（transfusion syndrome）とよばれるものに陥り、双生児の片方に相対的により多くの血液が供給され、もう片方は失血し貧血を起こす。このように聞くと、血液供給の少ないほうに大きな負担がかかると読者は考えるかもしれないが、実際は全体として血液を受けとりすぎたほうの危険度が大きい。その程度が深刻だと、双胎間輸血症候群は、出生体重の差が大きいほど重篤なリスクをもたらすが、それはいつもということではない。ほとんどの特性においてその影響は微々たるもので、双生児研究法の論理を脅かすほどのものではない[4]。

EEA に対するこうした批判は、いずれも有効でないばかりか、めったに起こることではない。しかし、近年、唯一組織的な注目を受けてきた非常に重要な第三の批判がある。それは、ある環境的変数に対して強い遺伝的影響があり、その影響が研究対象とする心理的特性や精神異常にさらに効果をもつというような状況のことである。このことがあてはまるのは、例えば反社会的行動やうつ病などに関連するリスク環境である[5]。いずれの場合も、ネガティブなライフイベント、親子の不仲、親からの拒絶など

のような環境への曝露に遺伝的影響がかかわっているということが明らかになった。さらにこれらの環境は，反社会的行動やうつ病における個人差と関係があることも示された。つまり，同じ遺伝子をもつ一卵性双生児ペア内で，親からの拒絶を強く受けたほうの双生児は，同時に反社会的行動も強く示す傾向が高いのである。同じようなことが，ネガティブなライフイベントやうつ病にもあてはまる。言い換えれば，これらの特性に関しては，一卵性双生児と二卵性双生児間で類似性の差異は，環境的影響で説明できる。つまり，これはEEAがある程度成り立っていないということを意味している。強調する必要があるのは，これが双生児研究によるアーチファクト（人為的要素）ではないことであり，むしろ，環境にさらされることに対する遺伝子の機能のあり方から期待される結果である。しかしそれは，遺伝率を計算する標準的な方法が，遺伝的影響を過大評価しすぎる傾向をもつことを意味することになろう。遺伝的影響の過大評価の程度を計算するのは難しいが，結果に重大な差異をもたらすものではなさそうである。例えばもし，遺伝率を50パーセントだと推定し，実際の遺伝率が40パーセントであったとしても，遺伝的影響の有無についてはあるという結論は変わらない。したがって，ある特性に関して，EEAが成立していないということを認識することは重要であるが，その影響は，双生児研究の存在を脅かすものではない。また，EEAが支持されるかされないかは，特性によって異なる。よって，EEAに関して，一般的な結論を導きだすことはできない。

　ほとんどの行動遺伝学者は，バイアスの影響に配慮していない。それは彼らが，一卵性双生児のペア間における環境的影響の差異は，遺伝的影響の過大評価よりも過小評価に結びつく傾向があると考えているからだ。しかし，これは二つの理由から適当でない。一つは，過大評価と過小評価のどちらに対しても，バイアスに対して注意を払うべきだからである。もう一つは，その実質的効果が遺伝的影響を人為的に高めているかもしれないからである。なぜなら，遺伝率は一卵性双生児だけで決定されるものではなく，一卵性双生児と二卵性双生児の相関の「差」によって決定されるからである。重要なのは，二卵性双生児よりも一卵性双生児のほうが，環境

的な類似性（例えば親の拒絶）が高い傾向がある（**遺伝子・環境間相関**の結果）ため，遺伝的影響のみならず環境的影響の結果として，親の拒絶が心理的特性（例えば，うつ病や反社会的行動）に関して二卵性双生児よりも一卵性双生児のほうがより類似する傾向にあるということである。

統合失調症や他の主な精神疾患の双生児研究において，EEA が成立していない可能性を見つけるために，さまざまな試みが行われてきたが[6]，結論は EEA は侵害されていないということだった。だが言っておかなければならないのは，これまでのところ，難産，深刻なライフイベント，都会生活，大麻の早期の使用といった統合失調症を発症する因果過程で役割を果たしそうな環境的要因に関して，EEA が組織的に検討されていなかったということである[7]。とはいえこうした環境的要因の効果はとても小さいので，EEA が大きく侵害されているということはなさそうである。

双生児と単胎児の差異

双生児研究のもう一つの仮定は，双生児と単胎児とで，知能，情動性，うつ病，反社会的行動のような特定の特性を示す可能性がほぼ等しいと仮定できるいうことである。この問題は，違ったサンプルを用いて何度も調べられてきており，結論ははっきりしている。すなわち双生児と単胎児では，基本的にほとんどの心理的特性の分布に関して非常によく似ている。しかし，いくつか注意を必要とする例外がある。最も重要なのは，言語発達と産科合併症の二つである。集団としてみたとき，双生児は単胎児よりも言語の発達が少し遅れることが明らかにされている[8]。その差は，平均すると 3 歳の時点でおよそ 3 か月分である。エビデンスが示しているのは，この言語の発達の差が，双生児においてあまりに遅れすぎているというものではなく，正常範囲内にあるということである。これは，母子相互作用と彼らが経験するコミュニケーションのパターンにおいて双生児と単胎児間に差異にあることで説明できるようである。同時に同じ年の，同じような発育上のニーズをもった二人の子どもを育てなければならないということは，一人の子どもを育てている家庭とは，いささか状況が異なる[9]。繰り返すが，その効果というものは，興味深いものではあるけれども，遺伝的

影響を調べるために双生児を扱うことにバイアスを与えるほど十分大きいというわけではない。これは，言語発達や言語に関する特徴への環境的影響を調べるときにはなんらかの注意が必要であるが，そのような研究をしている研究者はその問題点を理解しており，その研究はしっかりしたものと思われる[10]。

　もう一つよく知られ，文献にもよくとりあげられている特徴は，双生児が単胎児に比べ，とりわけ出産時低体重や未熟などの産科合併症の可能性が高いということである[11]。在胎週数がとても短く（例えば32週以下で）生まれたり，出産時に極端に低体重の双生児を扱ったりするときは，十分に注意しなくてはならないことが明らかにされている。このグループは，死亡率や疾病率が非常に高い[12]。ただし，こうした双生児の割合は非常に少なく，残りの双生児における産科合併症の大部分にほとんど影響をもたらさないようであり，双生児と単胎児の相違は，こうした産科要因が主たるリスクとなっている特性について取り扱わないかぎり，双生児研究法を脅かすものではまったくない。

卵　　性

　当然のこととして，双生児研究法のすべてが，どのペアが一卵性でどのペアが二卵性かの正確な識別にその基礎をおいて行われている。初期の双生児研究のいくつかは，両親の判断に頼っていた。両親の判断は間違っているよりは正しい場合が多いが，しかしながら，しばしば誤った結論を導くことになる[13]。双生児がどの程度同じふるまいをするかどうかによって判断するので，バイアスが生じる可能性がある。これは，極端な行動を研究として扱うときに起こりやすい。例えば，自閉症の双生児の研究[14]で，その行動（表情も含む）がまったく異なっているために，両親が誤って二卵生双生児であると判断してしまう例がいくつかある。しかし興味深いのは，そのような双生児たちは，写真に写った姿では，見分けがつきにくいということだ。なぜなら，赤の他人にとっては，二人を見分ける手がかりがまったくないからである。このような種類の混乱は，より一般的な状況ではずっと起こりにくい。いずれにせよ，卵性についての親のおおざっぱ

な判断を頼りにすることは，やがて卵性について診断するために注意深く構成された質問紙調査へと変更された。卵性の生物学的測度を比較してみると，このような質問紙による診断の精度は，95パーセント程度であり，ほとんどの研究目的において問題にならない。しかし，さらに精度の高い卵性の決定が，指紋，血液型，そして近年はDNAの使用によってできるようになった。DNAはすべてのサンプルに使用されたり，時には卵性が疑わしい下位群に対して使用されたりする。どちらにせよ，初期の双生児研究にあった卵性の若干の不確実性は，現代の双生児研究では深刻な問題ではない。

サンプリングバイアスの可能性

　問題が起こる可能性がより高いのは，サンプリングバイアスである。長年にわたり，一般母集団（重度の精神障害者よりも）における特性についての双生児研究の大部分は，なんらかの自発的な申し出によるサンプルに基づいていた。調べてみると，一卵性双生児ならびに一致ペアがこうした研究により参加しやすい傾向にあった。この傾向は，一卵性双生児と二卵性双生児間での差異に必ずしも影響しないが，その可能性は否定できない。

　それとは対照的に，重度の精神疾患についての双生児の研究の多くは，なんらかの診療所や病院のサンプルに頼っていた。ほとんどすべてが医師に照会されるような精神疾患（例えば，統合失調患者のケースなど）の場合，それは重大な問題ではなさそうだ。一方で，うつ病のような障害ではそうではないので，それはバイアスの潜在的原因となる。それは，照会される人が違うかもしれないというだけではなく，その照会者が双生児のきょうだいの特徴の影響を受けているかもしれないからである。つまり照会をするような理由が一つ以上あるときに照会が行われる可能性が高いのだ[15]。もう一つ問題が生じる可能性があるのは，照会が医療施設で幅広くいろいろなところになされることになったり，病院というよりも特殊学校に任せられるようになったときである。例えば，自閉症のケースがそうだ。そのため，初期の自閉症の双生児研究では，できるかぎりすべての人口をカバーするために全国規模の研究（これは子どもの精神医療施設だけでな

く知的障害施設や特殊学校も含んでいる）が着手された[16]。10年以上のちになされた研究では，いくつもの施設で多面的にスクリーニングすると，ほとんど事例の取りこぼしがないことを示した[14]。

　もっと一般的な症状では，一般母集団の疫学的サンプルのほうがよく使われる。しかしそこにも問題がある。もしサンプリングが出生記録よりも学籍をもとにしているのであれば，もし双生児の二人が違う学校に通っていたならば（もしある双生児が両親の別居や離婚によって別の両親のもとにいたり，双生児の片方が特別な施設のある学校に通ったりするような理由がある場合にありがちである）見落とされてしまうため，不確実性がある。しかし，これがかなり大きいバイアスとして実際に生じるかどうかはチェックでき，それがなされていれば，結果は概して信頼できるものである[17]。

　出生記録は，このような特別な問題を避けるのに使うことができるが，疫学上の最も優れた研究ですら，およそ30パーセントの不参加者がいるのがふつうである。そして縦断研究になると，脱落はもっと多いと思われる。すでにわかっていることは，研究に参加しない家族は，もとの母集団を完全には代表していないということである[18]。サンプルから抜け落ちる家族は，精神病理学的な疾患を両親もしくは子どもがもっている傾向がある。この重大な疫学上の考察は，過去の双生児研究においてほとんど注目を受けてこなかった。同様に，脱落によるバイアスも，変数間の関連のパターンを歪め[19]，遺伝と環境の相互作用について，間違った推論を導きだす可能性がある。重大なバイアスを引き起こす脱落の問題は，言語についてなされたある一般母集団の研究がうまく示してくれる[20]。非常に若い母親から生まれた双生児や社会的に恵まれないバックグラウンドをもって生まれた双生児は，十分にサンプルに入っていなかったのである。もとのサンプルの部分集合を構成しているモフィットとカスピのリスク環境研究（E-Risk）は，この問題を定量化された方式で調査する機会となった。E-Riskの下位サンプルでは，全体の研究から脱落した子どもや家族に関する情報を収集するために，多大な努力が費やされた。この試みは大成功を収めた。これが意味するのは，E-Riskのサンプルをもとにした分析と，

脱落が生じたために無回答のバイアスをもつサンプルを用いたものを分析し比較することが可能になったということである[21]。その結果は，脱落の問題は確かに遺伝の推論において重大なバイアスをもたらすということを示した。そのバイアスの主効果は，共有環境効果の検出の失敗，**相加的遺伝効果**と**非共有環境効果**の過大視，対比効果や**非相加的**（相乗的）**遺伝効果**という誤認による評価がときどき起こることである。

きょうだいの交互作用効果

　心理的特性，もしくは精神疾患の研究の大半は，必然的にある個人が特定の特徴（うつ病や反社会的行動のような）を異常に高い程度あるいは低い程度でみせるかどうかの判断にかかわっている。これについては少なくとも二つのやや違った問題が提起される。まず，親が双生児の一方をみるとき，双生児のもう一方の特徴の影響を受けるかもしれない。言い換えれば，もし双生児の片方の活動性が高いと，親はもう片方の双生児の活動性のレベルを低く見積もってしまうかもしれない。なぜなら，たとえ同年代の大部分の他の子どもより活動的であっても，一方の双生児と比べると低いからだ。この傾向が顕著な場合，双生児ペア間の差異が人工的に誤って誇張されることになるだろう。多動の評定では，いつもではないが，しばしば生じる問題だ。この問題を回避する一つの方法は，異なる教師がおのおのの双生児を評価したときに，その評価がどうなるかを確かめることである。そのような分析が行われたとき，二卵性双生児のあいだの類似の度合いを低く見積もる方向に働く親の評価バイアスがあることがわかった[22]。同じように，評価バイアスとは独立の，きょうだいの交互作用効果もあるかもしれない。交互作用は二つの方向のどちらかに向かうだろう[23]。もし双生児の片方の行動がもう片方に違った行動をもたらすのなら，それは対比効果を生むと思われる。これはときどき起こることである。もう一つは，もし双生児が一緒にレジャー行動をしようとすれば，行動をともにするので類似性が増えるかもしれない。例えば，このことは反社会的行動や非行行動を伴って起こる傾向がある[24]。

測定の不正確さ

　一つのデータソースからのただ一つの測定に頼るときには，いつもかなりの誤差が入ることが避けられないのは，長いあいだわかっていたことだった。これはその情報提供者の特定の見方からくるバイアスがあるだけでなく（このようなことが起こるのは当然だが），あらゆる計測にはランダムな誤差がかなり含まれるという事実からくるバイアスもあるからだろう。それゆえ，複数の情報提供者から得た複数の測定に頼ることが標準的なものとなってきた[25]。さまざまな種類のモデリング（下記参照）を行う多変量的統計手法は，特定の測定が測ろうとしている潜在特性の推定値を引きだすために，複数の測定を統合させようとしている点でとても貴重である。これとほぼ同様な問題が，あるたった一時点だけで行ったある特性の発現の計測に頼ることにもあてはまる。重要な点は，ある一時点で示されたある特性に及ぼす影響の全体のバランスやパターンが，時間を越えた特性の持続性に関して作用する影響とは違うかもしれないということだ。

　これまでの研究結果が示しているのは，長期にわたってみられるような疾患へのかかりやすさ，あるいは持続性のある特性への遺伝的影響は，単一のエピソードや計測時点で作用する遺伝的影響よりも概して強い傾向にあるということである[26]。あらゆる一過的な環境的影響が，ストレスや機会が最大となる特定の時点の感情や行動に大きな役割を演じているのだから，このことはほとんど驚くにあたらない。この様相は，時間やさまざまな環境の範囲を越えて持続する感情や行動に焦点をあてたとすると，かなり違ってくると思われる。それでもなお，データの分散がかなり大きいような複数のデータソースからの情報をまとめるときには注意が必要である。そのような場合，しばしば遺伝効果の推定値が非現実的なほど高くなってしまう可能性がある[27]。分散の大きなデータソースは，それぞれの環境的影響の大きさを正確に反映しているのかもしれないが，分散が大きいと，遺伝的影響を高く見積もってしまう場合があることも覚えておくことが大切である。測定間や情報提供者間のデータの大きなばらつきの原因がほとんどわからないとき（そういうことはしばしばある），問題に対して十分に満足のいく答えはないのであって，統計のスキルを常識や良識と結びつ

けることが常に必要となるのである。このような問題点があるにせよ，結論はやはり，再発性の疾患や持続性の高い特性に及ぼす遺伝的影響は，時点特殊な測定への影響と比べ，特にそれが一人の情報提供者だけから得られている場合，相当強い傾向がある，ということである。

統計学的モデル適合

　量的遺伝学における重要な進展の一つは，洗練された統計的モデリングのテクニックの開発にある。統計的モデリングが決定的に重要なのは，データソースを結合させる目的（上述したような）のためだけではない。統計的モデリングは，単に遺伝効果によって説明される母集団中の割合を量的推定値で表す以外にも，例えば異なる形態の精神疾患が同じ遺伝的易罹患性を共有するかどうか[28]というような問題や，精神疾患の割合ないしパターンの性差にかかわるであろうメカニズムに関する仮説[29]，あるいは遺伝的易罹患性に大きな役割を果たしている遺伝子の数に関する仮説[30]のような，もっとずっと興味深く重要な特定の仮説を検証できるようになったという点で重要なのである。モデリング法の使用は，複数の対立仮説の検証，ならびに説明されるべき現象がどのような性質であるかを明確化することの両者において，計り知れないほど有益である。こうした使い方は，紛れもなく量的遺伝学を大きく進展させた。

　一方で，バイアスが入り込む可能性について考えておかなければならない二つの重要な点がある。一つめは，基本的ストラテジーが倹約原理の上でなされている点である。つまり理想のモデルはデータに適合し，単純でなければならないというものだ。通常のアプローチでは異なるモデルを系統的に比較し，特定の効果を除外して結果がどうなるかを検討する。ある効果を除外して，モデルの適合度が有意に悪くならないときは，より単純なモデルにするためにモデルからその効果を除外することがスタンダードな方法になってきた。一見，もっともらしいストラテジーのように聞こえるが，有意な効果がないことが，その効果がないことを示したことと同じではないことをきちんと理解しておくことが肝要である。これがそれほど重要な問題である主な理由は，どれだけサンプルが大きくても，信頼区間

はとても広く，それゆえあるパラメータをモデルから除外するかどうかを決めるのは，信頼区間の上限をみるのではなく，95パーセント信頼限界の下限に基づいていることがふつうだからである。重要なのは，シュルツケら[31]が注意深く論じ，そしてそのデータが問題を明らかにしている。シュルツケらが検証したサンプルは，オーストラリア双生児登録に基づく2,682組の双生児という，どうみても十分な数のサンプルである。にもかかわらず，反社会的行動の共有環境効果を示す信頼区間は0～32パーセントに広がっている。下限が0を含んでいるので，全体的効果は統計学的に有意ではなく，そのため共有環境効果は行為障害症候群の最適モデルには含まれなかった。しかしながら，あたかも効果がもともとまったくないことがわかっていたかのごとく，実際にはかなり大きな効果をもっているかもしれない変数が除外されるということもあるのである。現実的には，このアプローチがしばしば，共有環境を落として，遺伝と非共有環境効果を誇張する結果（共有環境と非共有環境の違いについては4章を参照）をもたらしている。

　この倹約原理がときどき，絶対に効果のある変数を除外していることは明らかである。例えばマエスら[32]は，ヴァージニア双生児研究で8歳から16歳までの双生児のアルコール使用を調査した。生涯アルコール使用の最適モデルは遺伝的影響を含まなかった。これとは対照的に，許可なしの生涯アルコール使用のモデルは，母集団分散の72パーセントを説明する遺伝効果があったのだ！　研究者自身も認識していたように，明らかにこのような結果はありえないことだ。この差が衝撃的なのは，許可なしのアルコール使用のグループがアルコール使用者の全母集団のなかの個人の部分集合であったからだけでなく，その半分以上を占めていたからである。モデル適合の機械的な操作はばかげた結果をもたらすこと，そしてさまざまな推定値の信頼区間と合わせた上で結果の意味を考えることが必要であることが，行動遺伝学者たちによって徐々に認識されてきている[33]。

　統計的モデリングにおける二つめの問題点は，モデルがしばしばありそうもない仮定に基づいているということだ。少なくとも最近までは，アソータティブ・メイティング（類似者結婚），遺伝子間の相乗的交互作用，

遺伝子・環境間相関，遺伝子・環境間交互作用はないと仮定するのがふつうであった。こうした仮定は，対象とする指標によっては正当化できるかもしれないが，絶対にそうではないものもある（後でもっとしっかりと議論する）。いくつかの仮定は遺伝的影響を誇張する方向に働き，またいくつかの仮定はその重要性を過小評価する方向へと働くが，とりわけ問題となる仮定がある。

　つまり，遺伝効果と環境効果を区分するという伝統的手法のなかで，遺伝子・環境間相関と遺伝子・環境間交互作用の効果は，もし環境効果が共有されるなら遺伝的影響の推定値に，またもし遺伝子と環境の相互作用関係が双生児に特殊な様式で働いているのなら非共有環境効果に組み込まれてしまいやすい。この理論的根拠は，環境リスク因子はもともと遺伝子によって引きだされる（遺伝子・環境間相関の場合のように）ので，環境効果の全体を，リスク環境をもたらす原因となっている遺伝効果へ帰属させることは妥当だというものである。この議論の偽りは，喫煙の例で説明できるだろう[34]。人がタバコを吸う理由は，喫煙がもたらす悪しき結果を含む因果メカニズムと事実上まったく関係ない。人々は遺伝的影響を受けた素質，依存への薬学的影響，文化的影響，パーソナリティ特性，そしてタバコの入手しやすさが混ぜ合わさった影響を通じて喫煙する。しかしながら，これらすべてがタールの発ガン性効果，もしくは冠状動脈の病気，慢性的気管支炎，骨粗しょう症，血管におけるニコチンと一酸化炭素の効果による肌のしわ（広い意味での後遺症に言及するなら）を説明していない。もちろん，状況が違えば結果も異なるので，リスク因子の原因と，そのリスクがもたらす影響に媒介する過程のあいだには結びつきがもっとある。しかし重要な点は，この二つのあいだに必然的な関係がないことと，それらすべてを遺伝の推定値に入れてしまうということがきわめて誤解を招きやすいということである。同じことが遺伝子・環境間交互作用にもあてはまる。しかし遺伝だけ，あるいは環境だけに原因を帰属させるのも正しくない。実際には二つが一緒に働いていることの結果だからだ。もちろんこれらの効果が別々である可能性もある[35]が，そのようなことはとてもまれである。

一般母集団を基礎とした割合に関する仮定

　遺伝的影響の大きさの計算（しばしば遺伝率という名前でひとくくりにされる）は，一般母集団におけるその特性の割合についてなされる仮定に大きく依存する。ふつうカテゴリカルな診断で扱われる精神疾患では，遺伝的易罹患性が事実上ディメンショナルに分布し，疾患はある特定の閾値を超えて初めて顕在化するという仮定がある。遺伝率の算出では，特にまれな疾患の場合，一般母集団中の割合を必ず考慮する必要がある。例えば，自閉症症候群を示した子どものきょうだいが自閉症症候群である割合は，たった約3〜6パーセントである（測定の仕方にもいくらか依存するが）。これは決して高い数値ではなさそうだし，表面的には，遺伝的影響はむしろ少ないことを意味するようにも思えるだろう。しかしこの割合は，一般母集団における割合と比べると何倍も高い。これは通常，λ（ラムダ）統計量，つまり一般母集団と比較したときのきょうだい（もしくは他の特定の血縁関係）における相対頻度で表される。一般母集団をもとにした自閉症の割合が10,000人中およそ4〜10人の場合，λ統計量は50〜100であり，きわめて強い家族集積傾向を示している。自閉症スペクトラム障害（以下を参照）という概念に広がって一般に受け入れられるようになり，一般母集団の真の比率が10,000人中およそ30〜60人である[36]ことを認めると，λ統計量は元来考えられていたものよりもずっと小さいに違いないということになる。これを正確に算出することは不可能である。なぜならそれをするためには，双生児研究における自閉症スペクトラム障害の定義が一般母集団の疫学研究のそれと一致していなければならないからだ。しかしλ統計量はもともとの推定値である100よりも20のあたりになりそうだと結論づけるのが妥当だろう。それは依然として強い家族集積傾向を示し，双生児研究がこれまで見いだしてきたものと比べて，遺伝率はとても高いものであるが，最初に推定されていたほどではない。

診断的表現型の定義に関する仮定

　初期の遺伝精神医学研究は，伝統的な精神疾患の診断カテゴリーの使用に頼ることが無難であると仮定する傾向にあった。つまり，遺伝的影響は

特定の疾患へのリスクを通して作用するだろうという仮定である。急速に明らかになってきたことは，遺伝的易罹患性は一般に認められている精神疾患の分類とは一致しないことがしばしばあるということだ。例えば，統合失調症への遺伝的易罹患性は，「本来の」統合失調症と同じくらい統合失調症様障害（schizotypal disorder）と妄想疾患を含むところまで広がっている[37]。同じく，自閉症への遺伝的易罹患性も，通常ある程度の精神遅滞を伴った深刻な障害疾患を越えて，伝達的で社会的な相互性や，ステレオタイプ的な反復動作に質的に似た，といってもずっと穏やかな形での，ずっと広い範囲の異常さにまで広がっている[36]。さらにうつ病の遺伝的易罹患性は，全般性不安障害や神経症傾向の気質特性も含んでいるようである[38]。同じくトゥーレット症候群における遺伝的易罹患性は，おそらく慢性のチックや強迫性障害のいくつかの形さえ含んでいるようだ[39]。批判者たちは，もし調査者が精神疾患のカテゴリーすら適切に定義できないで，どうやって遺伝的影響をちゃんと調査できるのかという議論をもてあそんでいる。しかし，それはまったくの的外れである。かつては遺伝的影響が伝統的な精神疾患に直接に作用していると仮定していたが，そんなことを信じる者は今日誰一人いない。伝統的な精神疾患の診断分類は確かに重要な役割をもっているが，そのカテゴリーが精神病理学的にみた因果経路や遺伝的影響の道筋と一致するという理由はまったくない。遺伝研究は精神医学のカテゴリーの妥当性検証がなされるのを待つべきであるという議論は，遺伝的発見がその妥当性検証に大きく役立つという非常に重要な核心を無視しているのである。

別々に育てられた双生児，および双生児の子どもによる研究法

　行動遺伝学者は，よく行われている双生児研究法に少なからず問題があることをよく認識しているため，双生児研究法において潜在的に重要な二つのバリエーションを開発した。一つのバリエーションは，別々の家族に育てられた双生児に着目した研究である[40]。基本的なアイデアはよい。すなわち，もし一卵性双生児の二人が生まれたときに別々になり，完全に違う家族に育てられれば，彼らのあいだにみられる（偶然に期待される以上

の）類似性は，遺伝的影響に帰属されることは間違いない。別々に育てられた双生児の研究から見いだされたものは，行動の一般的側面だけでなく，細部にまであてはまる驚くほどの類似性についての，とても印象的ないくつもの事例を確かに与えてくれている。一見したところ，このような類似が遺伝的影響によると推論することには何の問題もないように思えた。しかしこの研究デザインは，ふつう考えられているよりもずっと問題のあるものだった。第一に，生まれたときに双生児が別々になるのはきわめてまれであること，そしてそのように別々になった事情に何か特別なものがあるのではないかという疑問が必ずあがるということである。第二に，生まれたばかりのときに離れ離れになったように書かれる傾向にあるが，実際の別離はしばらく後になってからであることが記述からは明らかであり，共有環境の影響がある可能性が残っている。第三に，別々に育った双生児を自主的に研究に参加するように仕向けた影響についての疑念が避けられない。少なくともいくつかの例では，彼らがお互いにコンタクトをとったり，類似性を印象づけたりすることが調査への自主的参加に一役買っており，これが類似性を誇張しているかもしれない。第四に，何組かの別々に育った双生児はかなり違った家庭事情で育ったものの，多くの例では彼らが住んだ家庭は似たようなものであったことがある。最後に，第五として，用いられた測定アプローチのいくつかに，これまでに査読をパスして科学論文として報告された量的な発見がかなり限られていることも伴って，若干の疑念がある。明らかに，別々に育った双生児の研究は行動に及ぼす遺伝的影響が無視できないものであるという結論を支持する役目を果たしてはいるが，そうした発見に大きな信頼を寄せることが妥当というには疑問が多すぎる。

　双生児の子どもを用いた研究デザインが着想されたのは数年前[41]だが，測定された特定の環境における行動に及ぼす影響を確かめるシステマティックな方法が使われるようになったのはごく最近である。その基本原理はとても単純なものだ[42]。重要なのは成人の一卵性双生児があらゆる遺伝子を共有しているということである。これは彼らの子どもたちが，ふつうであればいとこ関係になるところ，遺伝的には**半きょうだい**（つまり一人の親

と同じ遺伝子を共有し,もう一人の親とはしていない)になるということである。この半きょうだいを用いて研究することがもう一つの重要なバリエーションである。したがって,双生児の子どもの比較は,遺伝効果と,異なる家庭で育ったことによる環境効果の両方の推定を可能にする。もちろん研究に一卵性と二卵性の両方の双生児を含めることで,量的効果の推定はより強固なものになる。この方法は,伝統的な双生児研究のいくつかの欠点を克服する実に巧妙なアプローチだ。しかし,それでもいくつかの限界はある。第一に,一卵性双生児の子どもはいわゆるきょうだいではなく半きょうだいであるので,いとこの場合と比較して統計的検定力がかなり弱い。第二に,成長するにつれて,いまや大人になった双生児に及ぼす遺伝と環境の両者の影響が,彼らが選ぶ配偶者や彼らが子どもに与える環境に類似をもたらす可能性を生むだろう。にもかかわらず,半きょうだいを用いた研究は疑いもなく有用で,その使用は遺伝的影響と環境的影響に関するエビデンスを得るための重要な方法として加わるはずである。

▌養子研究

養子研究はこれまでの双生児研究とはまったく異なる方法を用いることにより,遺伝効果と環境効果の分離を扱う。ここで重要となる分離とは,その子どもたちの養育にまったく関与しない生物学上の生みの親(その子どもたちが生まれたばかりのときや乳児期の初期に養子に出された場合)と,養育に関して全責任を担っているものの養子縁組した子どもたちとは遺伝的に何の関係もない育ての親のあいだでの効果の分離のことである。

生みの親と育ての親の比較可能性

養子研究にはいくつかの方法があるが[43],いろいろな点でその方法は生みの親と育ての親の対比を利用している。どんな研究法でも,その分析のなかで考えられているさまざまな仮説について批判的に検討することが不可欠である。第一に,もし似た者どうしが比べられる必要があるなら,この2種類の親は全体的には類似していなければならない[44]。行動遺伝学者

たちはその2種類の親は似ているとよく主張するが，そうでないことは明らかである。多くの一般母集団による調査は，養子は他の子どもたちと比較して，未婚の10代の母親から生まれたり，最適とはいえない産科の治療を受けたりする傾向が高いことを明らかにしている[45]。コロラド養子研究においては，2種類の親が確かに比較可能であるように工夫したにもかかわらず，生みの親の反社会的行動は育ての親に比べて4倍の頻度でよくみられた。スカンジナビアの研究でも，子どもの養育をあきらめて養子に出した親の犯罪やアルコール乱用のような特徴は，一般人の2～3倍高いことを明らかにした[45]。逆に，養子先の親は他の親よりもよい教育を受けていて，社会的に恵まれていて，精神病理をもつ割合が低いという点において，（少なくとも養子縁組する時点までに表れたものが）そもそも異なっている傾向がある。

　これらの違いは，もちろん驚くべきことではない。精神疾患をもつ女性は他の女性よりも赤ちゃんの養育をあきらめ，養子に出すことを決めやすいであろうし（自分たちの子どもの養育をあきらめて養子に出すという親の特徴は時代や国によって異なるが），育ての親となる人たちは，質の高い養育を行う能力の妨げになるような重大な精神疾患を可能なかぎりもたないことを確かめるために特別な審査を受ける。その結果，養子研究の知見が，生みの親のなかにかなり高い割合で遺伝リスクの特徴をもつ人が含まれるという事実や，育ての親は一般母集団にみられるハイリスク環境の割合を十分に代表していないという事実により，歪められているかもしれないことは確かである。だがこのことは，ハイリスク環境の割合が養子先の家庭において異常に低くなりやすいだけではなく，対象となる環境の範囲も一般に比べてかなり限定されていることも意味している[46]。実質的に，養子研究には，環境効果を過小評価する傾向がありうるということである。

　さらに考えなければならないことは，概して精神病理の割合は一般よりも養子においてある程度高い傾向にあるが，その程度は年齢によっても精神病理の種類によっても大きく異なるということである。その理由は明確にされておらず，遺伝的影響と環境的影響の結論に対してどのような意味をもつのかは，その説明の仕方に大きく依存する。例えば，養子における

通常より高い精神病理の割合は，生みの親から非常に高い割合で遺伝する遺伝リスクの結果かもしれない。あるいは，養子であるために生じるストレスを反映しているのかもしれない。遺伝と環境の両面においてハイリスクを背負った子どもたちにとって，養子であることは，おしなべて保護的な効果をもつかもしれない（そしてたぶんそうだろう）が，養子であることはふつうのことではなく，試練やストレスを生じさせるものだろう。養子の精神病理の割合が（幼少期と比べて）10代のころに，ひとりっ子と比較して，高くなりやすい傾向があるという事実は，環境リスクの影響がある程度作用しているかもしれないことを物語っている。このことはすべての養子にずっと一般的に作用するため，養家のあいだの環境差の影響を過小評価する役割を果たしているかもしれない。

選択的配置

養子研究から得られる知見を批判する人たちは，子どもが選択的に配置され，遺伝リスクと環境リスクが交絡している可能性を特に強調する傾向がある。これと関連して，より好ましい遺伝的背景をもった子どもたちのために，より好ましい養子先が選ばれるという選択があるかもしれない。このことはある特性に関しては問題となるかもしれないが，主要な精神疾患に関しては問題になりそうにはない（なぜならば養子先の親は比較的深刻な精神疾患をもたないように一般的に選ばれるからである）。いずれにせよ，養子研究は選択的配置の可能性がわかっているかどうかにかなり大きく左右されることがはじめから明らかなので，どんな選択的配置が存在するかを確認し，それが見いだされた場合には必要な統計的コントロールを施すことは，遺伝研究にとってお決まりの課題となっている。それゆえに，選択的配置に関する懸念が養子研究の批判者からしばしば持ち上がっているものの，懸念されている問題点は，養子ではない子どもたちの一般母集団と比較して養子が代表性を欠くことや，生みの親と育ての親のあいだの主要な違いよりもずっと重要性は低いと思われる。

遺伝子・環境間交互作用

　養子研究の優れた点の一つは，遺伝的要因と環境的要因を分離させる方法を提供してくれることだ。養子研究の基本的な特徴は，養子ではないサンプルで通常みられる受動的遺伝子・環境間相関（遺伝的要因を遺伝させる両親はまた環境的要因の影響も与えやすいという意味）がないという点である。これが生まれと育ちの効果を分離させる上での主な利点だが，その反面，遺伝リスクと環境リスクの両方をともにもつ母集団の割合が少なすぎて，誤った結論を導きだすという潜在的な欠点をもっている。遺伝的影響が遺伝子・環境間交互作用を通じて作用する場合（9章を参照），養子研究は母分散に及ぼす遺伝的影響を過小評価するだろう。

アソータティブ・メイティング（類似者結婚）

　さらにもう一つ事態を複雑にしているのは**アソータティブ・メイティング**であり，特に片方の親のある特殊な精神病理がもう一方の親の別の精神病理と結びつく傾向である。異なる種類の精神疾患がかかわってくるとなると，アソータティブ・メイティングはとりわけやっかいになる。というのも，得られる知見は，実際には異なる遺伝的易罹患性をもっていても，その二つの特性が類似した遺伝的易罹患性をもっているようにみさせてしまうからである。反社会的な人と統合失調症の人の結婚はこの問題の一例である[47]。もしその二人の生みの親の精神疾患が似た種類だとすると，その養子研究によって遺伝効果を過大評価する傾向が現れるだろう。というのも，実際には遺伝的寄与分は一つ分ではなく二つ分あるからである。

■ 混合型家族研究

　混合型家族研究[48]は，双生児研究や養子研究のいくつかの制約を克服するための方法として開発された。基本的には，それは離婚や別居をしてから別の人と再婚し，そこに自分のもとの両親とは異なった**遺伝的関係**をもった子どもたちが生まれた家族の研究である。つまり，それぞれの親の最初の結婚から生まれた子どもと，再婚した親から生まれた子どもの両方

がいる。混合型家族研究は主に二つの魅力がある。一つめの魅力は、ほとんどの現代産業化社会において、離婚およびその後の再婚や同棲の割合が高いということである。したがって、双生児や養子のサンプルよりも混合型家族のサンプルのほうがずっと数多く手に入れやすいだろう。その上、結婚や再婚にかかわる手続きの複雑さや、再婚したカップルのもつ異なる背景は、全きょうだい、半きょうだい、そして義理のきょうだいを含む家庭を簡単に見つけることを可能にするはずであることを意味する。二つめの魅力は、遺伝的関係の程度からの予測が直接的であるということである。すなわち、もし行動が遺伝的影響を受けるなら、それはペア間相関が一卵性双生児で最も強く、二卵性双生児と全きょうだいではそれより低いが同じくらいで、半きょうだいではさらに低く、義理のきょうだいではそのなかで最も低いという遺伝的カスケードを示すはずである[49]。このカスケードは、遺伝的予測が支持されるかどうかを検証する機会を与えてくれることを意味する。

あいにく、いくつかの知見やその意味することは解釈するのが難しいことがわかっている。というのも、予測される遺伝的カスケードはいつも明確であるとは限らないからである。例えばオコナーらの研究[50]では、その予測がほぼ反社会的行動と一致した。しかしながら、二卵性双生児間の相関（.68）は別々に育てられた全きょうだい間の相関や一緒に育てられた全きょうだい間の相関（.46と.49）よりもかなり高かった。予測からのズレはうつ病に関してより顕著である。一卵性双生児間には高い相関があると予測していたが、他のタイプのきょうだい間の相関とほとんど違いがなかった。その違いはとても小さいものだったが、その相関は実際には半きょうだいにおいて最も高く、二卵性双生児において最も小さかった。

このことが混合型家族研究の一つの深刻な欠点のために生じていることはほぼ間違いない。それは、遺伝的関係の違いは環境リスクの違いを伴うものであり、そのことが片方の影響をもう片方の影響と分離させることを非常に困難にしているということである。ゆえに、再婚前の結婚で生まれた子どもたちは、前の家で過ごした時間の長さでも異なり、混合型家族となってから過ごした時間の長さ（彼らがその家族に加わったときの年齢も）

も異なるだろう。要するに，遺伝リスクと環境リスクのあいだには根本的な交絡があるのである。混合型家族研究は興味深い革新であったが，この交絡は遺伝的影響と環境的影響を測定・比較する上で大きな問題を生みだしてしまうのである。

▌家族研究

家族研究が双生児研究や養子研究と異なるのは，遺伝的影響と非遺伝的影響の明確な分離ができないという重要な点においてである（分子遺伝学のデザイン（6章参照）や拡大双生児家族デザイン（5章参照）を除く）。にもかかわらず，家族研究はいくつかの異なる形での貢献がある。まず，疾患や心理的特性が家系に「伝わる」傾向があることが観察されれば，それは往々にして**家族性負荷**が遺伝的傾向を反映している「かもしれない」ことを示す最初の指標となる。このような推論は，もしその負荷の強さが生物学的な遺伝的関係の程度ととも系統的に変われば——すなわち，第1度近親で最大，第2度近親でそれより低く，第3度近親ではさらに低ければ——より妥当になる[51]。それはまた，家系に伝わる特徴のパターンと結びつけると有益かもしれない。例えば，自閉症の人の双子のきょうだいにみられるより広汎な（より軽度の）表現型は，その人の親やきょうだいにみられる同様のパターンと密接な対応があった[52]。また，トゥーレット症候群の家族性負荷が慢性複合性チックや強迫神経症にまで広がるという発見は，遺伝的傾向が以前に考えられていたよりもさらに広範囲に広がる可能性を示した[53]。

家族研究はまた，異なると考えられていた二つの障害がしばしば同時に家族内に発生するときに発見されるパターンに関して示唆的かもしれない。例えば，注意欠陥／多動性障害（ADHD）が行為障害や反抗挑戦性障害と関連しているか否かによって家族性負荷は異なるのだろうか？　異ならないということが見いだされたことで，その二つが同時に起きるのは同じ遺伝的傾向を反映しているという双生児研究からの結論が，ずっと確かなものになったのである[54]。

しかし，おそらく家族研究の最も重要な貢献は，**メンデル性**（単一遺伝子による完全に遺伝的な）疾患の伝達様式かどうかを検証することである。例えば，父親や息子に自閉症が頻繁に起こるわけではないという知見は，（少なくともそうした場合には）自閉症がX染色体上の遺伝子のせいではありえないということを意味する。なぜならば，男の子は常に母親からX染色体を，父親からY染色体を受けとっているからである。

　家族研究による知見は，精神疾患が発症する「前に」現れるリスク特性を同定するのにもきわめて重要だろう。統合失調症のリスクの高い家庭の若者たちの前方視的研究は，神経心理学的損傷や脳画像の知見をもとにして同定することが可能であることを示した[55]。同じような方法は，後になって発症する読字障害の早期発見の指標としても有益であった[56]。これらの知見は，前兆となる特性が遺伝的影響を受けているということを直接的に示しているわけではないが，双生児や養子のデータとの関連からみて，それらは個人レベルでの遺伝リスクを同定するであろう特性を表している。

　最後に，家族研究に基づくデータは，**感受性遺伝子**がいくつ作用しているかを示してくれる点で有益だろう。鍵となる点は，二卵性双生児が（ペア間で）遺伝子のうちの半分しか共有しない一方で，一卵性双生児は（ペア間で）すべての遺伝子を共有するために，遺伝リスクは一卵性双生児では1，二卵性双生児では1/2と表現されることである。しかしながら，二卵性双生児はどの遺伝子一つをとっても共有する確率は1/2であるが，二つの遺伝子間の組合せだと1/4，三つの遺伝子間の組合せだと1/8……，といった具合にしか共有しない。ということは，もし双生児の一方のリスクが1/2よりもずっと小さいなら，遺伝は特定の遺伝子間の様式の相乗作用を含むということになる。この問題を数学的にとらえて，ピックルスら[30]は，自閉症が通常，1遺伝子によるのではないこと，3個から4個の遺伝子間の相互作用による可能性が高いが，10個から12個ほど多くの遺伝子がかかわっている可能性もあることを，いま述べたことをもとに示すことができたのである。しかしながら，非常に多くの遺伝子がお互いに独立して作用するというのはありそうにない。遺伝子の数の正確な数は計算できないということがわかってくるだろう。なぜならその数は個々の遺伝子

の相対的な影響力に左右されるからである。とはいえ，組み合わさって働く遺伝子の数が相対的には少なそうであることがわかったのは有益であった。

■ 量的遺伝学から導かれる全体的結論

　双生児研究や養子研究に関する多くの問題点や批判を考慮すると，遺伝的影響力についてはどのようなしっかりした推論も立てられないという結論になるかもしれない[57]。しかし，それは重大な間違いであろう。もちろん限界はあり，特に初期の行動遺伝学研究ではそうであった。しかしながら，行動遺伝学はその大部分において，幅広い批判や問題点を受け入れてきたし，こうした問題点に対処するような研究のなかで必要な段階を進んできた。印象的なのは，いささか控えめにかつ注意深く表現したとしても，最善の研究がおしなべて初期の研究とだいたい一致する結論を導きだしていることである。遺伝学の熱烈な支持者たちによる過大評価や誇張という現実的な問題は存在してきたが[58]，それを抜きにすれば，その知見の頑健さは印象的である。

　量的行動遺伝学研究の知見にどれだけ確信がもてるかについて考える際に，三つの重要な問題を心に留めておく必要がある。一つめの問題は，科学のどんな分野であっても，あらゆる研究には限界と問題点があるということである。これは精神医学や行動遺伝学だけにあてはまる特徴ではまったくない。問題点を批判したり指摘したりするのはきわめて簡単である。科学すべてに通じるこの問題を扱う標準的な方法は，最も質の高い研究がより問題のある研究と同じメッセージを提供するかどうかを調べること，質の高さや限界のパターンの違う研究方法が同じ結論を導きだすかどうかを判断すること，結果が母集団やサンプルの違いを越えてどの程度一般化されうるかを注意深く考慮すること，そして競合する説明や仮説の相対的妥当性を調べることである。精神医学や行動遺伝学の知見についてこのような確認がなされたとき，そのパターン全体が遺伝的影響の重要性を認めなければならないことを求めているのは明らかである。すなわち，その知

見は遺伝的影響がゼロであるということと矛盾する。同様に，その知見は遺伝子がすべての行動的変数を決定論的に統制しているという指摘とも矛盾する。その結論は遺伝的知見からくるが，それはまた環境が媒介するリスク因子に関する仮説を検証するためのさまざまな方法を用いた研究からもきている。その根拠は同様に環境的影響がいかなる個人変数をもすべて説明するという指摘とも矛盾するということも忘れてはならない[59]。研究に関する公平ではあるが批判的なレビューは，ほぼすべての行動様式や，精神障害や精神疾患の形態において，無視することのできない遺伝的影響と環境的影響があるという明らかな結論に達している。

　二つめの問題は，どれだけ正確にその特性が測定されようが，どれだけ注意深くその遺伝的影響が評価されようが，示されたある特性に対する遺伝的影響の強さは絶対的な値ではありえないということである。行動遺伝学者たちが長いあいだ認識し強調してきたように，遺伝率の値は母集団や時期に必然的に固有のものである。これは科学的な注意事項だけの問題ではない。むしろ，遺伝率の数値が母集団のなかの多様性に対する効果を表すものだという理解を反映しているのである。それは個人個人に適用されるものではないし，どの特有の特性とも固定的な関係をもたない。それが意味するのは，もし環境的背景が変われば（新しいリスクの導入，古いリスクの除去，新しい保護因子の操作のように），遺伝率の値は影響を受けるだろうということである。その事実を受け入れると，環境の範囲を越えても，また時期を越えても，なおかつ遺伝的影響を受ける程度において特性間に重要な違いがあることを，さまざまな知見は示している（下を参照）。その結論とともに，民族集団間で[60]，あるいは母集団のなかの著しく恵まれない人たちのなかで，どのくらい同じように遺伝が作用しているかについてのエビデンスは非常に限られているという点は理解しておかなければならない。

　三つめの問題は，量的遺伝学の知見が，ある時点におけるある母集団のなかの個人差に対する効果に関係していることである。これは非常に重要なことであるが，同様の注意が時間の経過とともに起きる特性の「水準」や障害の**出現率**の変化にも払われる必要がある。例えば，過去100年くら

いのあいだに，出生時平均寿命は先進国においてほぼ2倍——男性においては42歳強から76歳——になってきた[61]。同様に，幼児期における死亡率は大きく減少し，平均身長は目覚ましく増加してきた[62]。ほぼ間違いなく，こうした望ましい変化は，公衆衛生の改善（伝染病の減少）や栄養の改善によるものである。遺伝的要因が個人差に与える影響はほぼ同じ高い水準で100年強にわたりおそらくずっと存在してきたが，その水準における変化をもたらしてきたのは環境的変化である。要するに，因果の効果は一つの質問に還元されるものではなく，むしろそれらは一連の質問に適用されるのである。もちろん，その答えはお互いに矛盾しないことが明らかにされなければならないが，それらはまったく同じことは必ずしも語らないかもしれない。次の章では，異なる特性や疾患についての遺伝率の知見をより詳細に検討する。

Notes

文献の詳細は巻末の引用文献を参照のこと。

1) Rowe et al., 1999; Turkheimer et al., 2003.
2) 次の文献を参照：Rutter et al., 1999a; Rutter et al., 2001.
3) Hettema et al., 1995.
4) 例として次の文献を参照：Rutter et al., 2003.
5) Rutter et al., 1999a; Rutter et al., 2001.
6) Kendler et al., 1994.
7) Arseneault et al., 2004; Boydell et al., 2004; Cannon et al., 2004.
8) Rutter & Redshaw, 1991; Rutter et al., 2003.
9) Thorpe et al., 2003.
10) Bishop, 2003.
11) Rutter et al., 2003.
12) Marlow, 2004; Marlow et al., 2005.
13) Goodman & Stevenson, 1989.
14) Bailey et al., 1995.
15) Berkson, 1946.
16) Folstein & Rutter, 1977b.
17) Nadder et al., 2002.
18) Cox et al., 1977.
19) Berk, 1983.
20) Dale et al., 1998.
21) Taylor, 2004.
22) Simonoff et al., 1998a.
23) Segal, 1999.

24）Rutter et al., 1998.
25）Bank et al., 1990.
26）Kendler et al., 1993a; Cherny et al., 1997.
27）Simonoff et al., 1998b.
28）Kendler, 1996; Nadder et al., 2002.
29）Waldman & Rhee, 2002.
30）Pickles et al., 1995.
31）Slutske et al., 1997.
32）Maes et al., 2000.
33）Sullivan & Eaves, 2002.
34）Rutter et al., 1993.
35）例として次の文献を参照：Eaves et al., 2003 and Silberg et al., 2001b.
36）Rutter, 2005a & 2005d.
37）Kendler et al., 1995.
38）Kendler, 1996.
39）Leckman & Cohen, 2002.
40）例：Shields, 1962; Bouchard, 1997.
41）Nance & Corey, 1976.
42）D'Onofrio et al., 2003; Silberg & Eaves, 2004.
43）Rutter et al., 1990a.
44）このことは必ずしも生みの親と育ての親の比較を意味するものではない。なぜなら多くの養子研究法は生みの親あるいは子どものいずれかの特徴の比較に基づいた比較を用いるからである。それでも，養子ではないサンプルへの一般化は，生みの親と育ての親の両者の特徴がどの程度の範囲にあるかによる制約を受けるだろう。
45）DeFries et al., 1994; Maughan & Pickles, 1990; Maughan et al., 1998; Seglow et al., 1972.
46）Stoolmiller, 1999.
47）Mednick, 1978.
48）Hetherington et al., 1994.
49）O'Connor et al., 2000.
50）O'Connor et al., 1998.
51）Loehlin, 1989.
52）Bolton et al., 1994; Bailey et al., 1998.
53）Leckman & Cohen, 2002; Rapoport & Swedo, 2002.
54）Nadder et al., 2002; Levy & Hay, 2001.
55）Johnstone et al., 2002; Whalley et al., 2004; Johnstone et al., 2005.
56）Lyytinen et al., 2004; Snowling et al., 2003.
57）次の文献を参照：Joseph, 2003.
58）次の文献を参照：Rutter, 2002b.
59）Rutter, 2000a & in press b; Rutter et al., 2001.
60）Rutter & Tienda, 2005.
61）Office for National Statistics, 2002.
62）Tizard, 1975.

Further reading

Kendler, K. S. (2005). Psychiatric genetics: A methodological critique. *American Journal of Psychiatry*, *162*, 3–11.

Plomin, R., DeFries, J., McClearn, G. E., & McGuffin, P. (Eds.). (2001). *Behavioral genetics* (4th ed.). New York: Worth Publishers.

Rutter, M., Bolton, P., Harrington, R., Le Couteur, A., Macdonald, H., & Simonoff, A. (1990a). Genetic factors in child psychiatric disorders: I. A review of research strategies. *Journal of Child Psychology and Psychiatry*, *31*, 3–37.

Rutter, M., Silberg, J., O'Connor, T., & Simonoff, E. (1999a). Genetics and child psychiatry: I. Advances in quantitative and molecular genetics. *Jounal of Child Psychology and Psychiatry*, *40*, 3–18.

4章

さまざまな精神疾患や特性の遺伝率

　さまざまな精神疾患や特性から選びだしたサンプルの遺伝率に関する知見を要約する前に，どうすれば研究の結果から得られた推定値に最も確信を与えることができるかを考える必要がある。基本的に，次の四つのアプローチが主にとられるといえるだろう。第一のアプローチは，これならよかろうといえる質の双生児研究から得られた発見すべてをまとめた結果に注意を払う必要がある点である。ときどき，これはメタ分析とよばれる統計的手法を通して行われるものであり，すべての研究の結果に基づいた統計的な分析を提供し，個々の研究の相対的なサンプルの大きさを考慮に入れて行われる。しかし，それは同時にしばしば平均的な値とその値のまわりの信頼区間——見いだされた値の95パーセントをカバーする範囲のこと——を考慮することによって行われる。第二のアプローチは，サンプリングや測定という観点からみて最も良質の研究に焦点をあてるという方法である。これは全体の平均と事実上違った結果をもたらすかどうかを調べるためである。第三のアプローチは，双生児研究が他のエビデンス——ほとんどの場合は，家族研究と養子研究であるが——と足並みがどのぐらいそろっているかを明らかにすることである。第四のアプローチは，批判が投げかけられた概念的，方法論的問題のために注意や留保を加えるべきかどうかに配慮することである。これら四つのアプローチに基づいて，いくつかのまれで重篤な障害と，診断や定義の探求がより多くなされているふつうの障害と特性，そしてさらに人生経験のなかに発見されたものについて以下で説明される。

遺伝的影響が優勢であるまれな障害

統合失調症

　統合失調症は，深刻な精神疾患（男女にほとんど同じ割合で起こる）であり，しばしば10代の半ばから終わりにかけて発症し，陽性と陰性の症状の複合が特徴である[1]。陽性症状（質的異常を伴う症状を意味する）は，思考障害や聴覚幻覚，そして妄想を含む。陰性症状（正常な機能の低下を伴う症状を意味する）は，社会からの引きこもりや動機づけの低下を含む。統合失調症の人のおよそ5分の1は回復，あるいは顕著に改善するが，多くの場合，障害は慢性化，あるいは進行する。さまざまな原因により，自殺のリスクや死亡率がますます高まっていく。重大な社会的障害や深刻な個人的苦悩をもつ。およそ100人に1人が統合失調症を発症する。その疾患の始まりは成人期の初期に起こるのが特徴であるが，多くの場合，神経発達の障害，社会的問題，反社会的行動といった明確な前兆が子ども時代にみられる。

　カードノとゴッテスマン[2]は1990年代終わりに五つの系統立った双生児研究をスタートさせた。統合失調症における双生児ペア間の一致率は，一卵性双生児で41～65パーセント，二卵性双生児で0～28パーセントであり，遺伝率はおよそ80～85パーセントと推定される。五つの研究を個々に考えると，遺伝率の推定値は82パーセント（信頼区間71～90パーセント）から84パーセント（信頼区間19～92パーセント）である。これらの数値は，方法論的に満足のいくものでは決してないずっと昔の研究と非常に類似しているとゴッテスマンはまとめている[3]。

　多くの点で最良の双生児研究は，フィンランド双生児研究のようなスカンジナビアでの研究である。なぜなら，系統的な診断とともに，国民の全人口を組織的にカバーしたものに基づいて調査されているからだ[4]。だがモーズレー双生児レジスターも，1948年以降に通院したすべての双生児の系統的な記録をしているという際立った長所がある（ただし，全人口に基づくサンプルではない）。また，このサンプルは十分にサイズが大きく，卵性の決定は手に入れることのできるおよそすべての情報をもとになされて

おり，既知情報なしに診断が行われ，系統的で標準化された診断の手続きが用いられている[5]。これらの研究は，いずれも他の双生児研究とほぼ同じ遺伝率の推定値を報告している。

養子研究でも，やはり統合失調症の易罹患性の個人差に遺伝的影響が強くあることを示している。デンマーク養子研究のデータをいまの診断基準を用いて再分析すると，統合失調症となった養子と血のつながっている第1度近親のおよそ8パーセントが自身も統合失調症であり，それに対して統制群の養子の第1度近親では1パーセントであった[6]。統合失調症スペクトラム障害について同じ数値をみてみると，前者が24パーセントであるのに対し，後者は5パーセントだった。この研究に対してジョセフ[7]の行った批判の大部分は，用いたデータと診断方法へのこうした厳格なアプローチに加え，全きょうだいと半きょうだいを分けることによってクリアされた。ティエナーリら[8]によるフィンランド養子研究でも，子どもについてほぼ同等の数字を報告している。すなわち，生みの母親が統合失調症であった子どもの養子先での統合失調症が8パーセントであるのに対し，比較対象となる統合失調症ではない親の子どもの統合失調症の割合は2パーセントであった。

家族研究でも同じように，統合失調症をもつ人の親族が統合失調症となるリスクは，その遺伝子をどれだけ共有するかの関数であることを一貫して示してきている。一般母集団における統合失調症の割合は約1パーセント，第2度近親の場合は約2〜6パーセントであるのに対し，第1度近親の場合は約6〜13パーセントである[9]。

統合失調症に関する遺伝に関して見いだされた知見については，さまざまな反論が寄せられている[7]。いくつかは初期の養子研究の報告についてのものであり，またいくつかは診断の境界線の不確かさから生じる問題についてのものであり[10]，さらにいくつかは遺伝的に同じ関係のグループ（例えば二卵性双生児間の割合がきょうだいの場合の2倍近くあるが，遺伝的関係は同じ）のあいだにみられる多様性について焦点をあてているものである。同じく，親の統合失調症の割合（約6パーセント）は，子どもの場合（約13パーセント）と比べ，遺伝的には同じ関係であるにもかかわら

ず，半分である。だがこの違いは，統合失調症の人が結婚して子をもつことが一般母集団と比べて少ないという事実に起因することはほぼ間違いない[11]。細かな方法論的批判のいくつかには妥当性がある。しかし見いだされた知見が全体的に一貫していること，特に最も優れた研究の知見が一貫していることから，統合失調症の遺伝率の推定値はおおむね正しいと考えてよい。研究対象となった集団では，遺伝率はだいたい80パーセント台であると推定できる。

　さらにもう一つ，強調すべきことがある。初期の遺伝研究はどれも統合失調症が双極性障害とは遺伝的メカニズムが異なるだろうと示唆してきた。しかしながら，最近のエビデンス[12]によれば，もし診断基準をいくぶんゆるくして，さらに根拠がしっかりしていない昔の診断基準を除いてみたとしたら，少なくともある程度は，統合失調症と双極性障害とは重なり合っていることが示されている。最近の脳イメージング研究[13]においては，統合失調症と双極性障害の遺伝リスクは，脳の白質に関しては類似性が見いだされているが，灰白質に関しては異なることを示している。その研究者たちが結論づけているように，これら二つの精神疾患はある点では重なり合い，別の点では異なることが示されている。他に考えられることとしては，統合失調症の遺伝リスクは環境リスク因子と交互作用しているということである[14]。

双極性障害

　双極性障害（かつては躁うつ病とよばれた）は，1回またはそれ以上の躁のエピソードが，通常時（しかしいつもではない）以外のときにはうつのエピソードを伴う深刻な再帰性の様態である。躁状態というのは幸福感，過度の自尊心，競争心，度の過ぎたおしゃべり，睡眠の欠如，観念奔逸，注意力散漫，そして向こう見ずで衝動的な行動をとることなどによって特徴づけられる。典型的にこうしたエピソードは，何もできない状態が何か月も続いた後に，突然始まっては終わるものだが，わずか1週間ほどの短さで終わるようである。双極性障害は一般母集団の1パーセントに起こるものであり，男女にほぼ同じ頻度で起こる。

双極性障害に関するエビデンスは統合失調症ほど十分には得られていない。ジョーンズ，ケント，そしてクラドック[15]は，双極性障害の現代的概念を使った六つの双生児研究から得られた知見をまとめてみた。どれも方法論的に頑健ではなく，三つだけが統計的分析に耐えられるサンプルサイズだった。一卵性双生児の一致率は36～75パーセントの範囲で，二卵性双生児では0～7パーセントであった。これは高い遺伝率を示すものであるが，信頼性のある量的推定を行うにはサンプル数が少なすぎる。しかしながら，家族研究のデータはもっとあり，適切に統制された知見をもたらす研究が八つある。第1度近親の双極性障害のリスクはおよそ5～10パーセントで，一般母集団のおよそ0.5～1.5パーセントよりもずっと高い。一般的には遺伝率は70パーセントを超える値と結論づけられているが，エビデンスが限られていることを考えると，かなりおおざっぱな値である。こういったあいまいさが生じる主な原因は，診断の境界をどこにおくかが非常に難しいところにある。最近は，長期の追跡研究で，この疾患の概念をかなり拡大しなければならないことが示唆されている[16]。このことが，双極性障害の母集団分散に占める遺伝的寄与の大きさを推定するのにどれだけ影響を与えうるかは，まったくわかっていない。

自閉症スペクトラム障害

　自閉症スペクトラム障害は，社会的なコミュニケーションの欠如，社会的な相互交渉の欠如，そして型にはまった反復行動を伴う重篤な症状で，男性により多い傾向にある[17]。多くの研究結果から，障害の基本的な原因は出生前および乳児期の脳の発達にあるらしく[18]，ほとんどのケースで18か月までは症状がはっきりとは表れないことが示されている。現在のところ一般に受け入れられているのは，自閉症スペクトラム障害とは，特徴的な認知的欠陥を伴う神経発達上の障害であるということで，その最も顕著なのは，社会的状況から他人が考えていると思われることを理解することの困難（いわゆる「心の理論」あるいはメンタライズの欠陥），そして絵の全体的な形を理解することの困難（つまり意味全体を把握するのではなく細部に集中してしまう傾向[19]）である。また機能的脳イメージングにも特

徴があるという知見もある[20]。

　疫学に基づいた自閉症の双生児研究は三つある[21]。この三つの研究では，一卵性双生児の自閉症の一致率は36〜91パーセントの範囲だが，二卵性双生児では0パーセントである（だが，おそらく5パーセント程度というのが現実的な数値であろう。この値は二卵性双生児だけでなく，遺伝的には二卵性双生児と同等であるきょうだいの割合も反映したものである）。また，二つのイギリスの双生児研究をまとめたものでは[22]，よく吟味された標準的診断法を用いた上に，大部分の卵性診断をDNA検査で行ったという大きな利点があり，その知見は産科合併症によるアーチファクト（人為的要素）ではないことが確かめられた。二つめの研究で，はじめの研究で使うことのできた（しかし使われなかった）新しいケースがほんのわずかのしか見つからなかったということは，一般母集団を十分にカバーしているということを意味している。

　家族研究は，自閉症の易罹患性に強い遺伝的影響があること示すエビデンスをさらにもたらした。自閉症のきょうだいが自閉症である割合はおよそ3〜6パーセントで，一般母集団での割合の何倍も多い。双生児研究と家族研究にとりかかった時点で，自閉症の一般母集団での割合は0.1パーセントであることが示されており，きょうだい間でおおよそ30〜60倍も多いことを意味した。より最近の疫学研究[23]が示しているのは，一般母集団中の自閉症の真の割合は0.3〜0.6パーセントであろうということだが，それでもまだ10倍多いことを意味する。しかしながら，適切な比較をするために，現代の疫学研究で使われているより広汎な自閉症の定義が双生児研究や家族研究に適用されなければならないだろう。それによると，リスクはより高いことになる。こうした知見をまとめてみると，自閉症の遺伝率の推定値はおおよそ90パーセント台になる。双生児研究と家族研究が同じ結論を出していることから，障害を発現する傾向の母集団分散の大部分は遺伝によって説明されるということは，かなり確実であるといえる。

　この知見について主に注意しなければならないのは，自閉症の遺伝的易罹患性が，重篤な障害であるという伝統的な診断カテゴリーよりももっと大きく広がっていることが明らかにされていることである[24]。

注意欠陥／多動性障害（ADHD）

　易罹患性の母集団分散の多くを遺伝的要因が説明することを示す四つめの障害は，注意欠陥／多動性障害（ADHD）である。これは特に男性によくみられる傾向で，猛烈に活発で，衝動的で注意散漫であり，さまざまな状況を越えてみられる疾患である（ただし発現の強さは状況によって異なる）。この障害は就学時までに発現し，大人になってもかなりの程度その症状が残り，反社会的行動や学業不振といった他の問題を伴う[25]。この障害をもつ子どもの大部分は，個々の子どもの必要性に応じて念入りに構成された治療プランのもとでなされれば，刺激性薬物に対して良好な反応を示す[26]。驚くべきことではないが，診断に使われる特徴が「ふつうの」子どもたちに多くみられる破壊的行動と重なっているので，診断概念の妥当性をめぐってはいろいろな意見がある。遺伝研究が明らかにしたことや縦断研究の知見から，易罹患性はディメンショナルに分布しているので，正常領域と治療を必要とするような医学的状態とのあいだを分ける明確な境界線などというものはないことが示唆されている[27]。一方で，ADHDと他の破壊的行動との重要な違いを示すエビデンスもたくさん見いだされており，脳イメージングでもはっきりとした特徴が示されているとともに，この障害はそれなりの社会的適応障害とも結びついている。このことから，アメリカでは幼すぎる子どもたち（刺激性薬物が効果的かどうかについて十分なエビデンスのない年齢層）への刺激性薬物による行き過ぎた治療に対する懸念は当然あるものの，ADHDは，その症状が重篤なときは，刺激性薬物の使用を含む治療を正当化するような臨床的な意義をもつ障害だとみなす十分な妥当性がある。

　ADHDの症状を扱った双生児研究は少なくとも十数個ある[28]。遺伝率の推定値は，親からの情報に基づいているときは60～88パーセント，学校の教師による評定に基づいているときは39～72パーセントである。さまざまな質問紙や面接の測度を使った研究間であっても遺伝率の推定値が一貫しているのは確かに印象的であり，遺伝規定性が強いと考えるのは正当であるように思われる。とはいえ，遺伝的影響の強さについてはいくらか注意が必要であると考えられる。家族研究から得られたデータは，生物学

的第1度近親は統制群と比べてリスクが増加することを示していることから，このことを支持してはいるが，4〜5倍と見積もられる増加量[29]は，遺伝率が高いというよりは中程度であることを示唆している。養子研究はたくさんあるが，それらは方法論的に弱いため，本質的には結果に影響を与えない。

　ADHDの診断の境界についてみられる不明瞭な点についても問題である。つまり，この領域の知見が，臨床診断よりも症状のスコアに基づいているということであり（遺伝率はどちらもほぼ同等であることが見いだされているとはいえ），また対比効果があるかもしれないといういくつかのエビデンスがある。ここでいう対比効果とは，両親が双子の子どもの多動性や不注意を評定するとき，一方の子どもの行動をより重篤度の大きな子どもとの差が大きいために過小評価してしまうことを意味する。この問題に対処する方法はあり，対比効果を考慮しても，遺伝率は60パーセント程度であるとみられている[30]。こうした懸念にもかかわらず，エビデンスの一貫性は，ADHDについて遺伝的影響がかなりあると結論づけるのに十分である。さらに，ADHDと認知機能の障害とのあいだの関係が共通の遺伝的易罹患性にかなりの程度由来するというエビデンスがある[31]。

■ 原因や定義について問題のある疾患と特性

反社会的行動

　反社会的行動とは，その人が逮捕されたか起訴されたかにかかわらず，法律を破るような行為をさすための言葉である[32]。しかしながら，刑事上の責任を問われる年齢（国によって大きく異なる）にまだ達していない子どもも，罪に問うことはできないが似たような行動をしでかすものであり，それらもすべて反社会的行動とよばれる。反社会的行動の起源は，早くから始まる身体的な攻撃性であり，それは反抗的，挑発的な行動を伴う。それゆえ，反抗や挑発はどちらも反社会的行動という広い概念に含まれる。全体的に，反社会的行動は男性により多く起こりやすい傾向にあるが，性差があるのは反社会的行動の種類によって異なる。

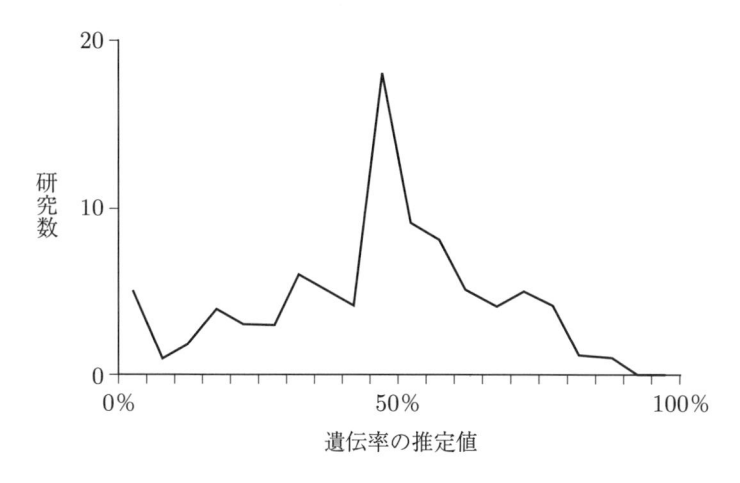

図 4.1 反社会的行動の行動遺伝学研究で報告された遺伝率の推定値［出典：Moffitt, 2005 について Moffitt との私信による］

多くの点で，反社会的行動に及ぼす遺伝的影響の強さについての主張は特に問題が多いとされてきた。なぜなら，反社会的行動をあいまいさのない形で客観的に測ることは困難であり，ある文化や文脈のなかで起こる社会的に規定された行動だからである。しかし，こうした懸念は，見いだされた知見の意味をどう解釈するかという点では適切だが，遺伝的な知見に関しては適切ではない。反社会的行動を適切に測定したサンプル数の大きい双生児研究は膨大な数にのぼる。リーとウールドマン[33]はさまざまな研究のメタ分析を行い，遺伝率を 41 パーセントと推定した。モフィット[34]は図 4.1 に示すような，さまざまな研究の遺伝率の分布を用いた少し異なる方法を採用した。その結果，ピークはおよそ 50 パーセントの値の前後にきて，両袖は数が少ないつり鐘型の形をしている。全体として，極値についての知見は通常とは異なるサンプルまたは測度からくるものである。この研究間の多様性こそが，均質ではない研究をまとめて一つのグループにするときに期待できるものである。

評価者バイアスの可能性を懸念する必要があることから，複数の情報提供者と複数の測定を用いた研究に最も信頼をおかなくてはならない。これ

らは他の多くの研究よりも高い遺伝率の推定値をもたらす傾向にある。養子研究はわずかしかないが，そこから出されたエビデンスは限られすぎていて，結論を出すのに十分ではない。家族研究からは，自身が反社会的行動を示す人の第1度近親の反社会的行動の割合が，3〜4倍高くなることを一貫して示している[32]。

エビデンスをまとめる[34]と，反社会的行動を表す傾向への遺伝的影響は中程度の強さであることは明らかである。しかし遺伝的要因の影響は決して決定的なものではない。40〜50パーセントという遺伝率は，非遺伝的影響も強いことを意味し，エビデンスをより詳しくみてみると，同じ家族ときょうだいのあいだの類似性と差異の両側面を説明することを示している。すなわち，その家庭の子どもすべてに類似性をもたらしやすい環境的影響もある反面，一人の子どもだけに特に焦点が絞られた環境的影響というのもあるのである。

だがここで，この圧倒的に強いわけではない，中程度の大きさの遺伝率が何を意味しているのかに立ち戻ってみる必要がある。まず，反社会的行動それ自体が遺伝するらしいということを意味しているのではまったくないことは確かである。これは実際にありえない。可能性が高いのは，その人が反社会的行動をするように多かれ少なかれ仕向ける役割を担っている気質やパーソナリティ特性に，遺伝的要因が影響を与えているということである。言い換えると，影響は直接的ではないということだ。あるいは，9章でもっと詳しく述べられるように，遺伝的要因は有害な環境特性に対して人を傷つきやすくするのに重要な役割を果たしているのかもしれない。遺伝的影響があらゆる種類の反社会的行動に同じように作用すると仮定する必然性はない。例えば，多動を伴い大人まで続くような早発性の反社会的行動に，遺伝的影響はより密接に関係するかもしれないことを示すエビデンスが，まだ本格的ではないものの存在している。多動・不注意は攻撃的・反抗的な行動や問題行動と強く結びつく傾向があり，遺伝的要因がこうしたさまざまな形の破壊的行動を結びつける上で重要な役割を果たすことをエビデンスは示している。一般的には，遺伝的要因は小さな窃盗などよりも，暴力的な犯罪と大きく関連があると考えがちであるが，最終的な

結論からはまだ程遠いものの，実際はその逆であるらしいことが示唆されている。

まとめると，反社会的行動はいろいろなタイプが混ざり合い，社会的でもあり個人的でもある社会的要因から強く影響を受ける行動のよい例であるが，それにもかかわらず反社会的行動をとるという傾向の個人差には中程度の遺伝的影響が含まれているといえる。

単極性うつ病

うつ病によくみられる諸相も同じような事例の一つである。形容詞の「単極性（unipolar）」とは，かなり幅広い行動において障害を伴う気分の異常な高揚をもった躁や軽躁（程度の低い躁）のエピソードとは結びついていない抑うつを意味する。こうした抑うつのふつうの諸相はごく一般的なものであり，実際ある状況下で抑うつを感じることは，正常な人間でもあることである。うつ病とよばれるものは，気分のこうした正常な変化の程度とは異なり，苦痛と社会的機能障害が伴う心的状態である。うつ病のときの気分は，活力や人生に対する関心の喪失，睡眠や食欲の変化，精神運動の焦燥や制止，無価値感や根拠のない罪責感，集中力の減退，そして死についての反復思考や自殺念慮を伴う傾向がある。つまり，不幸ではあるのだが，よくある悲しさのようなものではまったくない。一生涯を通して，およそ4人に1人の女性，そして10人に1人の男性が大うつ病性障害に苦しんでいる。ある人にとっては，このようなエピソードを経験するのはたった1回だが，人によっては何回も繰り返す。そして多くの研究によれば，自殺率が高いだけではなく，他の疾患による死亡率もかなり高い。一般母集団および病院診療所のサンプルの両方に基づいた数多くの双生児研究がなされている。サリバンら[35]は最も厳しい基準を満たした五つの双生児研究のメタ分析を行い，遺伝率の推定値を37パーセント（信頼区間は31〜42パーセント）と算出した。しかしながら，モーズレー双生児レジスターに基づいたマグフィンらの研究[36]は，48〜75パーセントのあいだの遺伝率を見いだした。これは一般母集団中の発生率に関する仮定による。ケンドラーら[37]もまた，測定の信頼性と反復の測定を考慮すると，遺伝率は

さらに大きいことを示した。

抑うつの遺伝学的発見に関しては、いくつかの危惧すべき点が示されてきた[38]。例えば、一般母集団の研究について批判されているのは、サンプルのほとんどは将来うつ状態にはならないから、研究結果が示しているのは、うつ病があることよりも、むしろうつ病でないことへの遺伝的影響であるというものである。もちろん、ある意味でこれは正しい。分散の大部分が健常の範囲に収まるからだ。しかし2章で議論されたように、うつ病の易罹患性は母集団にわたって広がる連続的に分布するディメンションの上に乗るので、批判はそれほど妥当性をもっていない。研究の知見は、うつ病がそれ自体遺伝的であることを示しているわけではなく、むしろエビデンスが示唆するのは、そうしたエピソードへの易罹患性は、遺伝的要因と環境的要因がほぼ同じ割合で影響しているということを示している。また一卵性双生児と二卵性双生児のあいだの差が比較的少ないにもかかわらず遺伝率の推定値が40パーセントもの高さになっていることにも驚かされてきた。しかしながら、それもまた状況を誤解している。遺伝率40パーセントとはつまり、母集団全体において、環境的影響が遺伝的影響よりもより大きな影響を与えており、それゆえ、一卵性と二卵性とのあいだにあまり大きな違いを期待することはできないということを意味している。この状況は統合失調症や自閉症などにみられるものとはかなり異なっている。抑うつの境界線を定義することの難しさ、これは精神疾患のあらゆる分野にわたる問題だが、そこにも注意が向けられている。こうした懸念はどれも、遺伝的要因がふつうの範囲の抑うつと中程度の強さの関係をもつが、環境的要因もおおむね同程度の重要性をもつという結論を深刻に脅かすものではない。これはもはや驚くべき発見ではないのである。

気質、パーソナリティ、パーソナリティ障害

気質が人によって違うという考えは、少なくとも2世紀のガレノスの時代にまでさかのぼる[39]。彼は気質を陰気、陽気、怒りっぽい、冷静という四つの下位気質に分けた。形はさまざまだが、心理的なスタイルが生物学的に異なるという考えは、精神分析と行動主義（フロイトとパブロフによっ

てそれそれ導かれた）が現れて，養育環境が圧倒的に重要だという信念に取って代わられるようになる 20 世紀になるまで続いた。重要な分岐点はニューヨークで研究されたアレキサンダー・トーマス，ステラ・チェス，そしてハーバート・バーチらの研究とアイデアによってもたらされた。幼児期以降の子どもたちの行動に関する両親の詳細な記述に関する帰納的分析に基づいて，彼らは動機や目的，潜在能力よりも，むしろ行動における独特のスタイルの重要性を強調した[40]。体質的起源と環境に対する子どもの反応を形成する行動様式の役割の両方に注意を向けるために，最初彼らは「基本的反応パターン」とよんだ。その後，彼らは「**気質**（temperament）」という，より直接的な用語を採用した。

　その後，数年のあいだに，バスとプロミンによる概念をふまえ，気質の特徴には明確な個人レベルの多様性があり，生まれてまもないときからはっきりと表れて，時や状況を越えた高い安定性を示し，高い遺伝規定性を示すさまざまな特性の下位クラスがあるという考え方が受け入れられるようになってきた[41]。気質の特徴が他の行動よりも目立って遺伝率が高いわけではないということ，幼児期初期に安定性が低いこと（3歳以降はかなり高い安定性をもつが[43]），そして環境に対する反応性を示す特性はふつうの日常生活よりも高いストレス状況もしくは挑戦的場面で最もはっきりと表れる[44]ことから，この考え方はまだ検証に耐えるほどの時間はたっていない[42]。したがって，どのように気質を概念化するかについては明確な一致がみられないが，多くの研究者は，ケイガンがよく言うところの，反応性のある側面と関係し，生物学と概念的にも実証的にもうまく結びついた（したがって行動と生理を結びつけてうまく測定できる）低次元の特性に従っている。ケイガンは，そのような気質的特徴は結果を潜在的に包み込んだもので，特定のパーソナリティのタイプを決定するものではないが，ライフイベントによってもそう簡単に制限されない行動傾向を形成すると述べている。

　成人期の生活のなかで観察される行動特性の報告の一貫性に注目してきた研究者たちは，かなり異なるアプローチをとってきた。ここでよくなされるのは，外向性あるいはポジティブな情動性，神経症傾向あるいは

ネガティブな情動性，勤勉性あるいは統制性，調和性，経験に対する開放性という，いわゆるビッグファイブのパーソナリティ特性[45]によって示されるより高水準の抽象概念に関するものである。このアプローチは，単純な気質属性に加えて，態度の特徴，思考パターン，そして動機づけに関する考察から導きだされた，一貫性も包括した気質反応性に関するケイガンの見解[42]とは異なる。これはもともと成人期研究のなかで見いだされたが，このアプローチは児童期にもうまく適用でき[46]，その測度は後の精神機能の重要な予測変数となる。とはいえ，長期的な変容の可能性に関するエビデンスは，パーソナリティが児童期初期に固定されるということではまったくなく，成人期まで変化し続けることを示している[45]。

パーソナリティ障害は気質やパーソナリティとは区別されるべき別の概念とかかわっている。伝統的に，パーソナリティ障害はパーソナリティ特性における機能不全の極端な状態として概念化されてきた。しかし，この概念は実証的妥当性がほとんどない[42]。おそらく，今日的に最も関心が寄せられているパーソナリティ障害の概念は「精神病質」，つまり間違ったことに対する自責の念の欠如や密接な関係性のなさ，利己心，一般的情緒の貧困さなどに代表されるふつうの社会的感情の反応の欠如を記述するために，クレックレーが初めて名づけたカテゴリーである[47]。研究者のなかには「精神病質」をパーソナリティのビッグファイブの次元と関連づけようとする者もいる。私見では，ブレアとパトリックによって，成人の犯罪者について実験的な方法論を用いて検討された[48]ように，情緒的にうちひしがれている様子に対する反応の異常な欠如として定義したほうがより実りが多い。興味深いのは，感情的無関心が，特に社会的不利や家族の不幸とは関係しないような反社会的行動への異常なリスク因子をなす可能性があるということだ。

心理的な個人的特徴のこれら三つの側面（気質，パーソナリティ，パーソナリティ障害）は，リスクに関するディメンショナル・アプローチ（2章参照）や遺伝子・環境間相互作用（9章参照）を考える上で中心的役割を果たすことから，少し詳しく議論してきた。しかしながら，注意したように，双生児研究や養子研究は因果のメカニズムを明らかにする上ではそ

れほど有益ではないことを付け加えなければならない。パーソナリティのディメンションに対してかなりの遺伝的影響があり，双生児研究によるとおよそ50パーセント，養子研究よるとおよそ30パーセントの遺伝率であるが[49]，ディメンション間にはそれほど差異がないという研究結果には一貫性がある。気質研究についてはややエビデンスに欠けるものの[50]，それでも研究結果はおおよそ同じようなものである。精神病質に及ぼす遺伝的影響は他のディメンション研究よりもいくらか強い可能性が指摘されている[51]。気質，パーソナリティ，そしてパーソナリティ障害のすべてにおいて，（ほとんどの行動がそうであるが）遺伝率が中程度であると推定することはもっともなことではあるが，多くの研究でベースとなる測定が一つの情報源に基づいていること（児童期には親報告，成人期には自己報告）を考えると，それ以上のことを言うことには注意が必要だ。複数の情報源による研究から得られたきわめて限られたエビデンスは，同じような結果をおおむね示しているが，どのようにして気質がパーソナリティの機能や精神疾患に結びついていくかを明らかにするという行動遺伝学への期待は，まだ実現されてはいない。

物質使用と物質使用障害

　物質使用や物質乱用で特徴的なのは，非常に高い頻度で非合法薬物（アルコール，タバコを含む）を，ふつうはやらない楽しみのために使うこと，そして乱用や依存になる頻度は相対的に少ないことである[52]。乱用のさまざまなパターンや乱用の結果に対してつけられる用語は，複雑かつ多様性がある。しかしパターンとしては，「依存」（耐性の増大，身体的な引きこもり効果，物質使用を制御するのが難しくなること，物質を使用したいという欲求が高まり，それがないと障害が起こることなど，いろいろな状態を意味する），および「有害な使用」（心理的・社会的・身体的な諸問題に発展するもの）を伴っている。また非合法薬物の使用には種類の異なるさまざまな化学的薬物が含まれるのも一般的で，物質の乱用が精神衛生上の諸問題と結びつくこともよくある。特に共通するパターンは，小さいころの問題行動が非合法薬物の使用・乱用に結びつき，そうした乱用が後のう

つ病へと発展することが多いということである[52]。

　双生児研究や養子研究を行うと，発達的なアプローチが不可欠であることがよくわかる。例えば，物質をふつうはやらない楽しみのために用いることに及ぼす遺伝的影響と環境的影響は，その後の重篤な常用の素因となる影響，あるいは依存にかかわる影響と同一であると仮定はできない。こうした合併があるので，遺伝率の推定値にかなりばらつきがあるのは，そう驚くにあたらないだろう[53]。とはいえ，推定値はおおむね25パーセントから50パーセントのあいだにくる。もっと興味深いのは，遺伝的影響は，初めて薬物に手を出すことに対してのほうが，乱用や依存に対してよりも弱いということである。後者のほうがずっと遺伝率が強く，異なる薬物の使用や乱用に対する遺伝的易罹患性とかなりの重複がある。もう一方で，特定の薬物に特化した傾向もある。また養子研究からは，薬物乱用や依存に至る遺伝的経路は二つあることが示されている[54]。一つは薬物問題への主効果，もう一つは反社会的行動を経由して作用するより間接的な因果経路である。さらに反社会的行動に対する遺伝効果には，遺伝リスクが環境リスク因子への感受性に効果をもつような遺伝子と環境の交互作用がある。

ディスレクシア

　ディスレクシアは特殊な読字障害で，十分な知能・機会・指導が適切に与えられているにもかかわらず，読みの技能の獲得が継続的になされないのが特徴である[55]。ディスレクシアにはかなりの遺伝的影響があることが双生児研究によって示されてはいるが，遺伝的要因のみならず環境的要因の影響も受ける多要因の障害である。例えば，この特殊な読字障害は，ロンドン市内に住む子どものほうが，もっと小さな都市でそれほど恵まれているわけではない地域に住む子どもよりも，より多く見いだされた[56]。こうした地理的な違いは，子どもの知能の測定値や，その地域への移民の流入と流出のパターンを考慮してもなおみられた[57]。さらに読み困難の割合には学校間の差もあり，これは学校への受け入れの違いでは説明できないものだった[58]。あわせて，子どもの家庭での読む機会が読みに影響することを示すエビデンスもある[59]。また何語で育てられたかによって困難の割

合に重大な差があることも注目に値する[60]。遺伝的な発見を，読み困難が脳の変化によると推定するのに用いることはできないが，脳の働きと言語技能の獲得あるいは獲得の失敗とのあいだに重要な結びつきがあり，同時に児童期から成人期まで持続する強い傾向があると推論するのに用いることはできる。

　ディスレクシアは，女性のおよそ2倍ほど男性に起こることも見いだされている[61]。環境的要因の影響があること，さらにこの障害についての納得のいくあいまいでない定義を与えるのが難しいことから，性差をどう考えるかについては議論を呼んできた。だが，いまや機能的脳イメージング研究によって，読み困難が測定可能な脳機能の変化と結びついているというしっかりとしたエビデンスがある。さらに，脳の変化は読みの学習[62]ならびに読み困難の持続性[63]の両者と結びついている。

　ディスレクシア（特殊な読字障害）に及ぼす遺伝的影響の不確かさの多くは，それをどのように概念化し測定するのが最もよいかがよくわからないことに起因する。ディスレクシアは一般知能の制約では説明できないような，特殊な障害と一般には考えられている。しかし知能指数と読み能力とは互いに結びついているので，ディスレクシアかどうかを調べるときはこの二つを切り離す必要がある。また，特殊な障害として概念化されてはいるが，遺伝的な視点からみると，ディメンショナルに分布した易罹患性として機能しているのかもしれない。

　特殊な読字障害が家系に伝わることは長年にわたって知られており，コロラド双生児研究[64]とロンドン双生児研究[65]でともに遺伝的影響がかなりあることが示されている[66]。おもしろいのは，読字障害の遺伝率が，知能指数が平均以上の子ども（72パーセント）のほうが，平均以下の子ども（43パーセント）よりも高いということである[64]。この結果はもっと検証されなければならない。

　コロラド双生児研究のサンプリングや測定の仕方はすばらしく，遺伝的影響があることを示すよいエビデンスを与えてくれているが，同じくらい質の高い複数の研究から得られたよいデータがないので，遺伝的影響を受けるのが読み困難のどの側面なのかについては不明確な点が残っている。

特殊な言語発達障害——特異的言語障害（SLI）

　特殊な言語発達障害は，いま一般に**特異的言語障害（SLI）**とよばれ，言語以外の心理的発達は相対的にふつうで，原因となりそうな明確な障害（難聴や後天的な神経学的問題，あるいは精神遅滞）がない子どもにみられる言語発達の顕著な遅滞のことをいう[67]。このような遅滞は表出言語（例えば言語の使用）のみにかかわったり，受動的な面（例えば言語理解）での異常が含まれていたり，あるいは主として運用面（例えば言語の社会コミュニケーション的側面）にかかわったりする。本質的にはふつうの子どもも話し言葉を獲得するのはかなり遅いかもしれないが，研究によれば，受動的な問題をもったSLIを伴う障害は成人期まで引きずり，社会的な問題を伴うことがはっきりしている[68]。こうした形のSLIが単に正常のなかの一つの変異とは考えにくい。

　双生児研究はごくわずかしかないが，臨床サンプルに基づくものも一般母集団による疫学研究に基づくものも，いずれもSLIがかなりの遺伝率をもつものであることを示している点で一貫している[69]。ヴァイディングらの2004年の一般母集団による研究では，SLIの程度が中程度の場合よりも，重篤な場合の遺伝率のほうが有意に大きいということが注目された[70]。しかし，ハイリスクの遺伝的易罹患性はSLIの重篤なものだけでなく中程度のものまで含んでおり，SLIの伝統的な診断カテゴリーと合致しないことも注意しなければならない。

アルツハイマー病

　アルツハイマー病は進行性の神経退行疾患で，記憶の喪失，そしてやがて知的機能のより全体的な低下を伴い，主に老年期になって発症する。後期段階には自活能力（例えば食事や着替えなど）も失われ，徘徊，妄想・幻覚のエピソードも起こる場合がある。死後に顕微鏡で観察される顕著な脳の変化パターンがある。すなわち広範囲にわたるニューロンの損失，細胞外の斑（βアミロイドからなる）の沈着と細胞内神経線維のねじれ（特殊なタオタンパク質からなる）がある。アルツハイマー病には2種類ある。一つは数としては少ない早発性というタイプ（65歳以前に発症する）で，

常染色体上で優性遺伝する。より一般的なのは遅発性のタイプで，90歳以上の人（男女とも）のおよそ40パーセントに発症している。

アルツハイマー病は，通常の加齢や超高齢者に一般的にみられる短期記憶と新規の学習の障害とは明らかに異なると考えられている。確かにアルツハイマー病には，記憶の低下や新規学習では収まりきらない顕著で全体的な認知症がある。しかしながら，遺伝的易罹患性は疾患と正常な記憶の減退の両方にまたがっているようである。

アルツハイマー病はよくある疾患ではあるが，遺伝率の算出にあたっては三つの大きな問題がある[71]。第一に，脳血管性疾患による認知症と混同する可能性があるため，臨床診断が完全に正確とはいえないということである。第二に，遅発性の疾患では遺伝的易罹患性をもつ人がリスクをもつ年齢に達する前に死亡してしまう可能性があることである。そして第三に，数年後には発症する家族が異常なしと診断されるかもしれないことである。それでも，アルツハイマー病をもつ人の第1度近親のおよそ6～14パーセント（これは2倍または3倍のリスクである）がこの疾患をもつようである。双生児のデータはとても小さなサンプルに基づくものでしかないが，遺伝率は40～80パーセントを示す。家族研究のデータは，遺伝的影響のある家族のリスクの上昇が90歳になるまで働いているが，超高齢で発症するアルツハイマー病への効果は少ないことを示唆している。

■人生経験

恐ろしい人生経験，例えば養育者が変わること，親からひどい目に遭うこと，そして離婚のようなさまざまな人生経験に及ぼす遺伝的影響を調べた研究はかなりの数に上る[72]。人生経験というものは多岐にわたり，測度も多種多様であるため，精神疾患で行ったのと同じようにさまざまな研究をまとめることは不可能である。しかしながら，自分自身の行動から影響を受けていると思われるネガティブな出来事やハプニングを経験する傾向に遺伝的影響があることは，研究から一貫して示されている。つまり，遺伝的影響は出来事それ自体にではなく，そういう出来事が起こるような

人々の行動に及ぼしているのであって，その行動を通じて，人々は環境を形成し選択しているといえよう。遺伝効果は，著しいとはとてもいえない程度で，一番高い遺伝率で 20 パーセントくらいである。しかし，場合によってはそれより高い場合もある。人に精神疾患へのリスクをもたらすネガティブな経験のしやすさに対して遺伝的影響があると言い切れるだけのエビデンスは，これまでに十分に得られており，それは強いというよりは中程度であるが，さまざまな面にみられるといえる。

▌研究知見から得られた遺伝率の信頼性

　行動遺伝学全体に対して冷笑を投げかける批判者がいるにもかかわらず，その知見はおおむね信頼できるものであるといえよう。しかし，遺伝率の推定値にはどんなものにでも四つの重大な制約がある[73]。第一に，遺伝率の数値には遺伝子・環境間相関と遺伝子・環境間交互作用の効果が含まれており，純粋に遺伝効果だけではない。そのため，環境効果とは切り離された遺伝効果とともに遺伝子が自分の効果を発揮するために環境と一緒になって働こうとする効果も加わったものが測定されている。

　第二に，遺伝率は集団の統計量であり，個人の測定値でもなければ特性それ自体の測定値ですらない。例えば，これまでに研究の対象となったあらゆる集団において，統合失調症や自閉症の遺伝率が一般的なうつ病や反社会的行動の遺伝率と比較してかなり大きく，また特殊なリスク環境の経験のしやすさへの効果と比べてもなお強いことは注目してよい。しかし，それでもそれらは特定の母集団内の遺伝率に関する統計量である。遺伝子プールや環境が変われば遺伝率のレベルも変わるだろう。例えば二つの研究が，社会的に恵まれない状況で育った子どもの知能指数が，教育水準の高い親に育てられた子どもよりも遺伝率が低いことを示している[74]。

　第三に，遺伝率はある形質の集団の分散に対する遺伝効果を測ったものであるが，関連遺伝子が「どのように」作用するかを示すものではなく，ましてや遺伝子が形質にかくかくしかじかの形で作用するということを意味してもいない。それよりは，なんらかの媒介する変数を介しているので

ある。遺伝子が反社会的行動に直接作用することはなさそうであることはすでに述べた。しかし，気質やパーソナリティの変異にかかわる代謝の経路に対する影響を通じて間接的な効果をもつことはありうるのである。

　第四に，遺伝率は遺伝効果の強さをなんらかの絶対的な意味で測っているのではない。遺伝率は単に分散に対する効果に関するものにすぎない。遺伝子が，どのような人間ももっている能力（話し言葉を操ったり直立二足歩行したりする能力など）を決定していることはすでに述べたとおりである。これらは人間のあり方の普遍性を示す一部なので，遺伝率の測定ができる集団の変異はない。だが同時に，集団中のある形質の「レベル」に対しては，重要な環境的影響が存在し，それがなければなんらかの遺伝率の大きな差を生む可能性がある。前世紀の身長（強い遺伝的影響を受けた形質）の増加は，ほぼ確実に栄養の改善によるものであり，重要な環境的影響の存在を示すよい例である[75]。このように，遺伝率の推定値がわれわれに伝えられないものについても理解しておくことが必要である。

精神疾患の遺伝率――まとめ

　とはいえ，適切に解釈さえすれば，遺伝率は遺伝的要因がどのくらい精神疾患を経験しやすいかの個人差，さらには特定の心理的特性の個人差に寄与するかのおおざっぱな推定値としてまともなものを与えてくれる。これまで述べたように，いくつかの精神疾患（特に統合失調症と自閉症，またおそらく双極性障害とADHD）は遺伝的要因の強い影響があることが一貫して見いだされており，その遺伝率は60～90パーセントである。すべての精神医学的問題に遺伝的影響があるかどうかの十分なエビデンスはないが，これまでに得られたエビデンスが示しているのは，事実上すべての精神疾患の個人差に有意な遺伝的寄与がみられ，遺伝率は少なくとも20～50パーセントの範囲になるということである。

　もっとはっきり言えば，事実上「すべての」行動には有意な遺伝的影響があることは明らかである。その効果は精神疾患に限られたものでは決してない。その意味するところは，ほとんどの精神疾患が多要因的だという

こと，つまりいくつかの（しばしば多数の）遺伝効果と，いくつかの（しばしば多数の）環境効果から成り立っているということである。さらに言えることは，多くの場合，その効果が集団全体のディメンショナルな性質に作用しているらしいということである。しかも大部分の場合で，感受性遺伝子が，直接的に機能不全の原因となるまれな病理的な突然変異で，そのために疾患になってしまうことが避けられないものなのではなく，正常な機能にも影響を及ぼすありきたりな対立遺伝子の変異であると思われる。

▌環境リスクへの曝露の個人差に対する遺伝的影響──まとめ

　量的遺伝学研究から導かれる一つの重要な結論は，遺伝的影響は心理的特性や精神疾患を越えて，離婚や家庭不和，生活ストレスなどの環境的特徴を含むところまで広がるということである。一見したところでは，それは信じがたい発見のように聞こえる。なぜなら，環境に遺伝子などあるはずがないからだ。しかし，量的遺伝学の結論が，集団の分散に関係するものであって，特定の個人の特徴でないことを思いだす必要がある。言い換えれば，その結論は特定の経験をするかどうかの可能性に関する個人差にあてはまるのである。どうしてそのようなことが起こりうるのだろうか。それは，すべてとはいえないまでも，たいていの経験は多かれ少なかれ人々がどう行動するかによって左右されることで生じるからである[76]。例えば，ある人が友人から拒絶されたりはねつけられたりするかどうかの可能性は，その友人とのやりとりの仕方によって左右されるだろう。同様に，離婚を経験する可能性は，特に10代のうちに結婚したかどうか（これは結婚生活が破綻するリスク因子とよくいわれる），配偶者と築いた関係の質，婚姻外の不倫に走る性癖，夫婦間の問題に対応するのに離婚や別居という選択をする傾向などによって影響を受ける。言い換えれば，もちろん離婚の遺伝子があることなど想像もできないし，これだけならばばかばかしい考えである。だが，ばかげた話でないのは，ある人が離婚するかの見込みに関係してくる行動というものに，遺伝的影響があるということである。

エビデンスの本質と質のよさとは何か。ケンドラーら[77]のライフイベントに関する研究がよい例だ。まず，その知見は研究への参加率が高く，代表性の十分に高い一般母集団のサンプルに基づいている。ライフイベントに関する情報は，標準的な構造化面接によって得られており，双生児それぞれへの面接は別々の調査者によって行われている。主な生活ストレスについて中程度の遺伝率があるのを示したという点が有益な発見であったが，ライフイベントのタイプによって遺伝率が異なるということが注目に値する。遺伝的影響は，社会集団における死のように人の統制が及ばないライフイベントではたいした役割を果たしていないが，離婚や別居などその人自身の行動がなんらかの働きをすることが明らかな出来事においては，より遺伝的影響が大きかった。ライフイベントのタイプによって相違があったことは重要である。なぜなら，反遺伝主義の人たちは，時に双生児研究は必ず遺伝的影響を示す結果になると（誤って）決めてかかることもあるからだ。ケンドラーらの結論は必ずしもそうではないということをはっきり示している。しかも，ライフイベントの違いと遺伝成分がかかわる程度は，ある程度個人の行動によって選択され形成された経験に基づいて期待されることに合致していたのである。

■ 遺伝子はどのような特性に影響するのか

　量的遺伝学研究によって得られた主な結論は，程度に差はあるものの，行動のほぼすべての面において遺伝的影響があるということである。明らかな疾患や健常との差異が明確な精神障害への感受性を高める異常な遺伝子があるという考えを受け入れる人は多い。しかし，明らかに社会的文脈にはめ込まれ，その影響を受けた行動，態度，環境に起因する経験に遺伝子が影響している可能性についてはずっと疑いの目が向けられている。だがその疑念は適切ではない。関連する遺伝子は，何か一つの重要な機能を妨げるという意味で「特異」と概念化されたものに限るものでは決してない。すべての人がその遺伝子の変異型をもつという意味では，ほとんどの遺伝子は「ふつう」なのである。違いは個人のもつ特定の対立遺伝子の変

異（遺伝子の特定の変種）にある。これらの遺伝子は通常の生物学的構造の一部であるが，対立遺伝子の違いは特定のタイプの生物学的機能と結びついている。

　これら生物学的な変異には，行動に影響をもつものがある。こうして遺伝的影響によって人々は感情的に動いたりそうでなかったり，反応のスタイルがより衝動的であったりそうでなかったり，パーソナリティがより社交的・外向的であったりそうでなかったり，対人関係のやりとりにおいて自己主張が強く攻撃的であったりそうでなかったりと導かれるのかもしれない。これらの特性は，ある・なしでいえるものというよりも，むしろ量的なものである。言い換えれば，世界は攻撃的な人とそうでない人に分けられているのではなく，単に攻撃的に感じたりふるまったりする可能性に変異があるというだけのことである。さらに，これらの特性を単に心の特徴として理解することも間違っているかもしれない。それらのすべては，身体的な側面も付随し，その多くは適切な生理学的な検査によって測定することができる。それにもかかわらず，特性は身体や生理学的特徴が原因であると言い切ることはできない。これらを同じコインの両面とみることのほうがはるかに的確である。もしわれわれが気力をくじかれたりがっかりしたりする経験をしたら，それは身体的な機能にも変化をもたらすだろう。逆に，もしわれわれの体に（病気や薬や遺伝的不利から生じる）生理的変化があったとしたら，われわれの感情や行動にその変化に伴う結果がもたらされるだろう。端的な例は，テニスの試合に勝った男性はテストステロンのレベルが上昇し，敗れた相手は下がるという研究からわかる[78]。これは単に運動の影響だけによる問題ではない。なぜならば，同じことがチェスの試合でもみられるからである[79]。経験は生理機能に影響する。しかし同様に，実験的に引き起こされたり自然に生じたりする生理機能の変化も，感情や行動に影響するのである[80]。

▌遺伝子間ならびに対立遺伝子間の相互作用

ごく標準的な遺伝率の推定では，複数の個別な感受性遺伝子の効果は単純相加的に足し合わされるものと仮定されている。しかしながら，いくつかの遺伝効果は特定の遺伝子の組合せ（**エピスタシス**とよばれる）や，同じ遺伝子の異なる対立遺伝子のあいだの相互作用（**優性**とよばれる）に左右されることが知られている[81]。もともとエピスタシスという概念は，ある座位の遺伝的変異（対立遺伝子）が，他の座位の変異の効果の発現を妨げるという隠れた効果を説明するために導入された。けれども最近では，相乗的（潜在化）相互作用に少なくとも同じくらい関心が寄せられている。この概念は，本質的には生物学的だが，どうしても統計学の手法で検証する必要がある。原則として，双生児データに適用されるが，真の生物学的相互作用があるかどうかは，特定の遺伝子を押さえた分子生物学的方法が求められる。**メンデル性**疾患でエピスタシスの事例の記録はある（例えば鎌状赤血球貧血症など）。しかし，多因子性疾患のほうが，多くの遺伝子が関与しているという理由からだけでも，もっと頻度が高そうである[82]。尺度化を変えると人工的な相互作用が生じてしまうこともあるが，本来の相互作用が隠れてしまうこともあるかもしれない。いまのところ，生物学的な意味での遺伝子間相互作用の理解は初歩的な段階にとどまっているが，遺伝子の働き方（7章参照）を考えると，その潜在的な重要性は高いといえる。

▌量的遺伝学研究から示される環境的影響とは何か

遺伝率の研究からはっきりとわかるように，量的な根拠はきわめて明確に，ほぼすべての特性の個人変動は，遺伝的要因と非遺伝的要因の両方によることを一貫して示している。この両者の相対的重要性は特性によって異なるが，いくつかのまれな例外はあるものの，すべてのケースで環境的要因の影響は大きく，多くの特性で遺伝的影響と同じか，あるいは大きい。しかしながら，多くの行動遺伝学研究は環境的影響にあまり興味を示さず，

それゆえ可能性のある環境のリスク因子の測度も不十分であるので，行動遺伝学は少なくとも最近までは，特定の測定された環境の特定の効果についてはまったく役立たずであった（ただし5章で議論されるものは例外である）。

共有環境の影響と非共有環境の影響

しかし，注目に値する一般的なメッセージがいくつかある。ほぼ確実なものとして，最も大きな波紋を起こした最初のメッセージは，プロミンとダニエルス[83]が主張した，**共有環境の影響**は重要ではなく，**非共有環境の影響**がはるかに重要な役割を果たすというものである。この主張は大きく誤解されているため，それが何を意味し，何を意味しないのかを明らかにすることが重要である。一部の遺伝学者（彼らはより知っていてしかるべきなのだが），そして多くの非遺伝学者のどちらも，この発見が意味するのは，子どもに養育を与える家族というものがさして重要ではないということだと結論づけている[84]。しかしながら，「共有」環境または「非共有」環境の影響という言葉が意味するのは，単に環境効果が同じ家族内の子どもを似させるか（共有影響の効果），似させないか（非共有影響の効果）ということである。家族の影響の測度が内か外かとは直接関係がない。

共有と非共有という環境効果の二つの対照的なタイプを区別するにあたって，四つの主要な点を指摘する必要がある。第一に，実証的な発見を扱う際に注意しなければならない二つの重要な方法論的な理由がある。一つめの注意点は，通常の計算方法で行うと，測定誤差が自動的に非共有環境の影響の項に入ってしまう点である。したがって，必然的に（誤差を考慮してモデル構成を行わないかぎり）非共有環境の影響が誤ってつり上げられ，共有環境効果が下がってしまうことになる。言い換えれば，同じものを同じものと比べることのできないものになってしまう。もう一つの注意点は，同じ家族ですべての子どもに全般的に影響を与える環境は，たった一人の子どもに影響するその場限りの経験の多様性と比べてかなり固定的になりがちになる点である。それによって，何度も繰り返し測定されたものと1回限りに限定されたものとでは差が生じるであろう。非共有環境

の影響がよく誇張されがちなのは，1回限りの場合の測定である。実証的な結論は，これら二つの方法論的注意点を考慮した場合，実質的にほとんどのケースで共有環境の影響と非共有環境の影響との差異が小さくなることを裏づけている[85]。

　第二に，共有環境の影響と非共有環境の影響の相対的重要性に関して特性のあいだに重要な違いがあるということである。もしだいたい同じ遺伝率をもつ特性を比較したのであれば，同じ家族内の複数の子どもたちに影響する強い傾向を示すもの（反社会的行動など）もあれば，家族内の一人の子どもだけに影響することがかなり頻繁に起こるもの（うつ病など）もある。これが何を意味するかといえば，全体としてみれば，多くの特性は共有環境より非共有環境効果をもつことになるが，すべての場合でそうなるわけではないということである。

　第三に，その結論を個人差に厳密に適用することである。もし特性や病気のレベルに対する効果に注意を集中してしまうと，状況はかなり違ってくるだろう。例をあげれば，ダイムら[86]は，虐待やネグレクトなどの事情によって生みの親から引き離され，その後4歳以降に養子として引き取られたフランスの子どもたちを研究したものがある。そこで見いだされたのは，集団としてみると，家族環境は全般的には知能指数レベルに大きな違いを生んだが，子どもたちのあいだの知能指数の個人差ははるかに小さいということだった。

　同じことが，とても恵まれないルーマニアの施設からイギリスの一般的なよい家庭に引き取られた子どもたちについてのわれわれの研究でも明らかであった[87]。ぞっとするような環境から少なくとも平均的な質の養育の環境への劇的な変化は，子どもたちの心理的機能全体の大きな改善にかかわっていた。したがってここでも，家族環境全般は非常に強く有益な影響力をもっていた。一方でまた，子どもたちのあいだの個人差は依然として非常に大きいままだった。しかしながら，知能指数の全般的向上は養子家庭の教育の質の違いとは関係しないということも明らかになった。この場合，主たる持続的影響は，引き取られる以前の施設での恵まれない経験からくるものだった。

個人差への厳密な適用に関してもう一ついえるのは、共有された、あるいは共有されない効果は推測されたものなので、共有された効果は実際にはまったく個々に共有されない経験から得られたものかもしれないということである。例えば、もし一組の双生児が異なる学校に通い、しかし選んだ友人のタイプや属した仲間の性質がかなり似ていたとしたら、仲間との経験は彼らを似させないというよりはむしろより似させるであろう。経験は家の外で生じ、特定の友人や仲間もかなり違っているかもしれない。にもかかわらず、彼らを似させる傾向があるため、その影響は共有と分類されるだろう。言い換えれば、共有環境効果について見いだされた結果は、発達の経験が家庭内にあるのか家庭外にあるのかどうかについて何も言っていないということだ。それは家族の影響が子どもの心理的発達や精神機能にほとんど影響しないといっているのでは決してないのである。

さらにもう一つ、しばしば誤解を招きやすいのは、概して共有環境効果は子どもの年齢が大きくなるにつれて弱くなる傾向にあるために、環境に媒介された家族の影響が、子どもの年齢とともに重要でなくなっていくことになるということである。ただし、これは事実ではない。むしろ、これは年齢とともに、子どもたちが（家庭内にしても家庭外にしても）自分たちの環境を選択し決定することができるようになるという明白な事実を単純に表しており、したがって、きょうだいや双生児も同じ経験をするわけではなくなってくるということである。

第四に、共有環境あるいは非共有環境効果を引き起こす影響が、出生後の経験や実際の特定の経験にあてはまるとは限らないということにも注意が必要である点である。すなわち、その影響とは正確にいえば環境というよりも、むしろ非遺伝的ということである。これは何を意味するのだろうか。影響が及ぶ範囲として考えられなければならない三つの可能性がある。一つめは、二人の傾向に違った影響を与える子宮内の経験がある。双胎間輸血症候群の例はすでに言及されているが、他にも可能性がある。二つめは、異なるエピジェネティックな影響が役割を果たしている可能性がある。例えば、女性であれば、二つのX染色体を受け継ぎ、そのうちの一つは不活性化するのがふつうである。どちらのX染色体が不活性化される

かは，大部分ランダムである。すると例えば，一つのX染色体が病原の変種を含み，もう一方がそれを含んでいないとしたら，双生児の片方が主に病原変種をもつX染色体をもち，双生児のもう一人は変種のないふつうのX染色体をもつというようなことが起こりうる。このように，一卵性双生児のあいだでも違いが生じることがある。三つめは，身体の発達は小さなエラーがきわめて一般的に起こる確率的な過程である[88]。すると，子どもにとって一つかそれ以上の余計な歯が生えたり，歯（もしくは他の体の一部分）が足りなかったりすることが頻発する。そしてこれらの発達上のエラーは，特定の環境によることなく，なんらかの機能上の結果をもたらす可能性がある（多くの場合それは起こらないが）。それゆえに，われわれは非共有環境効果を考えるとき，これらは通常理解されているような特定の環境的影響から得られたものではないということを心に留めておく必要がある。

こうした方法論的・概念的にしっかり考えておかなければならないことはあるにせよ，基本的なメッセージは依然として妥当であり，重要である。家庭全体がもつ影響が，家庭内で子どもに異なった影響を与えることはふつうである。例えば，片方の親が憂うつだったり短気だったりすると，子どもたちのうち一人が親の短気の主な矛先になることはよくあることだ。したがって，必要なことは，共有環境・非共有環境をめぐる実りのない議論にかかわることではなく，それらがどのように個々の子どもに影響を与えているのかがはっきりするように，考えうる環境的影響の測定をしっかりと行うことだという認識をもつようにすることである[89]。もはやリスクや保護環境を一般的なレベルで測定し，それらがみんなに同じように影響するという仮定を許容することはできない。そうしたことも時にはあるかもしれないが，それがいつもということはなさそうである。

▌可能なプロセスに光をあてる

実際に遺伝子を特定しているわけではないので，量的遺伝学が明らかにできるのは因果過程の手がかりだけである。それでもなお，それは有益だ。

例えば、疫学研究は反社会的行動、薬物摂取、そしてうつ病の統計的関連性を十分に明らかにしている。しかし、その関連性の背後にある因果メカニズムがいかなるものかについては不透明なままである。青年期の双生児研究では、反社会的行動と薬物摂取とのあいだに共通の遺伝的原因があることを示しているが、薬物摂取とうつ病との結びつきについてはやや異なり、非遺伝的メカニズムも反映している可能性が示されている。縦断研究まで含めて考えると、両方向の結びつきが考えられるが、より一般的なリスクの経路は薬物摂取が先行することを示しており、その逆は昔は考えられたが、そうではないことが示唆されている[90]。

遺伝学的なデータから、ADHDと読字障害の併存[91]が、ADHDと破壊的行動の併存[92]とともに共通の遺伝的原因に大部分よっていることが示されている。

青年期と成人期の双生児研究からは、全般性不安障害とうつ病にはかなりの部分、共通の遺伝的原因があることが示されている[93]。もちろん、この二つの情動障害のグループの伝統的な精神医学的分類が無意味であるといっているのではない。ただ少なくとも成人期には、不安を引き起こすライフイベントがうつ病を引き起こすライフイベントといくぶん違ったものであることを示すエビデンスがある[94]。また薬物治療に対する反応も、ある程度の重なりはあるが、いくらか異なっている。児童期から成人期までの過程も同様に不安障害とうつ病とではいくらか異なる。遺伝学者は遺伝学的なデータが精神医学の診断の因習を改善させるのに有益かもしれないと主張することがある。確かに、診断や分類は将来的に遺伝学的な発見を考慮に入れる必要性のある疾患を扱うとき、診断を定義するのにたった一つのタイプの原因だけに頼るのはほとんど有効ではない。むしろ診断は通常、それぞれが複数の起源を有するであろう複数の病態生理学的な因果経路の上に成り立っている場合が一般的である。

双生児データは精神病理の年齢差に光をあてる上でも有益である。例えば、うつ病は児童期から始まる可能性があり、また実際に発症もするが、より頻繁には青年期になる。しかし、青年期以降に始まるうつ病は、思春期以前に不安がしばしば先行しており、これらは同じ遺伝的原因を共有し

ている。まだ確かではないが，女性が青年期にうつ病の割合が高くなるのは，おそらく部分的には，生活のストレッサーに対する遺伝的脆弱性が表れる結果であり，それが女性でより強いと思われる[95]。いくつかのエビデンスからは（完全に一貫はしていないが），うつ病への遺伝的影響は児童期初期よりも青年期のあいだのほうが大きい傾向にあることも示している[96]。遺伝子は生まれたときから存在しているが，その効果はかなり後になって顕在化するのかもしれない。このことは，ふつう遺伝子の「スイッチオン」という概念で論じられる。例えば，初潮が始まる時期には強い遺伝的影響があるが，初潮は青年期になるまで決して起こらない。これといくぶん違う年齢に関係する効果は老年に関するものである。寿命は家系に伝わる傾向があり，遺伝的要因が寿命に大きくかかわっているとしばしば考えられてきた。それがいまは，遺伝的影響の多くは早死をもたらしてしまう疾患に対する効果を通じて作用することが明らかなようである。早死を考慮に入れると，超高齢まで生きることへの遺伝的影響はとても限られてくるようである[97]。9章でみるように，遺伝学の発見は，多くの遺伝的影響が環境リスクや保護因子への曝露や感受性の個人差に対する効果を通じて間接的に作用することを示しているという点でも，きわめて重要である。

■ 結　論

　まとめてみると，量的遺伝学から見いだされたのは，精神疾患の性質に関する人々の考え方を少し変化させるのにおおいに役立ってきたことは明らかである。特にはっきりしたことは，遺伝的影響が，正常なものであれ異常なものであれ，あらゆる形の行動にある程度かかわっているということが示されたことである。しかしながら，いずれの場合においても，関連遺伝子は大きな効果をもった病理的な突然変異であるというよりも，むしろ一般的な，正常の対立遺伝子の変異がかかわっていると考えるほうが現実的らしい。遺伝率が20パーセントか80パーセントかは，それ自体はたいした問題ではない。しかし双生児や養子のデータを用いた仮説駆動型の多変量解析が，ある問題を解決させ，また別の問題について根本的な疑問

を呈するのに役立ってきている。どの発見も，遺伝決定論とはまったく相容れないものである。エビデンスが明らかにしているのは，遺伝的影響が至るところにあるということであり，しかしながらその同じエビデンスがさまざまな機能を直接，間接に作用しているということも示している。これらについては7章と9章でより詳しく考察される。

Notes

文献の詳細は巻末の引用文献を参照のこと。

1) Jablensky, 2000; Liddle, 2000.
2) Cardno & Gettesman, 2000.
3) 次の文献を参照：Gottesman, 1991. 発端者一致率は双生児ペアではなく発端者に基づく。つまり，一組の一致ペアがいたら，それぞれの発端者について一度ずつ，二度数える。このやり方はそれぞれの発端者が独立，つまり統合失調症（あるいはどんな疾患が研究されていても）と診断されたのが，双生児のきょうだいだったことによるのではなく，確認されているとすれば適切なやり方である。さまざまな専門的理由により，発端者一致率のほうが組一致率よりも望ましいと考えられているのがふつうである。
4) Cannon et al., 1998.
5) Cardno et al., 1999.
6) Kendler et al., 1994.
7) Joseph, 2003.
8) Tienari et al., 2000.
9) Gottesman, 1991; Jablensky, 2000.
10) 例として次の文献を参照：Kendler et al., 1995.
11) McGuffin et al., 1994.
12) Cardno et al., 2002.
13) McDonald et al., 2004.
14) Carter et al., 2002; van Os & Sham, 2003; Wahlberg et al., 1997.
15) Jones, Kent, & Craddock, 2002.
16) Angst et al., 2003.
17) Lord & Bailey, 2002.
18) Bock & Goode, 2003; Courchesne et al., 2003.
19) Frith, U., 2003.
20) Frith, C., 2003; Volkmar et al., 2004.
21) Rutter, 2000a and in press b; Steffenburg et al., 1989.
22) Bailey et al., 1995.
23) Rutter, 2005a.
24) Bailey et al., 1998; Pickles et al., 2000; Rutter, 2000a, 2005a.
25) Schachar & Tannock, 2002.
26) MTA, 1999a & b, 2004a & b.
27) Levy & Hay, 2001.
28) Levy & Hay, 2001, Thapar et al., 1995; Waldman & Rhee, 2002.
29) Faraone et al., 1998.
30) Eaves et al., 1997; Simonoff et al., 1998a.

31) Kuntsi et al., 2004.
32) Moffitt et al., 2001; Rutter et al., 1998.
33) Rhee & Waldman, 2002.
34) Moffitt, 2005.
35) Sullivan et al., 2000.
36) McGuffin et al., 1996.
37) Kendler et al., 1993a.
38) Brown, 1996.
39) Kagan, 1994; Kagan & Snidman, 2004.
40) Thomas et al., 1963; Thomas et al., 1968.
41) Buss & Plomin, 1984; Kohnstamm et al., 1989.
42) Rutter, 1987.
43) Caspi et al., 2005a; Shiner & Caspi, 2003.
44) Higley & Suomi, 1989; Kagan, 1994; Kagan & Snidman, 2004.
45) Caspi et al., 2005a.
46) Shiner & Caspi, 2003.
47) 次の文献を参照：Cleckley, 1941; Rutter, 2005f.
48) Blair et al., 1997 & 2002; Patrick et al., 1997.
49) Bouchard & Loehlin, 2001.
50) Nigg & Goldsmith, 1998.
51) Viding et al., 2005.
52) Rutter, 2002c.
53) Ball & Collier, 2002; Rutter, 2002c.
54) Cadoret et al., 1995a & b.
55) Démonet et al., 2004; Fisher & DeFries, 2002; Knopik et al., 2002.
56) Berger et al., 1975; Rutter et al., 1975a, b.
57) Rutter & Quinton, 1977.
58) Rutter et al., 1979.
59) Hewison & Tizard, 1980.
60) Wimmer & Goswami, 1994; Aro & Wimmer, 2003; Paulesu et al., 2001.
61) Rutter et al., 2004.
62) Turkeltaub et al., 2003.
63) Shaywitz et al., 2003.
64) Wadsworth et al., 2000.
65) Stevenson et al., 1987.
66) Williams, 2002.
67) Bishop, 2002b.
68) Clegg et al., 2005.
69) Bishop, 2001.
70) Vading et al., 2004.
71) Liddell et al., 2002.
72) Plomin, 1994; Rutter, 2000b; Rutter, Caspi, & Moffitt, in press.
73) Rutter, 2004.
74) Rowe et al., 1999; Turkheimer et al., 2003.
75) Tizard, 1975.
76) Scarr & McCartney, 1983; Rutter et al., 1997; Plomin et al., 2003.
77) Kendler et al., 1993b.

78) Booth et al., 1989.
79) Mazur et al., 1992.
80) Rowe et al., 2004.
81) Cordell, 2002; Grigorenko et al., 2002.
82) Greenland & Rothman, 1998.
83) Plomin & Daniels, 1987.
84) Rowe, 1994; Harris, 1998.
85) Rutter et al., 1999a; Rutter et al., 2001.
86) Duyme et al., 1999.
87) Rutter, in press b.
88) Molenaar et al., 1993.
89) Rutter & McGuffin, 2004.
90) Silberg et al., 2003.
91) Stevenson, 2001.
92) Nadder et al., 2001 & 2002; Waldman et al., 2001.
93) Kendler, 1996; Eaves et al., 2003; Silberg et al., 2001a.
94) Brown et al., 1996; Eley & Stevenson, 2000; Finlay-Jones & Brown, 1981.
95) Silberg et al., 1999; Silberg et al., 2001a & b.
96) Eley & Stevenson, 1999; Silberg et al., 1999; Thapar & McGuffin, 1994 & 1996.
97) Pedersen et al., 2003.

Further reading

McGuffin, P., Owen, M. J., & Gottesman, I. I. (Eds.). (2002). *Psychiatric genetics and genomics*. Oxford: Oxford University Press.

Plomin, R., DeFries, J. C., Craig, I. W., & McGuffin, P. (Eds.). (2003). *Behavioral genetics in the post-genomic era*. Washington, DC: American Psychological Association.

5章

環境に媒介されるリスク

　この本の主眼点のほとんどは，遺伝子の役割と，それがどのようにして特定の心理的・精神病理的な結果を引き起こすのかということに向けられている。しかし，大部分の心理的・精神病理的な終着点(エンドポイント)が遺伝的影響と環境的影響の両方の結果であるというのが主なメッセージの一つであり，まずは，環境が本当に影響を与えているという強固なエビデンスがあるのか否かを問う必要がある。序文にも示されているように，多くの行動遺伝学者と行動遺伝学的な見方の主唱者の多くは，生育環境が多くの差を生みだすという考えを，環境が明らかに極端な場合や明らかに不利になる場合を除いて，一蹴してきた[1]。こうした批判は，心理社会的影響を重視する人たちの主張が，環境を遺伝的媒介による効果ととらえるのか，あるいは発達を方向づける影響があるかもしれない環境にいる家族や他者の効果ととらえるのかに関して，どちらの可能性があるのかを十分に考慮していないエビデンスに基づいていることを指摘した点で正しかった。しかしながら，環境的媒介仮説を厳しい検証にかけたエビデンスが増えつつある。どのような種類の調査がそれを示し，またその結果は何を示すのだろうか。

■ 研究デザインに求められるもの

　環境的媒介の適切な検証を本当に提供できる調査を行うために求められる要件が六つあるといわれている[2]。まず，用いられる研究デザインは，通常は一緒になっている変数を「分ける」ことができなければならない。

例えば，さまざまな双生児研究と養子研究のデザインは，遺伝的影響と環境的影響を分けるためのいろいろなテクニックが用いられている。双生児研究は，一卵性双生児（すべての遺伝子を共有している）と二卵性双生児（平均して，分離している遺伝子の半分を共有している）を比較することによって遺伝と環境の分離を行う。養子研究は，子どもを育てていない生物学上の両親と，子どもと遺伝的なつながりはないが養育環境を与えてきた養子関係の両親の影響を比較する方法を通して，遺伝と環境の分離を行う。それらに加えて，調査手段は「自然実験」によっても提供されるかもしれない。自然実験によって，両親にとっても子どもにとっても統制外の外部状況の効果を比較可能にするような対照的な環境をつくりだす。さまざまな例を後から紹介しよう。実験的な介入は，治療的介入と予防的介入の両方の影響を検証し，その影響を仮定された環境的媒介のメカニズムにおける変化と関係づけることによって，同様の目的を達成できる。

　この一つめの要件は，考えられる環境リスクあるいは保護因子から引きだされる環境的媒介を，それ以外の影響（遺伝子など）から分離させることを可能にする必要不可欠な機能を果たすものである。しかしながら，それ自体では十分ではない。被験者一人ひとりが自分自身を統制条件とする被験者内変化を研究するために，縦断データを用いることも必要である。別の言い方をすれば，ある人がある特定の経験をする前に起こした行動が，その予見される影響が仮定される経験を経た後に変化するかどうかを確かめるという発想である。ある特定の経験をもつ個人のなかでの変化を示すことは，一方が経験をしたグループ，もう一方が経験をしていないグループという二つのグループを比較するよりもずっと優れた因果関係の検証である。グループ間の比較における問題点は，差がグループを差異化させているあらゆるもの（それらの多くはおそらく測定されていない）の結果であるかもしれないということである。グループ間の比較は，縦断的に測定される被験者内の変化に対して同じようには適用できない。また明らかに，縦断データは時間関係を区別する手段を提供してくれる。それはAがBに先立つ場合とBがAに先立つ場合を区別する上で決定的である。つまり縦断データは因果関係を示す矢印がどちらの方向へ向かっているのかを

決定することを可能にする。縦断データによって因果の方向を見極めることが二つめの要件である。

　三つめの要件は，環境効果の原因となるであろうリスクや保護因子と，環境効果が作用するであろう結果の両面についての，敏感で識別力のある測定に関するものである。あいにく，多くの調査はこの両面について雑な測定に頼っている。雑な測定であってもなんらかの環境効果が作用していることを示唆できることもときどきはあるが，本当によい測定がなされていないと，特定の結果に対する特定の環境効果を明確に示すことはできないだろう。

　四つめの要件は，調査されている効果を検証するのに十分な大きさのサンプルを使用することである。これはきわめて明らかな要件のように思われるだろうが，論文における多くの主張は，その目的に対して明らかに小さすぎるサンプルに基づいているといわざるをえない。

　五つめの要件は，ある人が好ましいと思う説明が正しいか否かを示すためだけの方法を用いるのではなく，ある仮説と他の仮説とを対比させることができる研究デザインを用いることである。例えば，遺伝的媒介は環境的媒介と対比させる必要があり，環境への子どもの効果は子どもへの環境効果と対比させる必要がある。六つめの要件は，用いられている研究デザインの基礎となる仮定が何であるのかを，明確な方法で詳細に説明することが研究にとって重要であるということである。あらゆる研究デザインは特定の仮定に依拠しているが，調査者はそれらの仮定が何であるのか，そしてその仮定が正当化されているのかどうかについて，自分の研究で検証されたものなのかどうかを明らかにできていないことが多すぎる。これは双生児研究や養子研究にあてはまるが，仮説検証に用いられるであろうあらゆる範囲の自然実験にもあてはまる。

▍環境のリスク因子の正確な確認

　もし環境によって媒介される可能性のあるリスクや保護の効果を調べたいと思うなら，リスク因子と保護因子の正確な確認がなされるべきだとい

うことは，自明なはずである．だが残念ながら，それがいつもそうとは限らない．特に必要な事柄を三つ述べておこう．一つめの必要性は，リスクの指標とリスクのメカニズムとを区別することである（2章参照）．指標が意味するのは，ある好ましくない結果と統計的に関連している変数であるが，その変数における実際のメカニズムは，指標自体のなんらかの結果というよりも，むしろ**リスク指標**と関連している何かが原因となっているということである．例えば，「家庭の崩壊」と関連していると考えられるリスクについて書かれた膨大な昔の文献がある．その後の調査で，家庭の崩壊は実際にいくつかのリスクを招いたかもしれないが，主なリスクの効果は，離婚や崩壊それ自体よりも，むしろ家庭の崩壊の前の状況や後の結果（家族の争いや対立，育児における有害な影響など）によって引き起こされていたことが示された[3]．

　二つめの必要性は，リスクの遠隔要因とよばれるようになったものと，至近要因とよばれるようになったものを分離することである．リスクの遠隔要因は，リスクの至近要因の発生の可能性を増やすので重要である．しかし，それ自体が直接的なリスク効果を大きくもつわけではない．対照的に，リスクの至近要因は，研究されている結果を引き起こすメカニズムのなかでより直接的な意味をもつものである．例えば，貧困は重要なリスクの遠隔要因であるというよいエビデンスがある．なぜならば，それはよい育児を困難なものにするからだ．しかし，低い収入や少ない経済資源それ自体は，子どもの心理的機能に直接的な影響を多くは与えないだろう．むしろリスク因子は，かなりの程度，家族機能や親子関係の側面によって媒介される[4]．

　三つめの必要性は，リスク変数として考えられるものが異質性をもつ可能があることを考えておくことである．例えば，父親が子育てに積極的にかかわることは子どもの心理的発達において有益である，という仮説が古くからある．父親の子育て参加は明らかによいことのように思われるが，父親のかかわりがリスクや保護をもたらすか否かは，父親の特徴や父親が子どもの成育環境に与える質によることを調査結果は示している．ジャフィーら[5]は縦断データを用いて，父親が反社会的行動を示すか否かに関

して，父親が家にいることの子どもへの影響を調査した。ここではっきり見いだされたのは，父親が反社会的でない場合は父親の子育てへのかかわりは有益であったが，父親が反社会的である場合，それは不利だということであった。このことが示されたいまとなっては，父親の子育て参加の有益さは場合による，ということがかなり明らかであるように思われる。しかしながら重要な点は，むしろ驚くべきことに，この研究が，父親の特徴に関して，彼らの存在が有益なのか不利なのかの違いを生みだすかもしれないという可能性を調べる直接的な検証を行った最初の研究だった，ということである。

■ 環境によるリスク媒介を検証するデザイン

環境による媒介を検証するために用いられる調査方法には，(1) さまざまな双生児デザイン，(2) 養子デザイン，(3) 自然実験，(4) 被験者内の変化を測定し，測定されていない要因を考慮に入れた縦断デザイン，(5) 介入デザイン，がある。

双生児デザイン

一卵性双生児（MZ: しばしば「同一の（identical）」と称される）は個々に分かれた遺伝子のすべてを共有しているので，MZ のペア内でありうる環境によるリスク効果を調べることは，強力な調査方法となる。そこで見いだされるどの影響も，**遺伝的媒介**によるものではありえない。なぜならば，MZ 内の二人の双生児は遺伝的には差異がないからだ。あいにく，このデザインを用いた昔の調査のほとんどは，二つの大きな問題を抱えている。一つめは，ほとんどの場合において，同一の情報提供者が，環境リスク因子と心理的結果の情報を与えていたという点である。したがって，発見されたどの影響も，リスクと結果を報告する際の無意識的なバイアスに基づく結果である可能性がかなりある。言い換えると，同じ人が両方について報告していたので，その人がその二つのあいだに関連を感じてしまう傾向があり，それが原因で，その人が意図せずにその見方に合うように報

告を形づくってしまう傾向があるという可能性があった。二つめは，発見の多くが縦断データよりも横断データに基づいていたので，因果関係の方向を決定することができなかった点である。言い換えると，その発見が示しているのは，リスクと結果が互いに関連しているが，どちらがどちらに影響を与えるのかは決定できない，ということだった。

しかしながら，これら二つの方法論的な限界は，カスピら[6]による研究にはあてはまらない。彼らは，子どもの行為障害に及ぼす母親のネガティブな感情表出の効果を調べるために，前方視的に研究されてきたイギリス全土の双生児サンプル[7]に基づいた環境リスク（E-Risk）の研究を用いた。ネガティブな感情表出とは，両親に子どものことについて話してくださいと中立的な依頼をしたときの返答において表現される，批判的で冷淡で軽蔑的な感情を示す所見を意味する（つまり，悪い事態や問題に関する質問への返答における批判的な所見ではなかった）。感情表出の測定は子どもが5歳のときの母親への面接に基づき，また子どもの問題行動の測定はその2年後，子どもが7歳のときの教師の情報に基づいていた。5歳のときの子どもの行動についての親の報告の測定もあった。想定された環境リスク因子の検証は真に前方視的なもの（ある年齢のときの母親のネガティブな感情表出に基づいて，2年後の子どもの行動がどうなるのかを予想していたという意味）であった。また，測定はリスク因子に関する異なった情報提供者（母親と教師）に基づいていたので，その関係が単にバイアスのある報告による結果である可能性は考えにくい。その検証は，子どもが学校生活を始めるというような大きな変化を経験している2年間という期間の効果を調査しただけという点で，当然のことながらラフなものであった。こういった大きな方法論的制限にもかかわらず，母親の報告による5歳時の子どもの行動の影響を統制した後，7歳時に教師によって測定された子どもの行動に対して，5歳時の母親のネガティブな感情表出はかなり有意な効果をもつことが見いだされた（図5.1参照）。したがって，因果的推論は強いものであり，母親のネガティブな感情表出は子どもの行動へある程度，リスク効果をもたらすということを意味するものであった。付言しておかなければならないが，より昔の調査[8]で，このような言語によっ

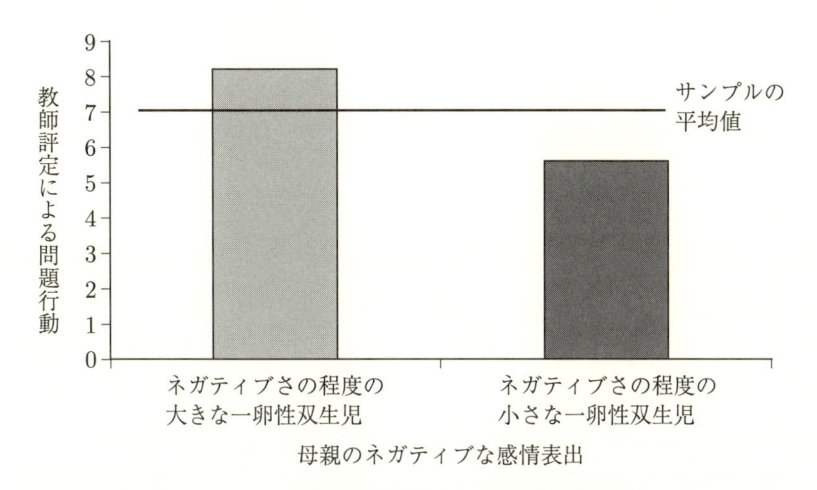

図 5.1 母親のネガティブな感情表出を受けた一卵性双生児は問題行動をより起こしやすい（教師評定による）［出典：Caspi et al., 2004. The American Psychological Association.］

て表出された感情は，実際に観察された母親の行動を強く反映していることが示されている。

　双生児デザインは，研究対象としている結果への遺伝的影響を考慮に入れた後で測定された環境的リスク変数の効果を調べることによって，若干異なった形での使い方もできると思われる。ここでこの目的で用いられている統計の詳細に注意を払う必要はないが，重要な点は，研究デザインの組合せが適切なものであるならば[9]，一卵性双生児と二卵性双生児の対比という方法で遺伝的な寄与を評価することによって，仮定された環境リスク因子の独立した効果を識別することが可能だということである。例えば，青年期のうつ病や反社会的行動に対して，家族のネガティブな特徴という環境によって媒介される効果があることが示されてきたが，その部分のリスクの媒介は遺伝によるものである[10]。同様に，子どもの反社会的行動に及ぼす家族の機能不全の効果や，大人になってからのアルコール中毒の発症に及ぼす子ども時代の父親の不在への環境的に媒介されたリスクの効果が示されてきた[11]。全体としてのエビデンスが示しているのは，環境的だ

と思われるある変数のリスクの影響は，部分的には遺伝的に媒介されたものだということがわかり，反対に，主に遺伝的なものである可能性が高いと思われるある変数のリスクの影響は，部分的には環境的に媒介されたものだということがわかった，ということである．

　双生児の子どもデザイン[12]は，環境的なリスク効果を調べるために一卵性と二卵性の比較を用いるこれまでの研究デザインとはいくぶん違った機会を提供する．この研究デザインの基本原理は，それぞれの片方の親の一方が一卵性双生児どうしである子どもは，遺伝的な比較はできるが，養育環境は異なるということである．したがって，適切な統計的分析を行えば，環境的に媒介されたリスクの効果を検出してその量を定める機会を提供することになる．この方法を用いることで，ドノフリオら[13]は，妊娠中の喫煙は遺伝的要因の影響を受けるが，出生時の体重に対してはむしろ環境的な悪影響があることを示した．同様に，ヤコブら[14]は同じ研究デザインを用いて，リスクの低い環境はアルコール中毒に及ぼす高い遺伝リスクの衝撃を緩和することを発見した．このデザインの可能性はすばらしいが，いまのところ，十分に用いられていない．とはいえ，このデザインを用いたいくつかの研究が進行中であり，それらは有益なものになるはずだ．

養子デザイン

　養子デザインは，遺伝リスクと環境リスクの媒介を双生児研究のデザインとはやや違った仕方で区別する．この目的で用いられるであろう養子デザインはいくつかあるが[15]，リスクの高い環境からリスクの低い環境への子どもの養子縁組の後に起こる被験者内の変化を調べることは，特に有益な調査方法の一つである．ダイムら[16]は，養子の家庭環境がもつ特徴を研究するなかで，子どもの知能指数に及ぼすよい影響にアプローチするために，このデザインを用いた（図5.2参照）．彼らはリスクの高いグループに焦点をあてた．いわゆる，虐待や育児放棄によって両親から引き離された子どもたちである．ダイムらは，養子縁組以前に心理測定の検査を受け，4歳から6歳半のあいだに養子縁組された子どもたちの，疫学的に代表的なサンプルを特定するために，フランスで全国的な調査を実施した．その

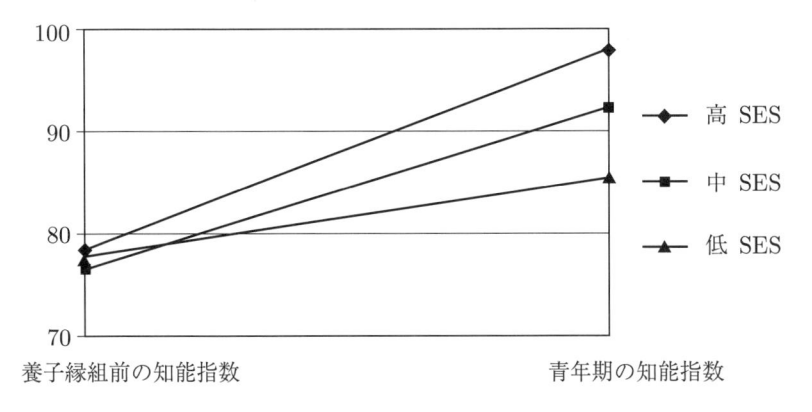

図 5.2 養子の養育環境が養子先でネグレクトや虐待を受けた子ども知能指数に及ぼす効果　［出典：Duyme et al., 1999.］

　結果は，やや異なる側面をもつ三つの点を明らかにした。一つめの発見は，養子縁組の後に，この恵まれない子どもたちのグループは，全体としてみると，かなり大きな知能指数の伸びを示した点である。このこと自体はそれほど驚くべきことではない。なぜなら，本当に悪質な環境が実際にかなり大きな影響を与えるのであれば，よい養子家庭というリスクの低い環境へ移ることは利益をもたらすはずだからである。この研究での発見は，それが事実であることを示した。しかしながら，二つめの発見は本当に新しいもので，知能指数の伸びの程度は，子どもがおかれた養子家庭の質の関数である，というものであった。つまり，子どもが非常に裕福な家庭におかれた場合には，それほど裕福でない家庭におかれた子どもと比べて，知能指数の伸びがずっと大きかった。研究デザインに必要な要件を扱った前のセクションですでに述べたように，この発見が環境の大きな変化の文脈のなかで，個々の子どものなかの被験者内変化に基づいているという事実は，健常な範囲内の養子家庭環境の特徴の差異に起因する環境的によって媒介された効果を支持する強力なエビデンスの一つである。
　これにもかかわらず，三つめの発見は，環境の変化と養子家庭の特徴のどちらも，サンプル内の個人差には大きな効果をもたらさないことを示して

いる点で，異なっていた。すなわち，はじめの知能指数がふつうよりも高い子どもはより上の範囲の知能指数を示し，はじめの知能指数が低い子どもは低い平均のままだった。この発見が教えてくれる重要なことは，環境はある特性における個人差には大きな効果がないが，全体的なレベルでその特性に大きな差を生みだすかもしれないということである。最初に測った知能指数は，遺伝的要因と早期の環境の特徴の両方によって影響を受けてきただろう。グループ全体としての知能指数が著しく伸びたという事実にもかかわらず，早期の要因は個人差に重要な影響を与え続けたのである。

ダイムら[17]が別の研究でもう一つ発見したのは，養子縁組の後の知能指数の伸びが，養子縁組の前にすでに知能指数が優れていた子どもにはみられないということであった。明らかに，彼らはとても特殊な少数派のグループであるが，重要なのは，養子縁組後の環境がすべての子どもに影響を与えるかもしれないにもかかわらず，集団の平均よりもすでに優れている子どもの大きな進歩は期待できない，ということである。

これらの研究から見いだされた，特に確かな点が二つある。第一に，子どもの認知機能に差を生みだす生育条件は，通常の範囲内の差異は反映するが極端な範囲ではそうではないということである。第二に，これらの生育環境は，養子縁組の年齢（すなわち4歳から6歳半のあいだ）の後になって初めて影響を与え始め，したがって，幼児期における生育の影響を反映しないということである。

自然実験

ダイムら[18]の研究は何よりもまず，子どもの心理的作用に及ぼす養子縁組後の環境効果を調べることに焦点をあてたものであった。これとは対照的に，ラターら[18]によって行われた，ルーマニアのきわめて貧困な施設の環境からイギリスの家族に養子に引きとられた子どもの前方視的縦断研究は，特に養子前の環境の持続的影響に焦点をあてたものである。このサンプルにおける施設の貧困具合は，栄養面と生活経験面の両面において目を覆うほどの厳しさだった。環境によって媒介されるリスク効果に関する仮説は，二つのやや違った形でこのサンプルで検証されたといえる。一つめ

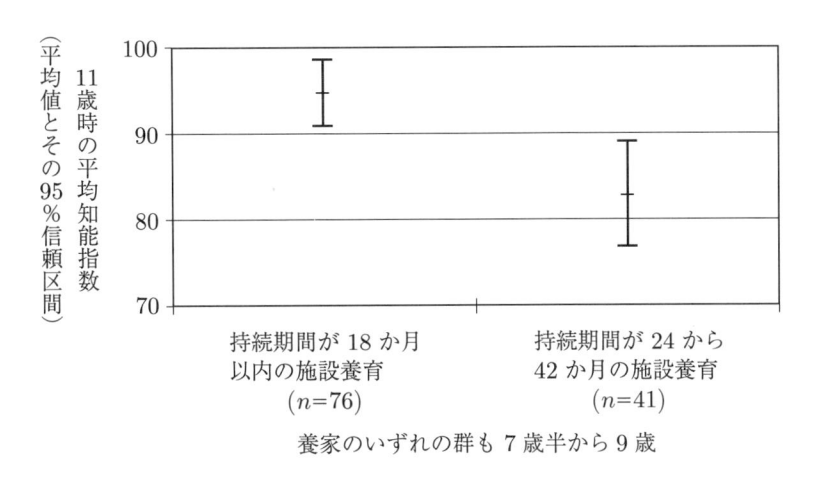

図 5.3 養家での時間を統制したときの施設養育期間の効果 ［出典：Rutter, in press b. Copyright © 2005 by Oxford University Press］

グラフ：11歳時の平均知能指数（平均値とその95％信頼区間）
- 持続期間が18か月以内の施設養育（*n*=76）：約95
- 持続期間が24から42か月の施設養育（*n*=41）：約83
- 養家のいずれの群も7歳半から9歳

　は，もし施設の貧困さが，子どもが施設を去ってイギリスに来るときに発達上の障害を本当に引き起こしているとしたら，平均よりやや上の水準の家庭環境への移動は，著しい発達的成長をもたらすはずであると期待される。結果は発達的成長が本当にみられることを示していた（図5.3参照）。
　しかしながら二つめとして，そのサンプル全体では発達的な向上が劇的にすばらしかったにもかかわらず，それでもなお，なんらかの種類の障害が残った子どもがいたことは注目すべきである。したがって，（施設での貧困に関しての）環境リスク媒介効果は，障害の起こりやすさが施設で貧困にさらされていた期間の長さと体系的に結びついているかどうかを確かめることによって調べることができた。言い換えれば，因果関係があるかどうかの推論は，もし施設での貧困の期間と障害の起こりやすさとのあいだの体系的な結びつきがあれば支持されるだろう。もちろん，この推論は，施設での養育の長さが子どもの作用のどの側面の関数でもないときにのみ成り立つ。ルーマニアの養子の場合がそうだった。つまり，施設で貧困にさらされていた期間は，単純に，子どもがチャウシェスク政権が打倒されたときに何歳だったかだけを反映していた。

この研究から見いだされたのは，心理的な機能障害に，施設での養育期間の長さに応じて，養子縁組されたが同じような貧困の経歴をもたない子どもにはあまりみられない四つのパターン——すなわち，認知的障害，自閉症に似た傾向，不注意・過活動，非抑制性の愛着——があるということである[19]。この発見は，施設のひどい貧困さがもつ環境的に媒介されたリスクの効果を劇的に示している。しかし，この発見はまた，予期されていなかった他の特徴も明らかにした。それは，施設での養育の長さの効果が11歳のときも，6歳やその前の4歳のときとおよそ同じように強いということで，このことはある環境効果が，養育環境が大きく変化してもはっきりと持続しうるということを意味する。これは，ある種の脳の機能の変化，おそらくはある種の生物学的プログラミングが起こりそうだということを示唆する[20]。

　この章でこれまでに考察された研究デザインのほとんどは，環境の大きな変化を，リスクの環境的媒介仮説を検討するための調査手段の主要なよりどころとして使ってきた。しかし，その代替となるアプローチによって，遺伝効果では説明できない結果の違いに焦点をあてたデザインから得ることができる。双生児−単胎児間の比較[21]はそうしたものの一例である。双生児は，集団としてみると，言語発達において著しく単胎児に遅れる傾向があることが繰り返し示されてきた[22]。双生児と単胎児が言語発達の感受性遺伝子で遺伝的に異なるという理由はないので，問題となるのは，グループのレベルでみられるこの全般的な言語発達の遅滞を説明する環境的影響の性質ということになる。明らかに，双生児も単胎児も，遺伝的要因は言語発達の個人差の重要な決め手となるが，ここで特に大事なのは，そのような遺伝子が双生児と単胎児で違うと推測する理由がないことである。

　考えうる環境効果という点で，二つの主要な選択肢を比べなければならなかった。つまり，双生児と単胎児のしつけにおける，出生前や周産期の生物学的なリスク因子と，出生後の違いである。加えて，さまざまな双生児特有のリスク因子（例えば双胎間輸血症候群があり，共通の胎盤で血管を共有することで，血液が胎児の一方からもう一方に移動してしまい，しばしば片方の双生児の体に血液が多すぎてもう片方に少なすぎるという

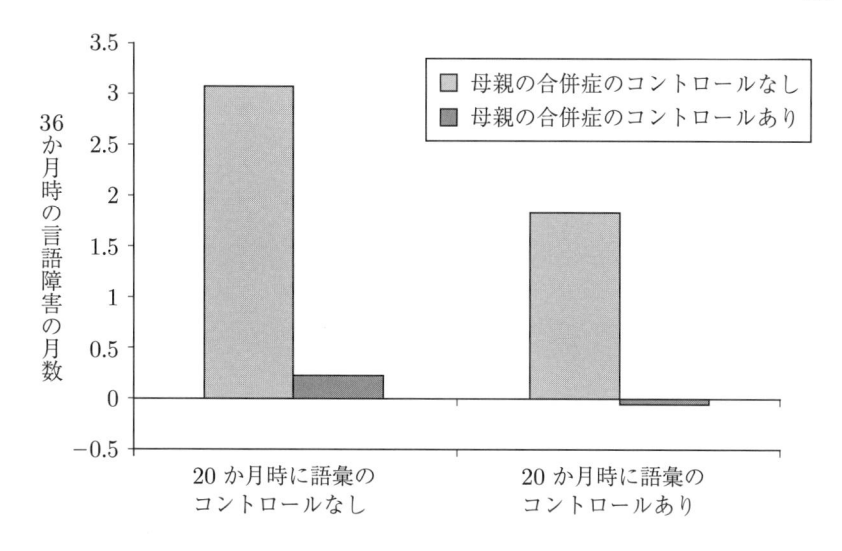

図 5.4 20か月時の母親の合併症得点と36か月時の子どもの言語障害　［出典：Thorpe et al., 2003］

結果に陥るものなど）も考慮されなければならない。しかし，結果は双生児－単胎児間の違いは主として母と子どものコミュニケーションや相互作用のパターンによって媒介されることを示した（図5.4参照）。この発見は正常範囲内の環境効果にかかわるので特に重要である。

　示唆されるリスク変数と心理学的結果のあいだの統計的な関係が，環境的媒介による因果関係を反映すると仮定できない主な理由の一つは，想定上の環境リスク因子が個人の行動となんらかの形で結びつけられるのがふつうだからである。つまり，人が自分自身の環境を形成・選択するというのは，かなりの程度，よくあることである[23]。このため，リスク因子の結果のようにみえるものが，その因子の子どもに及ぼす効果によるのか，それともそうではなくて，その環境を引き起こしてしまうその人固有の行動によるのかどうかを区別することは，たいていかなり難しいことなのだ。この種の混同を避けることができるのは，環境リスク因子が，完全に個人の統制外にある状況によってはっきりと変えられるときである。「自然実

験」はしばしばリスク因子が外的に導入されることによって生じるが，より強力な「自然実験」が生じるのは，しばしば外的な力がリスク因子の除去という結果に終わるときである。こうした状況での検証は，リスクをもたらすと考えられている環境の特徴を取り除くと，それが原因と思われる心理的悪影響の割合を減少させるかどうかである。

コステロら[24]は，アメリカ先住民の特別保護区へのカジノ導入に関連して起こった大きな効果を示すために，自然実験を用いた。原則として，カジノの仕事にどのような形で関与しているかにかかわらず，カジノからの利益の配分が特別保護区に住むすべての先住民に分配されることを条件とした。言い換えると，特定の個人に，そのしていることへの報酬が与えられるからではなく，カジノがそこにあるという事実のみによって先住民のすべての人が報酬を得るという形である。幸いなことに，カジノが導入されたのは，子どもや若者の精神障害に関してすべての住民に長期にわたってなされる組織的な縦断疫学調査が行われている最中だった。したがって，カジノの導入の前後で，障害の割合を比較することが可能だったのである。カジノの導入の後に，貧困下に暮らす先住民の家族の数の有意な減少が引き続いて起きて分配される金額が増えたために，この「自然実験」は貧困の軽減の効果に焦点をあてることができた。貧困の軽減が確かにカジノの導入によってもたらされたことは，貧困下に暮らしている個人の割合の変化が，カジノの収益配分をまったく受けていない白人の家族にはあてはまらないという事実が示唆している。カジノの導入の後に先住民の若者の破壊的行動の割合が有意に減少したことがわかった（不安感情の割合の有意な変化はないが）。行動面での向上は貧困の軽減のせいであることを強く示唆するものである。しかし，研究者は続けて，行動面での向上は貧困の軽減に由来するけれども，子どもにとって有益な効果は，実際は主として家族内の変化によって媒介されたことを示した。子どもへの親の監督の改善や子どもへの親の関与が大きくなったことがその主要な特徴であることが明らかになったのである。要するに，貧困というリスクの遠隔要因の因果効果を，至近的な媒介効果である子育ての質（貧困の軽減による影響を受けている）と結びつけて示されたのである。

これとやや類似した調査法は，本田ら[25]によって，はしか－おたふく風邪－風疹のワクチンが世界各国で自閉症と診断された割合の主要な上昇原因であるかどうかを検証するために用いられた。この「自然実験」ができたのは，ほとんどの国がこのワクチンを使い続けていたときに，日本が三種混合ワクチンのなかのおたふく風邪の成分が自閉症の発症リスクと関係する可能性のあることが懸念されたことから，そのワクチンの使用をやめると決めたからである。本田らは，もしワクチンの使用が本当に自閉症の割合の上昇の原因であるならば，ワクチンの使用中止は自閉症の割合の低下をもたらすことなると考えた。結果は予想に反し，自閉症の割合は著しく上がり続けたことが示された。この発見はリスクの環境的媒介仮説の反証を与えた点で重要だ。さらに，この仮説を提案した医師は，ワクチンは特に，発達的退行を伴う形の自閉症の原因であると論じた。内山ら[26]は再び日本のデータを使い，ワクチンの使用停止は，どちらにしろ，いわゆる退行性の自閉症の割合に影響がないことを示した。これらの研究はいずれも，はしか－おたふく風邪－風疹ワクチン仮説に関するネガティブな発見に大きく貢献したのである[27]。

　同じ研究デザインは，チメロサール防腐剤（ワクチンは使われるがはしか－おたふく風邪－風疹のワクチンではない）のなかのエチル水銀が自閉症の割合の上昇という同じ現象の原因であるという似たような仮説に関しても可能だった。この場合，自然実験がなされたのはスカンジナビアの国々においてチメロサールの使用の中止によるものである[28]。ここでも，研究の決め手はリスク因子と考えられるものが取り除かれたとき何が起こったかをはっきりさせることである。しかし，なんの影響も見つからなかった。当然のことながら，はしか－おたふく風邪－風疹のワクチンもチメロサールも，自閉症の一般的なリスク効果をもつとはとても考えられないことがわかったが，この発見はなんらかの理由から，特に感受性の高い個人がまれな特異体質的な反応を示す可能性を除外できない。このようなまれな感受性は，遺伝的影響から生じる。そのような影響を示すヒトの研究はないが，この可能性をさらに調べる価値があることを示唆するマウスを使った研究が一つある[29]。

縦断デザイン

　研究的視点からみると，リスクの導入や排除が個人のコントロールを越えた状況で生じたときに，リスク効果を検証することが常に都合のよいことではあるが，それでもなお，個人自身の行動によって実際に引き起こされたリスクが，本当に後に続く人の行動や発達に対して環境的媒介によるリスク効果もしくは保護効果をもつ可能性を検証できることが常に重要だろう。これらの状況においては，縦断データは個人内変化が実際にあるかどうかを検証するために必須であり，縦断データは，環境が変化する前のその人の行動の測度だけでなく，考察の対象となっている結果に関するリスク因子や保護因子のよい測度を含んでいなければならない。またもちろん，適切な統計的手法も，環境の変化がもたらすと考えられる影響が，その人自身の行動，もしくはそれ以外のリスク・保護の影響，もしくは測定誤差といった測定されていない特徴によって人工的に引き起こされる可能性を除外すべくなされなければならない[30]。ゾッコリーロら[31]は，仲のよい協力的な婚姻関係は，子どものころには反社会的行動をみせていたあらゆる人について，その反社会的行動の減少や全般的な社会機能の改善をもたらすという仮説を検証するために縦断デザインを用いた。成人期の生活における婚姻関係のポジティブな影響に，有意な保護効果があることが見いだされた。サンプソンとラウブ[32]は，大きな非行を犯した思春期の青年のグリュックのサンプルの長期にわたる追跡調査で，まったく同じことを示した。彼らが用いた統計的手法は，ゾッコリーロら[31]が使ったものとはやや違うが，分析のデザインは同じ目的をもっており，かなりの保護効果がみられた。

　自然状況での環境的媒介仮説の妥当性を高めてくれる特徴が二つある。一つめの特徴は，ハイリスクの人のなかに保護的な影響を経験する人がいる一方で，それを経験しない人もいるのはなぜかを示すことができれば有益だということである。ゾッコリーロら[31]の発見に関係して，研究者たちは，計画を立てる傾向（重要な人生選択について明確な決定をする傾向）と社会的仲間集団への参加が，仲のよい協力的な婚姻関係をもたらすらしいということを示すことができた[33]。環境的媒介仮説の妥当性を高めてく

れる二つめの特徴は，想定された保護因子が作用すると思われる道筋を描くことである。グリュックのサンプルの追跡に関して，ラウブとサンプソン[34]は，系統的に計画された母集団の下位サンプルに行われるライフコースに関する質的インタビューを通して，仲のよい協力的な婚姻関係の保護効果はいくつかの違う道筋で作用するということを示すことができた。そのなかには，愛する配偶者からの情緒面の援助や尊敬，配偶者の拡大家族からの援助だけでなく，結婚相手が効果的に見守ってくれることや，家族を養うために安定した仕事を得ること，仲間集団の変化，家族や家事へのかかわりによって犯罪的な行動に従事する機会が減少することが含まれる。

おおむね似た手法がエルダー[35]やサンプソンとラウブ[36]によって，きわめて貧困な生い立ちをもつ人々に兵役が及ぼす好影響の可能性を検証するために用いられた。いずれの研究者の研究も有意な効果を見いだしたが，兵役に付随する教育機会の増加や，婚期の遅れによって部分的に媒介される結果として，社会グループが広がることでパートナーの選択肢が広がることにつながったことは明らかであった。

保護効果よりむしろリスクにかかわるものだが，早期の大麻の大量使用は，感受性の高い人において，統合失調症の発症に対する沈降効果を突然引き起こす傾向があるという可能性について，いくぶん似た問題が生じた。いくつかの大規模な縦断研究が，早期に大麻を常用することが統合失調症に対して相対的に強いリスク効果に結びつくことが事実であることを示したが，年をとってから大麻を気晴らしにときどき使用する分にはリスクがないということも同様に示した[37]。この因果関係の仮説の妥当性は，リスク効果がそれ以外のその人の特徴によっては説明できないという発見，ならびにリスク効果は大麻を使用したが他の麻薬は使わなかった場合にのみみられたという発見からももたらされた。エビデンスがさらに示したのは，リスク効果は主に（あるいは完全に）たいていは遺伝的易罹患性のために感受性の高い人[38]，あるいは統合失調症の素因を早期から示している人[39]からなる下位グループにおいてはっきり表れるということである。

介入デザイン

　最後に，介入デザインが環境的媒介仮説を検証する上で重要な役割を演じてきた。もし適切に行われたランダム化比較試験によって，特定の介入が有意な改善をもたらすことを示したのであれば，介入がその効果の原因であると考えるのは理にかなっている。これは妥当な推論である。なぜならランダム化した手順は，どの特定の個人が検証されようとしている介入を受けるかが完全に偶然であることを保証するからである。

　しかし，環境的媒介仮説を検証するためには，さらに重要な点が二つある。まず一つめに，非介入群内で，仮定された媒介要因の変化が系統的に治療効果と関連していることを示さなければならない[40]。仮定された媒介のメカニズムを測定した介入研究がいかに少なく，それゆえ環境的媒介仮説の適切な検証に寄与できるものがいかに少ないかは驚くほどだ。にもかかわらず，いくつかの研究は媒介を検証している。非都市部に住むアフリカ系アメリカ人の母親に対するランダム化比較試験は，しつけにおける介在－誘導の変化が11歳の子どもに対して有益な効果を伝えることをしっかりと示した[41]。また，介入研究は，養育が改善されると子どもの反社会的行動への関与が減少することを示した[42]。

　二つめに，仮定された媒介メカニズムの測定を伴う適切に行われたランダム化比較試験は，因果関係の強いエビデンスを与えることができるが，必ずしもその因果関係が実際にふつうの状況下で働くことを意味していない。ブライアント[43]は，実際に因果関係がみられることを示すために，介入研究を自然条件での縦断研究と結びつけられなければならないと述べている。ここで重要なのは，介入の効果が，ふつうの生活環境において因果関係に貢献していないものに由来するかもしれないということである。例えば，電気化学治療法は精神病の抑うつ症状のいくつかの事例に有益な効果をもち，アスピリンは熱を下げるが，電気刺激をしないことが抑うつ症状の原因になんらかの役割を果たしているとか，アスピリンの不足により熱が起きるとは誰もいわないだろう。

環境によって媒介されるリスク経験の源泉

　環境によって媒介されるリスク効果と保護効果についての主張に対する批判には，主に三つのタイプがある。一つめの批判は，そのような効果は確かに存在するものの，極端な環境にあてはまるのであって，ふつうの環境の範囲内の変動にはあてはまらないというものである[44]。極端な環境がより大きな影響力を実際にもちやすいのは当然だが，標準範囲内の変動が影響力をもたないという批判は正しくない。このことは，動物研究[45]でも人間研究でも明らかにされている。例えば，標準範囲内の影響は，ダイムら[16]による児童期中期の子どもの心理的発達における養子家族の教育的質の変化の影響についての発見や，親子間相互作用とコミュニケーションのパターンにおける双生児と単胎児の家族間の違いが早期の言語発達に影響を与えたというソープら[46]による発見などによって明らかである。

　二つめの批判は，非共有環境効果が共有環境効果よりも強い傾向があるので[47]，家族間の差異と彼らの与える養育環境は無視できるほどの重要性しかないというものである[48]。この批判もまた間違っている（4章参照）。経験は個々の子どもに影響を与えるので，経験に焦点をあてた研究をする必要性はあるが，家族がみんなでもつ影響が効果をもたないとか，無視できるほどの重要性しかないということを意味しているのではない[49]。

　いつも論争となる，しかし非常に誤解されているこの共有環境と非共有環境効果の問題については，さらに二つの点を考慮する必要がある。第一に，共有効果と非共有効果の意味から明らかなように，この用語は環境的影響のもたらす結果をどう考えるかに関係しているのであって，観察された環境の性質に関係しているのではない。とりわけそれが意味するものは，個人に及ぼす影響という観点から測られる影響は，もしも個人的な影響力が同じ家族の異なる子ども間で似ている傾向があるならば，実際は強い共有効果をもっているのかもしれない。例えば，それはパイクら[50]による研究で，家族関係における負の効果についてまさに発見されたことである。

　第二の点は，どうして，そしてどのように家族変数が子どもたちに異なった影響を与えるのかを判断することが，とても興味深く重要性のある問題

だということである。可能な説明はいろいろとたくさんある。例えば，子どもたち自身の行動が，関係のある人々——両親や他の大人たちや子どもたち——のなかに異なった反応を引き起こすということを示すよいエビデンスがある。例えば，反社会的な両親のもとに生まれたが，その家族から離れて養子になった子どもたちは，遺伝子は共有していないが彼らを育てた養子関係の両親から否定的な反応を引き起こす可能性があることを示す養子研究が二つある[51]。この発見は，家族間の相互作用に遺伝的影響が重要である可能性を強く示すものである。

しかしながら，さらに詳細な発見が別の点を明らかにしてくれた。それは，養子関係の両親に異なる行動を実際に引き起こしているものは，子どもの破壊的な行動であって，そのような行為を引き起こす彼らの遺伝子ではないということである。つまり，子どもの行動がもつこの影響は，遺伝的なリスクではごく部分的にしか説明されないのである。片親が精神疾患を患っている家族の親子関係の研究[52]では，親が自分の子どもに対して一貫しない方法で接しているということをはっきりと示した。ある場合，子どもたちはスケープゴートにされ，敵意ある反応の標的にされているかもしれない。またある場合では，子どもは特に慰めの源として選ばれ，それゆえに親の心の悩みに引き込まれているかもしれない。その子どもの特性は，この一貫しない接し方のなかでかなりの役割を演じるのかもしれない（そして，それが事実であるかぎり，遺伝的要因が重要な役割を演じる可能性がある）。しかし，接し方の違いはまた両親の態度や思考過程を反映するものかもしれない。遺伝子・環境間の相関や交互作用の重要性は9章でより詳しく考察される。

別の言い方をすれば，われわれは子どもが特定の人生経験にさらされることやそれらの経験に対する子どもたちの感受性を判断するときに，遺伝子の役割を考慮する必要がある。しかし，この重要な主張は，リスク効果と保護効果のどちらが環境によってもたらされるかといったまったく異なる疑問と混同されてはならない。ある経験が特定の子どもに影響を与えるという事実も，子どもはそのようなリスク因子に影響を受けやすいという事実も，非常に重要な考察である。しかし，精神疾患の因果関係に関して

の本当の効果は依然として主に環境によってもたらされるかもしれない。繰り返すが、われわれが影響を遺伝的影響と環境的影響に単純に分けるのを注意深く避けなくてはならないということは明らかだ。多くの事例で、影響は両者のメカニズムを反映しており、これがどのように生じるのかを理解することが課題である。

三つめの批判は、心理社会的経験はある重要性をもつだろうけれども、問題となるのは、そこには家族よりもむしろ友人集団が含まれるという主張[53]に関するものである。実証的な研究の結果はこの主張を支持していない。友人の集団の効果は重要である[54]が、学校の影響[55]やより広い共同体の影響[56]が、すでに上であげた例に示された家族の心理的影響と同様に、重要である。

しかしながら、出生後の心理社会的な経験だけに注意を払うのは正当ではないだろう。統合失調症の発症を引き起こす要因としての大麻の例は、ある状況で、薬物の効果が重要である可能性を示している。また、胎児期の影響に対しても注目されるべきである。最初の3か月間の母親の過度な飲酒が胎児の発達に及ぼす影響が、胎児アルコール症候群という結果をもたらすことはとてもよく知られ、よく報告されている[57]。母親のアヘンの摂取は新生児のアヘン禁断症状を引き起こし、そしてそれは、より永続的な影響を及ぼすかもしれない[58]。母親の妊娠期間中の喫煙がその後の子どもの心理的発達に与える影響に関しては、喫煙が胎児の発達に有害な影響を与えることは疑う余地はないが、出生後の心理的発達における影響はなお立証されていない（ADHDへの影響[59]は別）。喫煙の影響は、大部分で遺伝的媒介、あるいは他の関連した出生後の環境リスクによると思われる[60]。生まれて養子として引きとられたり、里子に出された赤ちゃんの研究は、悪い影響のすべてが出生後の環境によって説明可能ではあるわけではない[61]ことを示している点で重要なものであるが、この調査方法は、仮定された胎児期の影響が少なくとも部分的には遺伝的にもたらされたという可能性を扱っていない。

研究者が父親と母親の妊娠期間中の喫煙（または物質使用）の効果について誰がみても適切だといえる比較を行ってこなかったのは驚くべきこと

である。問題は，どちらも遺伝的媒介または出生後の環境を反映するはずであるのに，母親の喫煙だけが胎児期のリスク効果があるとされている点である。これは確かに使用されるべきデザインである。

出生前と出生後のさまざまな経験に関する数多くの文献では，それが家庭内についても，家庭外についても，あたかもそれらが互いに独立しているように扱う傾向がある。しかし，それは明らかに事実と大きくかけ離れている。親は，どこに住むかについての選択，子どもが通う学校の選択などに由来する影響力を自分の子どもに対してもっている。そして親は，子どもの友だちの選択や，友だちのグループの活動の質などに対してもいくらかの影響力をもっていると思われる。心理社会的影響を適切に理解するには，これらの異なる状況間の相互作用を考慮に入れる必要がある。

リスクをもたらす心理社会的経験の性質

環境によって媒介されたリスク効果や保護効果を厳密に検証した研究の範囲は，特定の精神病理症状に対して大きなリスクをもたらす経験の性質について最終的な結論を出すにはあまりに狭い。しかし，リスク経験についてはおおざっぱに三つのカテゴリーが，特に重要性をもつと思われるものとして存在する[62]。第一に，いま進行中の親密で選択的なかかわりあいをもった関係が欠如することに伴うかなりのリスクがある点である。リスクはそのような関係がないとき（施設養育の場合の多くがしばしばそうである），その関係が本質的にネガティブなとき（拒否，スケープゴート化，無視（ネグレクト）などの場合である），そして関係が不確かさや不安定を生じさせるような種類の場合に存在する。第二に，社会集団が自らを特徴づける行動の特性，態度，スタイルを通して影響を及ぼす点である。それは，家族，友人集団，学校，共同体のなかであてはまる。これらあらゆる集団での社会的結びつきの欠如は特に有害であると思われるが，社会集団はそれがもたらす行動の逸脱した価値や逸脱したモデルの結果としてさらに有害であるかもしれない。第三に，相互の会話のやりとりや遊びが，認知スキルや社会的コーピングと適応スタイルの両方に関して重要な学習機

会を占めている点である。加えて，精神病理的リスクは子宮内の物理的な影響（アルコールのような）や出生後の薬物の影響（早期の大麻の過度の使用など）に由来している可能性がある。いまのところ，物質的な影響のどちらのスタイルも研究ではむしろ無視されてきている。

■ リスク効果の緩和

　環境リスク因子について書かれた文献の多くは，リスク効果が母集団全体に作用すると主張する傾向がある。しかし，このようなことはめったに起きないことが，エビデンスからはっきりしている。特に，9 章でもっと完全な形で論じるように，遺伝効果は環境効果を緩和するのが主な役割なのである[63]。

　大規模な一般母集団のデータを使って統計的モデリングした双生児研究は，重要な遺伝効果は，環境リスクがさほど重要な働きをしないメカニズムに作用する効果，主に人々のリスク環境の経験のしやすさに及ぼす遺伝効果の結果としての効果，そしてリスク環境に対する人々の感受性に及ぼす遺伝的影響を反映する効果に分けられることを示した[64]。図 5.5 は，思春期の少女にみられるこれらの三つの経路を単純化して示している。明らかに，他のサンプルに対してもこれらの発見を追試する必要性はあるが，この遺伝子と環境の相互作用を考慮する必要があるという大きなメッセージは正しいことが示されているように思われる。なぜなら，これは心理的特性と精神疾患の分野を越えてうまくいっている研究においても明らかとなっているメッセージだからである[65]。

　もちろん，環境リスクを緩和するのが遺伝子だけだと考えるべきでない。例えば，コンガーら[66]は，夫妻間がその関係の不和をめぐって起こすいざこざの効果が大きく表れるのは，二人がうまい問題解決スキルをもっていないときに限ることを示した。同様に，感情的苦痛に及ぼす経済的負担の効果は，妻の社会的支援が低い結婚生活をしているときに表れる。いくらか似ているが，ボルグら[67]は，非常に幼い子どもへの家庭での母親の世話が（家庭外でなんらかの形の代替となるデイケアを用いる場合とは異なっ

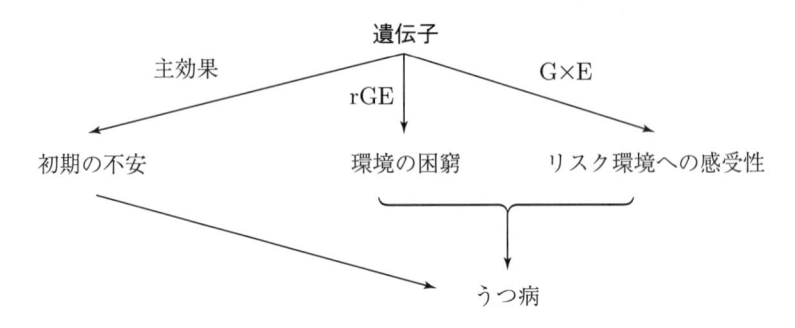

```
          遺伝子
  主効果   ／│＼   G×E
   ／    rGE    ＼
  ↓      ↓      ↓
初期の不安  環境の困窮  リスク環境への感受性
              ↓
            うつ病
```

図 5.5　思春期のうつ病に至る遺伝的に影響を受けた経路　［出典：Eaves et al., 2003］

て）子どもによる身体的攻撃のレベルの上昇に結びつくのは，心理社会的に高いリスクをもった家族内でのみであることを発見した。もちろん，これらの発見が意味するのは，そのようなリスクの緩和それ自体より，むしろリスクをもたらす鍵となる特徴についてのメッセージをもたらすものとしてより適切に解釈されるかもしれない。言い換えると，最も近いところにあるリスク効果は，経済的な圧力や世話が家庭内で行われているか外で行われているかということよりもむしろ，心理社会的困難，問題解決のまずさ，支援不足などから引き起こされると考えられるだろう。それにもかかわらず，これらの発見には絶対に注目しておいたほうがよい別の一面がある。ボルグら[67]がさらに行ったカナダの研究は，母親以外の人の世話は，家族状況や子どもの気質上の特性によって，リスク効果をもつこともあれば保護効果をもつこともありうることを示した[68]。

　しかし，話がこれですべてというわけではない。いくつかの研究で示されたように，極端にネガティブなライフイベントは，実際に重要なリスク効果をもっている[69]。しかしながら，長期間続く心理社会的困難は，極端にネガティブなライフイベントを引き起こす傾向があったり，そのようなライフイベントに対する脆弱性を増大させる傾向があるので，素因をもたらす決定的に重要な役割を演じる。例えば，サンドバーグら[70]は，子どもの精神疾患の主なリスクは，慢性の逆境から生じるか，またはそれに関係

しているひどいストレスから引き起こされるということを示した。より早期の研究も，就学前の入院許可に伴うリスク効果については同じことを多く示した[71]。同様に，ブラウンとハリス[72]は，大人になってからネガティブなライフイベントが続く女性のうつ病の発症のしやすさは，もしも彼女たちが子ども時代に親を亡くしたり，親からの世話が不十分な場合などさまざまな有害な経験があると増大することを示した。

環境リスクのあらゆるタイプに関して非常に一貫した発見の一つは，子どもの反応にかなりの多様性がみられるということである。病気に屈する子どももいれば，比較的に無傷な子どももいる。後者の現象は，レジリエンス（抵抗性）とよばれてきた。そしてそれは実在する重要な現象であるにもかかわらず，あらゆるリスクやあらゆる結果にあてはまる単一の性質ではないということを示唆している。また，それは遺伝的影響を受けた感受性[73]の個人内の特徴と，リスク効果をもつ経験の前・中そして後に作用する経験に基づく特徴の両方を反映する[74]。

■ 生命体における経験の影響

残念なことに，たくさんの心理社会的な影響の研究は，生物への環境効果に対する言及なしに孤立して考えられるように行われ，報告されてきた。幸い，それは変わってきている。もしも経験が恒久的な効果をもつのであれば，そしてある状況で機能の永続的変化をもたらしていることを示すエビデンスがあるならば，そうした変化がどのようにもたらされるのかを問う必要がある。多様な道筋がかかわっているかもしれないのは明らかである[75]。

これらの道筋は，さまざまに異なるレベルで考えられるだろう。一つめの道筋として，伝統的に，心理学者は個人内の認知・感情のメカニズム，あるいは他者との相互作用にかかわる個人間メカニズムに焦点をあてる傾向があった。したがって，反社会的行動[76]とうつ病[77]に関係する因果プロセスの媒介項としてのネガティブな，または非適応的な認知の構え，あるいは認知モデルの発達に特に関心を示してきた。また，そのような認知

の構えが精神病理の進行に影響を与えるという考えが，有効性に関してある程度のエビデンスがある認知行動療法（CBT）の開発の中心をなしている[78]。しかしながら，認知の構えが想定されている因果的役割をもつかどうかという疑問だけでなく，なぜ形成されるメンタルモデルに個人差があるのかという疑問もある。遺伝的影響との相互作用の可能性に関しては，生じる神経系の変化についても検討する必要がある。機能的脳イメージングを用いたいくつかの研究は，認知行動療法と投薬に対する反応とに関係している脳の変化は似ている[79]ことを示唆してきたが，最近のうつ病の治療に関する研究は，それらは異なるかもしれないことを示唆している[80]。確固とした結論を下すための研究はまだあまりに少ないが，心理的治療にかかわる脳の変化に関する発見は蓄積され始めている。依然として，脳の変化が治療の効果を媒介しているのか，またどのように媒介しているのか，特にそれらが認知の構えの変化の精神病理学的な結果に及ぼす明らかな緩和効果を説明するかどうかは，まだわからないままである。

人々の他者との相互作用を変える経験の効果の二つめの道筋は，縦断研究の発見によって判断されるように，重要であると思われる[81]。しかしながら，これらの変化した相互作用に生物学的には何が相関しているかについてはほとんどわかっていない。

三つめの道筋は，動物における発見[82]と，それよりは少ないが人間における発見[83]の両者から提案されるように，神経内分泌組織と機能へのストレスの影響にかかわるものである。神経内分泌の効果があることはほとんど疑う余地はないが，それらが精神病理学的な結果に対する因果的効果を媒介しているかどうかについては，はっきりしていない。

四つめの道筋は，自分のリスクをさらに進んだ精神疾患につくりあげてしまう非適応的なコーピング方略の採用，つまりアルコールや薬物に頼ることに関係している[84]。9章で討論される大麻の例（統合失調症に関連して）は，どのように薬物の効果が遺伝的影響に作用するのかを示す点で有益である。

五つめの道筋は，マウスや他の動物[85]における環境強化の研究と，繰り返される親と幼児の分離または剥奪[86]，または尋常ならざる環境騒音[87]に

よって示されるように，神経の構造に及ぼす経験の効果にかかわるものである。厳しいストレスをもつ動物の研究は，そのようなストレスが海馬の損傷を導きうる[88]が，同じことが人間にもあてはまるかどうかについてはまだ十分なエビデンスがない[89]。

さらに六つめの道筋の可能性は，脳の生物学的なプログラミングに及ぼす経験の効果に関するものである[90]。しかし，これが神経のレベルで何に関係しているのかについての理解はまだ非常に限定的なものである。

■ 結　論

生物における経験の影響について学ばなければならないことがまだ残っていることはあまりに明らかであり，それは将来にわたって必要な鍵であり続けるものである。遺伝子発現に及ぼす経験の効果にきわめて重要なメカニズムが関係している可能性がある（10章で十分に討論されている）。厳密な調査がすでに示しているのは，極端な場合だけでなく，標準的な範囲内に入るような環境が媒介するリスクがあるということである。それは子どもに特有であるだけでなく，家族全体に広がる効果であり，そしてその効果は家族を越えて，友人集団，学校，共同体にまで広げられる。ある環境効果は一時的であるが，長期間続くものもある。どのように人がストレスや困難に反応するのかには人によって著しい多様性がある。そして，そのような感受性における個人の多様性において，遺伝的要因は重要である（4章と9章を参照）。

Notes

文献の詳細は巻末の引用文献を参照のこと。

なお，本章の大部分は，筆者の論文（Rutter, M. (2005). Environmentally mediated risks for psychopathology: Research strategies and findings. *Journal of the American Academy of Child and Adolescent Psychiatry*, *44*, 3-18.）に基づいている。

1) Scarr, 1992; Rowe, 1994; Harris, 1998
2) Rutter et al., 2001a; Rutter, 2005b
3) Rutter, 1971; Fergusson et al., 1992; Harris et al., 1986
4) Conger et al., 1994; Costello et al., 2003
5) Jaffee et al., 2002
6) Caspi et al., 2004
7) Moffitt et al., 2002
8) Brown & Rutter, 1966; Rutter & Brown, 1966
9) See Moffitt, 2005
10) Pine et al., 1996
11) Meyer et al., 2000; Kendler et al., 1996
12) D'Onofrio et al., 2003; Silberg & Eaves, 2004
13) D'Onofrio et al., 2003
14) Jacob et al., 2003
15) Rutter et al., 1990, 1999a, 2001
16) Duyme et al., 1999
17) Duyme et al., 2004
18) Rutter et al., 1998a
19) O'Connor et al., 1999, 2000, 2003; Rutter et al., 2000, 2001; Rutter, in press b
20) Rutter et al., 2004, Rutter, in press b
21) Rutter et al., 2003; Thorpe et al., 2003
22) Rutter & Redshaw, 1991
23) Scarr, 1992; Rutter et al., 1997
24) Costello et al., 2003
25) Honda et al., 2005
26) Uchiyama et al., in press
27) Rutter, 2005a
28) Stehr-Green et al., 2003
29) Hornig et al., 2004
30) Fergusson et al., 1996
31) Zoccolillo et al., 1992
32) Sampson & Laub, 1993; Laub et al., 1998
33) Quinton et al., 1993
34) Laub & Sampson, 2003
35) Elder, 1986
36) Sampson & Laub, 1996
37) Arseneault et al., 2004
38) Caspi et al., 2005b
39) Henquet et al., 2005
40) Rutter, 2003b
41) Brody et al., 2004
42) Snyder et al., 2003
43) Bryant, 1990
44) Scarr, 1992
45) Cameron et al., 2005
46) Thorpe et al., 2003
47) Plomin & Daniels, 1987

48) Rowe, 1994
49) Rutter & McGuffin, 2004
50) Pike et al., 1996
51) O'Connor et al., 1998; Ge et al., 1996
52) Radke-Yarrow, 1998; Rutter & Quinton, 1987
53) Harris, 1998
54) See Rutter et al., 1998
55) Rutter & Maughan, 2002
56) Sampson et al., 1997; Caspi et al., 2000; Rose et al., 2003; Jones & Fung, 2005
57) Stratton et al., 1996; Streissguth et al., 1999; Rutter, 2005c
58) Mayes, 1999
59) Kotimaa et al., 2003; Thapar et al., 2003
60) Maughan et al., 2004; Silberg et al., 2003
61) Rutter, in press b
62) Rutter, 2000
63) Rutter, 2003b; Rutter & Silberg, 2002; Moffitt et al., 2005 & in press
64) Eaves et al., 2003
65) Moffitt et al., 2005; Rutter & Silberg, 2002
66) Conger et al., 1999
67) Borge et al., 2004
68) Côté et al., submitted
69) Kendler et al., 1999; Silberg et al., 1999
70) Sandberg et al., 1998
71) Quinton & Rutter, 1976
72) Brown & Harris, 1978; Harris, 2000
73) Rutter, 2003c
74) Rutter, in press c
75) Rutter, 1989
76) Dodge et al., 1990 & 1995
77) Teasdale & Barnard, 1983
78) Brent et al., 2002; Compas et al., 2002
79) Baxter et al., 1992; Furmark et al., 2002
80) Goldapple et al., 2004
81) Champion et al., 1995; Laub & Sampson, 2003; Robins, 1966
82) Hennessey & Levine, 1979; Levine, 1982; Liu et al., 1997; Sapolsky, 1993, 1998
83) Gunnar & Donzella, 2002; Hart et al., 1996
84) Rutter, 2002c
85) Cancedda et al., 2004; Greenough et al., 1987; Greenough & Black, 1992; Rosenweig & Bennett, 1996
86) Poeggel et al., 2003
87) Chang & Merzenich, 2003
88) Bremner, 1999; O'Brien, 1997
89) McEwen & Lasley, 2002
90) Bateson et al., 2004; Knudsen, 2004; Rutter, in press b

Further reading

Rutter, M. (2005b). Environmentally mediated risks for psychopathology: Research strategies and findings. *Journal of the American Academy of Child and Adolescent Psychiatry, 44,* 3–18.

Rutter, M., Pickles, A., Murray, R., & Eaves, L. (2001). Testing hypotheses on specific environmental causal effects on behavior. *Psychological Bulletin, 127,* 291–324.

6章

遺伝のパターン

　遺伝子は遺伝情報を両親から子孫へと運ぶ染色体上の小片である。ゲノム全体は生命体にとって**染色体**の完全なセットとして構成されており、そのためすべての遺伝情報を構成するものである。どの染色体もDNAからできており、それぞれの鎖には多くの遺伝子が含まれている。人間のような二倍体の生物は、2セットの染色体をもっており、それぞれの親から受け継いだそれぞれの染色体の一方のコピーである。通常、それぞれの遺伝子は二つかそれ以上の型として存在し、対立遺伝子とよばれる。それぞれの遺伝子に含まれる遺伝情報は化学的な塩基配列（遺伝鎖をつくる四つの基本的な塩基の特定の順序）によって決まっている。DNAは規則正しいらせん形で、2本のポリヌクレチオドの鎖（ワトソンとクリックによって1953年に発見された）を含んでいる。この特定の構造が2本の鎖を破損することなく分離することを可能にしているのである（図6.1参照）。

　遺伝子には遺伝のパターンの理解にかかわるいくつかの特徴がある。まずはじめに、主な特徴はそれぞれの親の二本鎖DNA分子の2本のひもが、他の親からきたDNAと再結合し、子どものDNAを形成するために分かれることだ。これが遺伝の基礎をなす。それぞれの親はそれぞれの遺伝子のコピーを二つもっている。これらが分かれることによって父親由来の1本のコピーと、母親由来の1本のコピーが結びつき、子どもに伝わる二本鎖DNAの二つのコピーを形成する（図6.2参照）。その結果、子どもたちはそれぞれの親からある遺伝子を受け継いでいるにもかかわらず、遺伝的にはどちらの両親ともそれほどには似ていないということになる。

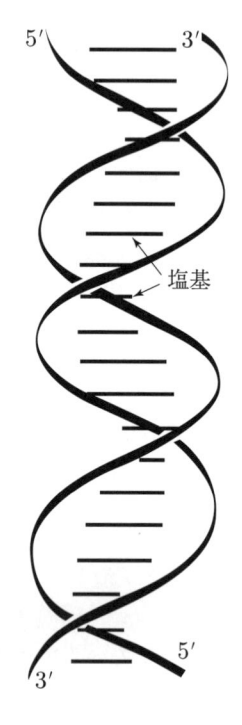

図 **6.1** DNA の構造は二重のひもが逆向きのらせん状をなしている　［出典：Strachan & Read, 2004. Copyright © 2003 by Garland Science］

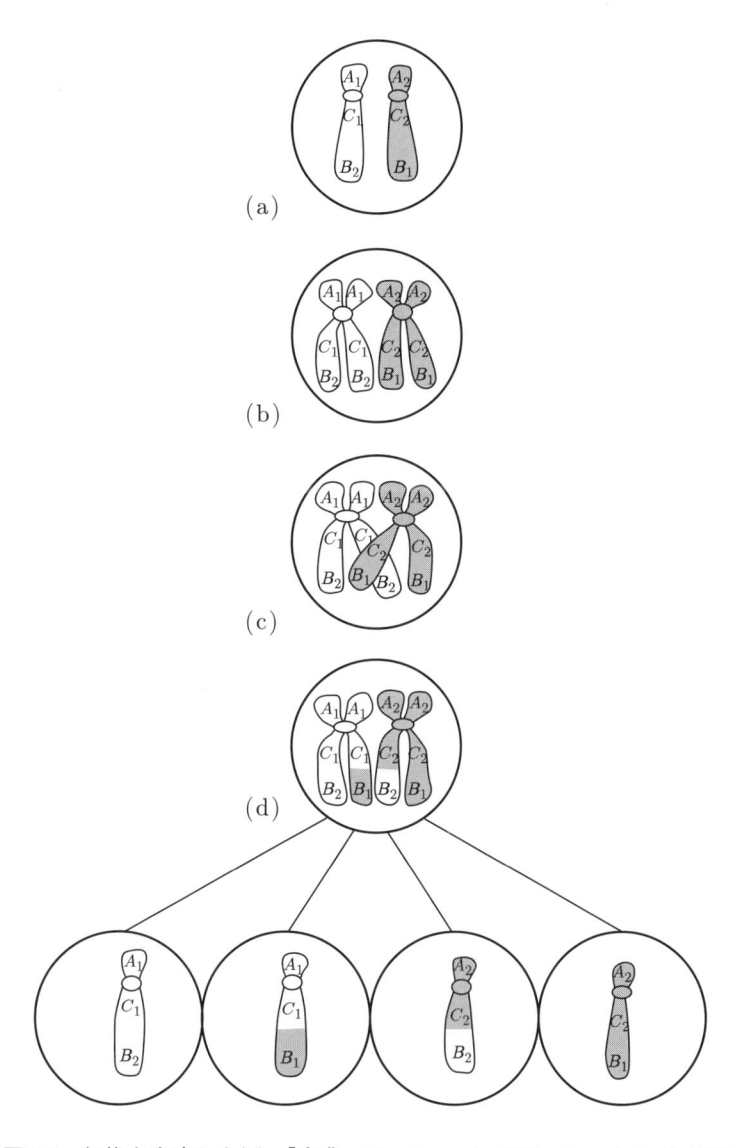

図 **6.2** 組換えを表した図 ［出典：Plomin et al., 2001. Copyright © 1980, 1990, 1997, 2001 by W. H. Freeman and Company and Worth Publishers］

遺伝子のもう一つの特徴は，進化の過程で，自発的な**突然変異**（これは遺伝子における自発的な変化を意味する）によって対立遺伝子の変異（これはその遺伝子特有の変種を意味する）が生じるということだ。ふつうに生まれる機能的な対立遺伝子の変異は「野生型」とよばれ，たいていはきちんと機能する遺伝子の生成物の暗号をコードしている。それとは対照的に，異常な突然変異は遺伝子の機能を損傷もしくは破壊する。とはいえ，ほとんどの突然変異は劣性であるため，機能的な結果をもたらす効果をもたない。なぜなら野生型や通常の対立遺伝子が優性だからである。われわれは野生型の対立遺伝子が一つだと考えがちだが，それはそうとも限らない。例えば，人間の血液型を定めるしくみにはいくつかの野生型の対立遺伝子がある。このように複数の機能的な対立遺伝子が存在する状況は異常な突然変異ではなく，多型性（ポリモーフィズム）と称される。

　ほとんどの遺伝子は，もっぱら一つの**タンパク質**のためのコーディングを目的としたひとつながりのDNAからなる（とはいえ，遺伝子にはコーディングをしない領域も含まれている。下記参照）。長いあいだ，一つの遺伝子は（タンパク質をつくる）一つの**ポリペプチド**に対応しているというセントラルドグマがあった。しかし，DNAの単一の連なりが一つ以上のタンパク質をコードしている場合がある。その原因は重複遺伝子によるものであったり，あるいは単一の遺伝子が異なる効果をもつさまざまなメッセンジャーRNA生成物を生成したりすることによる。

　遺伝子に関して最後にいわなければならない点は，それが**エクソン**（最終的にRNAに残される領域）と**イントロン**（RNAスプライシングとよばれる**転写**の段階のあいだに取り除かれる領域）と交互に形成されているということだ（図6.3と7章参照）。エクソンのなかの突然変異のみがタンパク質の配列に影響を与えることができるが，イントロンで発生した突然変異はRNAの処理過程に影響を及ぼすことができ，それによってタンパク質の生成を防げることができる。したがって，DNAからRNAへ，そしてRNAからポリペプチドおよびタンパク質の生成に結びつくRNAへというセントラルドグマは，真実のままであるが，それはこれまで考えられていたほど狭く限定的なものではなく，おそらくさまざまな特徴が最終的な成

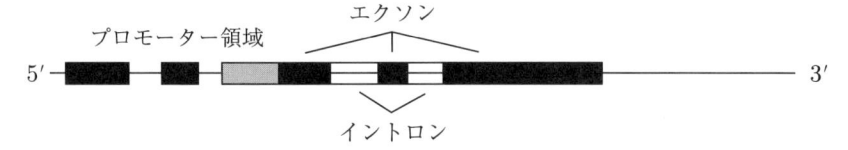

```
         プロモーター領域      エクソン
5'  ■■■■  ■■  ▨▨  ■□■□■  ■■■■■■■■  ─────────── 3'
                        イントロン
                                    さまざまな場所にエンハンサーと
                                    サイレンサーが加わる
```

図 6.3 転写前の遺伝子の模式図　［出典：McGuffin et al., 2002. Copyright © 2002 by Oxford University Press］

果に影響を及ぼすダイナミックなシステムと考えておくのが最もよいであろう。

　ここまで，遺伝伝達は，完全に細胞核の染色体上にある遺伝子の観点から議論されてきた。しかし，さらに細胞核の外側の部分にはミトコンドリアのゲノムもある。**ミトコンドリア伝達**は三つの主な特徴において際立っている。一つめの特徴は，その伝達は完全に母親を通じてのものだということである。なぜなら，精子は接合子にミトコンドリアを運ばないからだ。ミトコンドリアによって伝達される病気は男性にも女性にもどちらにでも罹患させることができる，しかし，それは罹患している母親によってのみ伝達される。二つめの際立った特徴は，細胞には数多くのミトコンドリアのゲノムが含まれ，それがある場合には，単一の細胞内に正常なゲノムと突然変異体のゲノムが混在してある可能性があるということだ（ヘテロプラスミーという専門用語でよばれる）。言い換えると，遺伝子のモザイク現象である。モザイク現象は細胞核のなかの DNA にもあてはめることができるが，これは接合子の後期，つまり発生の遅い段階で生じる。三つめの特徴は，ミトコンドリアの DNA 複製は核の DNA 複製よりも間違いを多く起こす傾向があるということだ。ミトコンドリア病に関してはほとんどのことが知られておらず，ミトコンドリア病がさまざまな神経変性の症状の原因であるにもかかわらず，いまのところ精神障害や心理的特性を説明しないことが知られている。

▌異なる遺伝のパターン

　遺伝には二つ以上の種類があるが，これから述べるように，主な区別は単一遺伝子によるメンデル性遺伝と，多因子性遺伝である。メンデル性遺伝は，一つの**遺伝子座**上のある特定の**遺伝子型**が，その形質を発現するのに，ふつうに期待できる遺伝的・環境的背景が与えられているだけで，必要かつ十分というものである。人間では 6,000 を超えるメンデル性の形質が知られており[1]，これらはふつう，直接の遺伝子の働きと密接に関係のある疾患に表れる。

　これに比べて，多因子性遺伝は，一つの遺伝子だけによるのではなく，いくつかの（もしくは数多くの）遺伝子と関係している。多因子性遺伝では，どの一つの遺伝的影響も，特性や疾患を説明するのに十分ではない。大なり小なり効果をもつ環境的影響が存在し，**表現型**（遺伝的影響を受けた形質の表れを意味する）は複数の遺伝子に依存しているものと思われる。それが少数の遺伝子座を意味するとき，遺伝は**オリゴジェニック**とよばれることがある。また個々に考えたならごくわずかな影響しかないが，たくさんの遺伝子座が関係しているとき，その遺伝は**ポリジェニック**とよばれる。さらにポリジェニックな背景をもった単一の遺伝子座もありうるだろう。もし，特性がそれをもっているかもっていないかというようなカテゴリカルな形質である場合，その基底にある易罹患性に影響する遺伝子座は，感受性遺伝子とよばれる。これが例えば統合失調症などの症状にあてはまる。しかし，その形質が量的あるいは連続的なものであり，その変動がその特性をどれだけもっているかによって反映されるとき，その特性にかかわる遺伝子座は**量的形質遺伝子座（QTL）**とよばれる。身長や体重といった特徴にあてはめることができるのは明らかにこれであり，またもしかすると，知能や感情，刺激追求のような気質特性にもあてはめることができるかもしれない。遺伝学の教科書では感受性遺伝子と QTL 遺伝子とを異なるものとして考える傾向があるが，それらが異なる遺伝メカニズムによって作用するというエビデンスはない。いずれも，遺伝的易罹患性がディメンショナルであることが仮定されている。唯一の違いは，感受性

遺伝子の場合にはこれが仮定であるのに対し，QTL の場合にはそれが実際に測定されるということである。

メンデルの法則の系統パターン

　メンデルの**法則**の系統パターンには五つの基本的な系統があり，それは，遺伝子座が**常染色体**（X, Y 染色体以外の染色体）上か**性染色体**（X, Y 染色体）上か，またそれに，形質が優性か劣性かによって分類されたものである。もし形質が**ヘテロ接合体**（つまりその人が関連変異の片方だけをもつこと）で発現すればその形質は優性であり，発現のために変異のある対立遺伝子が二つとも必要であれば劣性である。優性，劣性という用語は形質に適用するものであり，遺伝子そのものに適用するものではない。とはいえ，形質にも遺伝子にも使われることがある。

　常染色体上の**優性遺伝**では，影響を受けた個人は少なくとも影響を受けた親が一人はいる。その特性もしくは疾患はどちらの性別にも影響し，父親か母親かのいずれかから受け継がれた可能性がある。一方が影響を受け，もう一方が影響を受けていない両親から生まれた子どもには，彼ら自身が影響を受ける可能性は 50 パーセントである。最もよく知られている精神医学と関連がある例は，ハンチントン病である。珍しく大人になって発症する，進行性の神経学上の悪化および認知症を含む疾患である。

　常染色体上の劣性遺伝では，影響を受けた個人は通常影響を受けていない両親から生まれるが，その両親は一般には関連する遺伝子の無症候性の**キャリア**（保因者）である。なぜなら，形質が発現するためには，その人は両方とも変異した対立遺伝子をもっていなければならず，両親が血族関係（つまり母と父が生物学的に関係していること）であることでよりその発現率が増加する。ここでも同様に，常染色体上の劣性遺伝は性別がどちらでも影響を受ける。子どもが誕生した後では，それぞれの後の子ども（孫）は 25 パーセントの確率で影響を受ける（両親ともが無症候性のキャリアであると仮定した上で）。いくつかの障害が常染色体上の劣性遺伝による精神遅滞に関連している。**X 連鎖**劣性遺伝は，二人とも影響を受けていない親から生まれた男性に主に影響を及ぼす。X 染色体に備わっているもの

であるため，単純に考えると X 染色体上の劣性遺伝は女性に影響を及ぼすように思える。しかしながら，鍵となるのは，男性が X 染色体を一つしかもっていないのに対し，女性は X 染色体を二つもっているということである。これはつまり，もし男性に伝達された一つの X 染色体上に変異があれば，それは劣性形質の発現につながるが，女性ではそうならない（なぜなら，女性は二つの X 染色体をもっているが，変異はそのうちの一つだけに起こっているからである）。男性の X 染色体は常に母親に由来し，それゆえに，系統でも父から息子への継承はありえないのだ。X 染色体上の劣性遺伝はいくつかの精神遅滞の症候群[2]にみられるものであり，例えば，血液の病気である血友病などがそれにあたる。

　X 染色体上の優性遺伝はどちらの性にも影響を与えるが，通常は男性よりも女性に影響を与える。なぜなら女性のほうが男性よりも程度が軽く多様性も大きな形で影響されており，男性の症状はそれが誕生の前に死んでしまうという厳しいものだからである。**レット症候群**が性染色体上の優性遺伝に関連するものとして最もよく知られた神経精神疾患であろう[3]。レット症候群がよく理解されるようになる前は，疾患の初期にみられる社会的障害はときどき自閉症と混同されていた。

　Y 染色体上の遺伝は男性にしか影響がみられない。なぜなら，Y 染色体をもっているのが男性だけだからである。形質が新しい突然変異によるものでなければ，罹患した男性は，常に罹患した父親をもつ。なぜなら，Y 染色体は常に父親から受け継ぐものだからであり，これはつまり，Y 染色体上に原因となる遺伝子があるような疾患に罹患した男性のすべての息子は罹患するということだ。Y 染色体には少数の遺伝子しかなく，精神疾患や心理的形質において Y 染色体上の遺伝にかかわる具体例は知られていない。

▍メンデル性遺伝の複雑さ

　メンデルの遺伝の法則は単純なものである。このことから，遺伝カウンセリングはメンデル性遺伝の異なるパターンについての知識を基礎におい

て行うことができる。しかしながら，非常にしばしば，十分な根拠からメンデル性疾患だがわかりにくい変則的なパターンがいくつかあることが明白となってきている。近年，これらの例外の多くについて理由を特定した重要な発見があり，こうしたことがどうして起こるのかがよりわかるようになっている。

不完全浸透

まずはじめに，優性の症状は不完全浸透であるかもしれないということが長いあいだ知られていた。優性であることがわかっている症状に，しばしば世代を越えて伝わる場合があるのである。これは，その飛び越された世代に，誰かが突然変異遺伝子をもっていたが，それにもかかわらず見た目は正常だったことを意味しているに違いない。一見したところ，これは，突然変異遺伝子は，その症状の必要条件と十分条件の両方を構成するというメンデルの遺伝の法則を否定するもののようにみえる。だが実際は，不完全浸透は，それが症状の発現がいかなる特定の環境的要因にも依存しないという点，ならびに別の遺伝子の存在に依存しない点でメンデルの法則に矛盾しない。とはいえ，これは形質の発現が他の遺伝的影響や環境状況に影響を受けないということではない。通常，形質の発現が他の特徴から受ける影響の割合はとても小さいが，いくつかの実例が臨床上とても意味深い結果を示している。最もよく知られている年齢に依存して浸透が減少する例は，例えばハンチントン病のような遅発性の障害にみることができる。ハンチントン病は，幼年期にも発症しうるが，ほとんどのケースでは中年期か，時には老年期だけに発症する。ハンチントン病では，障害の原因遺伝子をもった個人は年齢によって症状を発現する可能性があることを示すよいデータがあり，遺伝カウンセリングとのかかわりでたいへん有益である[4]（図 6.4 参照）。加齢の何が障害を発症させ，はっきりしたものになっていくのかはまだよく理解されていない。

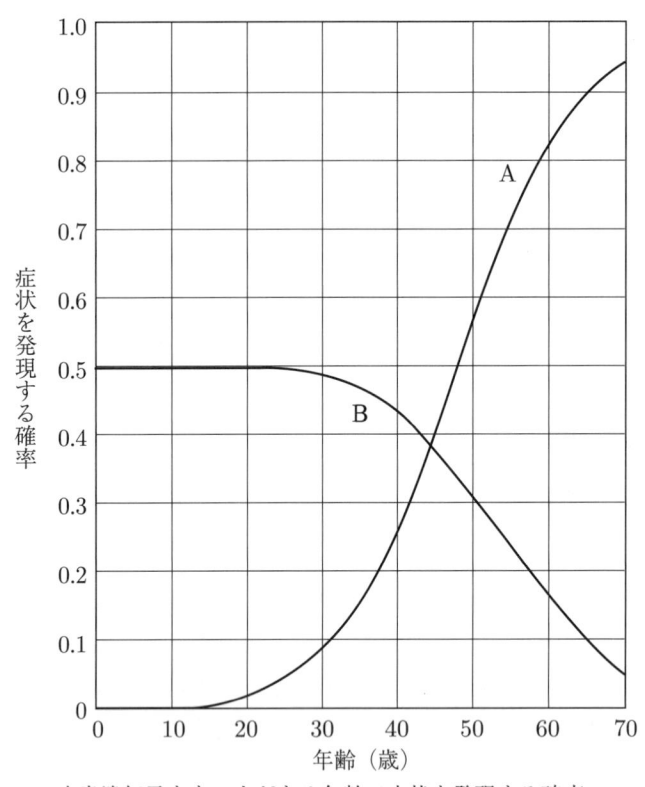

曲線 A：疾患遺伝子をもつ人がある年齢で症状を発現する確率
曲線 B：罹患した親の健常な子どもがある年齢で疾患遺伝子をもつリスク

図 **6.4** ハンチントン病の発病年齢曲線　［出典：Harper, 2001. Copyright ©
1998 by P. S. Harper］

発現量多様性

　発現量多様性は非浸透度と密接に関係した現象だが、さらに高い頻度で生じる。発現量多様性が意味するのは、突然変異遺伝子をもったすべての個人が症状を発現させるのだが、その表れ方はきわめて多種多様で、重篤度でも驚くほどの多様性をもつということである。例えば、結節性硬化症がそうで、精神遅滞、てんかん、そして自閉症となるリスクの増加などが付随する神経精神病的症状である[5]。この症状の発現の領域はとても広い。一方の極では、罹患した個人の皮膚にとても小さなしみができ、専門家によってのみ、それからウッド紫外線という皮膚の形を浮き上がらせる光によってしか取り除くことができない。もう一方の極では重度な身体障害をもたらし、大きな結節（成長異常の一種）が脳にできる。浸透の低さについては、他の遺伝子か、環境的要因か、または単に偶然が症状の発現に影響を与えているものなのだろう。当然のことながら、臨床医が発現量多様性の重要性および強さに気づくことは非常に重要である。なぜなら、もし症状を見つけるための正しいステップをふまなければ（例えばウッド紫外線を使うことで）、その症状は見落とされてしまうかもしれない。

　多くの場合、メンデル性疾患の多様性が、ある事例においては、変更遺伝子によって引き起こされるという言説は、遺伝学の知識に基づいた仮説であった。しかしながら、マウスを用いた遺伝学は、変更遺伝子が原因である例を示す決定的なエビデンスを提供した[1]。つまり、変更遺伝子が異なる遺伝的背景上に生じた場合、突然変異遺伝子の発現が変化しうることが観察されたのである。その上、大家族内の変動性および臨床像に関する統計分析は、例えば神経線維腫症（結節性硬化症に似た特質をもつ[6]）で示されているように、変更遺伝子の人間におけるエビデンスを提供することができる。にもかかわらず、発現量多様性においては、純粋な偶然性が重要な役割を果たしているようである。

表現促進現象

　何年ものあいだ、臨床医は世代とともにメンデル性の症状がよりひどくなったり、発症がより若年化したりするのを観察してきた。かなり長いあ

いだ，遺伝学者の多くはこれが現実の現象であることに懐疑的であった。なぜなら，多くのバイアスがこのパターンを引き起こしうるからである。しかし，1991年に不安定な拡大をみせる**トリヌクレオチド**の繰り返しが発見され，完全に新しい，そしてその時点においては前例のない疾患のしくみを明らかにした[7]。この現象があてはまる精神医学的特質には，脆弱X症候群（精神遅滞の重要な原因であり，時には自閉症の原因となることもある）とハンチントン病がある。これらの症状で起こることは，安定的な繰り返し配列がある個人に何の症状も伴わない形で低い割合で起こり，世代が続く過程で，繰り返しがより長いレベルに増大し，障害となる症状を引き起こすというものである（図6.5参照）。脆弱X症候群では，莫大に増えた繰り返しが転写を阻害することによって遺伝子機能の欠損を引き起こす。しかし，その影響は，不安定に拡大する繰り返しを示す疾患にすべて同じというわけではない。驚くべきなのは，この症状を示す疾患のどれも，神経学的，または，神経精神病理学的症状であるということである。このことが，脆弱X症候群が示す現象の意味に関して何を語っているのか，むしろ，単純に人々が探してきた疾病であることを反映しているのかは，いまはまだはっきりしていない。拡大する繰り返しとその頻度はいまは分子遺伝学の手法で診断できる。遺伝のパターンの理解は，遺伝カウンセリングにとって重要である。

ゲノムインプリンティング

通常，遺伝効果はそれが父親に由来するか母親に由来するかとは無関係に，基本的には同じである。しかしゲノムインプリンティング（親性インプリンティングともいう）とは，ある特定の遺伝子座の対立遺伝子の発現が，どちらの親に由来するかで異なる状況のことである。ゲノムインプリンティングがあった場合，父親からの対立遺伝子か母親からの対立遺伝子かのいずれかが終始抑制され，結果的に単一対立遺伝子性の発現となる。この単一対立遺伝子性のパターンは細胞分裂に続いてできる娘細胞に伝達されるが，抑制された対立遺伝子のヌクレオチドの配列に変化はない。広く知られている神経精神病理学の例に**プラダー・ウィリー症候群（PWS**

X 染色体

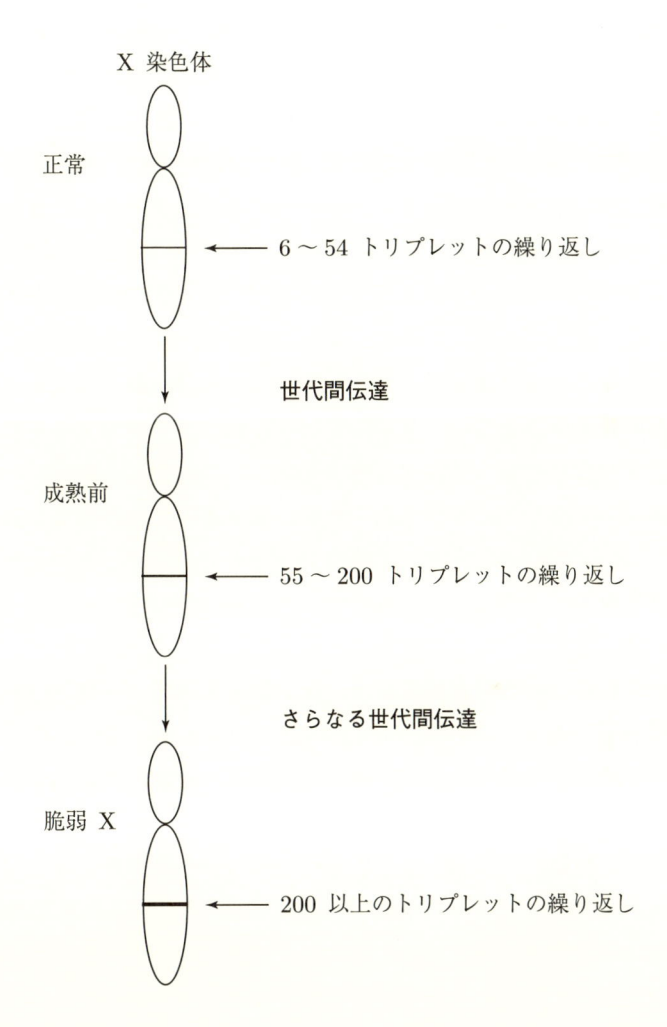

正常 — 6〜54 トリプレットの繰り返し

世代間伝達

成熟前 — 55〜200 トリプレットの繰り返し

さらなる世代間伝達

脆弱 X — 200 以上のトリプレットの繰り返し

図 **6.5** 脆弱 X 異常　[出典：Plomin et al., 2001. Copyright © 1980, 1990, 1997, 2001 by W. H. Freeman and Company and Worth Publishers]

とアンジェルマン症候群（AS）がある[8]。どちらも第15染色体上の同じ特定の部位に特異的にインプリンティングされた遺伝子によって発症する。PWSは精神遅滞，筋緊張低下，そしてとりわけ著しい肥満傾向によって特徴づけられる症状である。これは父親由来の染色体の遺伝子だけが発現する遺伝子の機能欠如によるものである。ASもまた精神遅滞を伴うが，その特徴はPWSとは少し異なっており，多動や適切でない笑いを伴う。これは母親由来の染色体の遺伝子だけが発現する近隣に連鎖した遺伝子の機能欠如が原因である。およそ4分の3のケースで，この症状に関連する第15染色体の配列の欠如をもたらしているのは，染色体の関連した場所のデノボ（新生）欠失である。しかし，明らかに一見正常な染色体をもつ人が同じ親から特定の対立遺伝子のコピーを両方とも受け継ぐことによって起こるものでもある。さらに，ゲノムインプリンティングのメカニズムで何か問題が生じたことから起こる可能性もある。7章でも示されているように，ゲノムインプリンティングはエピジェネシスの具体例となっている。

X染色体不活化

　X染色体不活化は，エピジェネシスのもう一つの具体例であり，すべての哺乳類に起こる通常の過程である。X染色体不活化は，女性のもつ二つのX染色体のうちの一つの選択的不活化とかかわっている。この不活化によって，X染色体の遺伝子量に対する常染色体の遺伝子量の比率の期待値における性差をなくすための遺伝子量補正のメカニズムが与えられる。不活化は発生の初期段階で起こり，X染色体のどちらが機能しなくなるのかという選択は主にランダムである。しかし，これは正常なX染色体の割合と突然変異遺伝子を運んでいる割合に変動性があることを意味する。大部分の染色体が正常であるならば，女性が症状の存在を示すことは，仮にあったとしてもごくわずかと思われる。逆に，もしある重要な組織のなかの大部分の細胞で正常なX染色体が不活だとしたら，女性はきわめて重篤な影響を受けるだろう。

　発生のきわめて初期段階には，X染色体は両方とも活性化しているが，細胞が分化し始めるころになると，不活化が起こる。**X染色体不活化**の開

始と伝搬をコントロールする第13染色体上のX染色体不活化センターと，どちらのX染色体の活性を維持しどちらを不活化するかの選択にかかわるXコントロール要素があることが示されている。通常の状況においてはどのX染色体が不活化されるかは問題にならないが，X染色体のうちの一つがなんらかの表現型異常と関係している遺伝子の突然変異を伝えていたならば，それは非常に重要になる。例えば，発達障害と精神遅滞，てんかんを引き起こすまれな症状であるレット症候群は，X染色体の上の突然変異遺伝子によるものである（8章参照）。しかしながら，結果として生じる表現型は異なり，古典的なパターンからより典型的でないパターン，より穏やかなパターンなど，さまざまな表れ方をし，完全な形の症状とのなんらかの類似点をもつが，同時に大きな差異もみられる。表現型の表れ方におけるこの多様性は，X染色体不活化のパターンによって大部分は説明できるようである。

新たな突然変異

メンデル性疾患の症状は，突然変異遺伝子が世代を越えて受け継がれる頻度，ならびに新しい突然変異がメンデル性疾患の症歴のない家族の個人に起こる頻度においてさまざまである。例えば，新しい突然変異は結節性硬化症の症例のおよそ半分を説明する。

モザイク現象

モザイク現象は個人が遺伝子の混成をもつことを意味し，そのいくつかは正常の遺伝子，そしていくつかの突然変異遺伝子を含む。これは実は非常に一般的な現象で，誰もが数えきれないほど遺伝子はモザイクである。しかし，圧倒的に多くの場合，モザイク現象は特に重要ではない。突然変異が通常はゆっくり分裂するかまったく分裂しない細胞の異常な増殖（ガンのような）を引き起こすとき，あるいは突然変異が胎児期の初期に起こり，それがその生物全体の重要な部分の前駆細胞に影響を及ぼすときにのみ，それは重要である。その場合，モザイクをもった人は疾患の臨床徴候を示すかもしれない。モザイク現象は複雑な家族歴となって表れるかもし

れないが，分子レベルの研究は何が起こっているのかを明らかにする手立てとなりうる。

遺伝的多様性

　遺伝的多様性は，医学においては例外というよりも，むしろ原則である。これは，同じ臨床的状態がいくつかの異なる遺伝子座のうちの一つの突然変異から生じる遺伝的多様性の形をとるかもしれない。例えば結節性硬化症がそうある。結節性硬化症は第9染色体または第16染色体上での突然変異遺伝子に起因する。**対立遺伝子多様性**は，多くの異なる突然変異がある特定の遺伝子について起こることで，この多様性はすべて同じ遺伝的状態を引き起こす。例えば，同じ遺伝子がもつ何百もの異なった突然変異から生じる嚢胞性線維症や乳ガン遺伝子で示されてきたような場合である[9]。臨床的多様性とは，同じ遺伝子の突然変異が二つ以上の異なる症状をもたらすときの状態をさしていう言葉である。これはいくつかの異なる形で起こっている可能性があるが，ある形では同じ遺伝子が機能の損失あるいは機能の獲得のいずれかを生み，当然のことながら，異なる効果を生むことになるというようなものがある。まれに，個人はこの遺伝子が発現した異なる細胞タイプのなかで，機能の損失と獲得の両方をもたらす突然変異をもっている場合がある。

　もし子どもが一つの突然変異遺伝子を父親から，もう一方を母親から受け継ぎ，そのどちらもが同じ劣性の遺伝的形質を引き起こすようなものであれば，その効果は累積的であるように思われる。しかし必ずしもそうではない。例えば常染色体性の劣性で重篤でない先天性難聴の二人が結婚しても，多くの子どもたちの聴力は正常となる。これは異なる遺伝子が相補性をもち，聴力や知能のような同じ一般的といえる機能をもたらす経路にかかわっているからである。

突然変異遺伝子と臨床症候群のあいだに特定の対応関係がないこと

　半世紀以上も前には，遺伝子の理解は一つの遺伝子が一つの酵素だけに影響を及ぼすという仮説に大きく支えられていた。一般的にそれは正しい

が，多数の例外もある。第一に，遺伝子が伝えるのは酵素に限定されない。その上，およそ6,000ほどの既知のメンデル性疾患があるので，おのおのの遺伝子が一つの効果しかないということはありえないのは明らかであり，これらが同じ数のDNAコード配列と特に結びつくとは信じがたい。同じ遺伝子が，しばしば複数の酵素欠陥を生みだしているのかもしれない。突然変異は，遺伝子が発現する組織の一部だけに影響を及ぼすかもしれない（ハンチントン病の場合のように）。また，タンパク質の欠乏をもたらす突然変異が，必ずしもタンパク質をコーディングしている構造遺伝子のなかにあるというわけではない。

ヘテロ接合体優位性

突然変異遺伝子が成熟する前に致命的な状態に至るのがふつうの場合には，新しい突然変異が自発的に非常に高い割合で発生するのでないかぎり，それは消失すると考えられる。数年前まで嚢胞性線維症で子どもをつくるだけ長生きすることができる人はきわめて少なかった。このことは驚くほど高い新しい突然変異率がなければならないことを示唆している。実際は，新たな突然変異が起こるのはきわめてまれであることがエビデンスから示されている[1]。こうしたところにヘテロ接合体優位性の説明がありそうである。つまり，突然変異遺伝子をもつが，劣性状態になる突然変異のコピーを一つしかもっていない人々は，その突然変異遺伝子をもたない人々以上に，なんらかの本当に重要な利点があるのだ。この利点が嚢胞性線維症の場合は何であるかについての示唆はあるが，十分には理解されていない。しかし一般的にいえることは，ヘテロ接合子優位性は，遺伝子頻度に対してきわめて重大な効果を及ぼすために，必ずしもずば抜けて大きい必要性はないということである。

▎メンデル性遺伝の概要

大部分の精神疾患は，メンデル性遺伝を示さない。したがって，そのような遺伝の理解は特別な専門家だけのために必要とされると思われるかも

しれない。しかし，それは違う。なぜなら臨床医は通常の臨床診療にてメンデル性疾患に遭遇するし，遺伝子メカニズムがより広い適用可能性をもつと考えられるのだ。児童精神科医は脆弱X異常や結節性硬化症のようなメンデル性疾患は，それらが精神遅滞と自閉症の原因の可能性となると考えることが重要であるので，これらを認識しておく必要がある。また臨床検査（ウッド紫外線光を使うといったような）を思いつくことが必要であり，診断のためには実験室での検査（脆弱Xの場合）をする必要がある。

染色体異常

　染色体異常は，やや異なった形の遺伝的差異を引き起こす[10]。ふつう，染色体異常は伝達されるのではなく，通常の染色体メカニズムのなかでうまく働かなくなっているものを介して生じてくる。おおまかにいえば，染色体異常は，二つの主なタイプに分けることができる。第一のタイプは，体のすべての細胞に存在するもので，ふつう体質異常とよばれるものである。このタイプの異常は発生のごく初期に表れ（それはすべての細胞にあてはめられるので），ほとんどの場合，異常な精子または卵子，あるいはおそらくなんらかの異常な受精，または非常に初期の胎児期に起こったなんらかの異常な出来事の結果として起こる。第二のタイプは，特定の細胞だけ，または特定の組織だけに存在するものであり，通常，体細胞性異常，あるいは獲得性異常とよばれている。体細胞性異常は体質異常と異なり，異なる二つの染色体構造をもった細胞を生みだすもので，それはモザイク現象（すなわち同じ人間のなかに二つの異なるタイプが混在すること）があることを意味する。

　ほとんどの場合，染色体異常は細胞分裂の際に壊れた染色体が正しく修復されなかったり，染色体の再結合が不適切であったり，細胞分裂間の染色体が分離異常を起こすことによって生じる。これらは偶然によって生じることもあれば（非常に高い頻度で細胞分裂が起こっていることを考えれば，この過程がときどきうまくいかなくなることは驚くにはあたらない），放射線や化学物質のような要因によってDNAに与えられた損傷から染色

体の異常が生じることもある。ある種類の異常は，高齢の母親によくあるように，古い卵子の受精によくみられるものでもある（卵巣にある卵子はすべて出生よりも前に存在するので，精子と違って，生涯にわたってつくられることはない）。より古い卵子が若い卵子と比べて質が劣る傾向にあるのは驚くにあたらない。このことは，そのような卵子は受精しにくいだけでなく，受精の過程にエラーが入り込みやすいことも意味する。余分な第21染色体をもつダウン症がこの最も顕著な例で，染色体分割の失敗によって生じるものである。

　おおまかにいって，染色体異常には主に二つの種類がある。一つめの種類は，染色体を一つ過剰にもつ，または一つ欠損しているものと，なんらかの構造異常を含むものである。過剰な常染色体（性染色体X, Yではない染色体のこと）が過剰や欠損している場合，ふつう発生しないが，ダウン症を引き起こす第21染色体トリソミーは，その唯一の大きな例外である。興味深いのは，性染色体が過剰または欠損している場合は，その結果があまり深刻ではないということである。Y染色体の場合，それが運ぶ遺伝子はとても少ないというのがほぼ確かな理由だろう。X染色体の場合，細胞内のX染色体の数とは独立に，保護メカニズムがX染色体不活化にあり，それがその染色体上にコード化された遺伝子の生成物をコントロールしているのだろう。ターナー症候群は性染色体の欠損の例の一つである。この症候群の女性は，X染色体を通常のように二つではなく，一つしかもっていない。しかし，約半数は第二のX染色体の一部をもっている。XO異常をもつ人は，第二次性徴の発達が相対的にうまくいかず，他に若干の身体的特徴（例えば水かきのような首）がみられる。ターナー症候群では妊娠力は低下するが，この疾患をもつ女性でも場合によっては妊娠することができる。そしてその子どもたちはXO異常を示さない。ターナー症候群の人は大部分その知能は正常だが，視覚空間情報の扱いや数字を扱うスキルにおいて障害をもつ傾向がある。社会的機能についても若干の異常がみられる傾向がある。

　クラインフェルター症候群は，男性で過剰なX染色体を一つもつことによって生じ，それは母親由来，父親由来どちらの可能性もある[8]。これは

性染色体異常のなかでも最も一般的であり，男性500出産中およそ一人の割合で生じる。この症状をもつ男性は通常，特に背が高く，精巣も十分に発達していないので，生殖力がない場合が多い。ターナー症候群と同様に，男性は通常の知能で，特に認知的，社会的な機能の特定の側面に対してごくわずかの影響があるのみである。男性での過剰なY染色体をもつ人（つまりXYY）は1,000出産[11]に一人の出生率である。この症状を示す人の知能指数レベルは健常の範囲内であるが，特定の学習困難や多動，衝動性を示す割合が若干高い。偏ったサンプルに基づく初期のレポートでは，XYYが顕著な身体的攻撃性を示しやすいとされていたが，いまはそうでないことがわかっている。おそらく，多動と学習困難が組み合わさった結果として，反社会的行動が著しく増えているが，特に攻撃性の一様態というわけではない[12]。

　もう一つの染色体異常の種類は構造異常であり，いくつかの異なるタイプがある。それは，欠失（DNAの長い断片が失われるもの），逆座（染色体の一部が壊れたり間違ったところに回転して再結合すること），重複（染色体の断片が重複すること），移動（ある染色体の部分が別の染色体につくこと）などである。最も重要な区別は，全体的な染色体材料の増加・欠失がないという意味でつりあっている状態と，増加または欠失があってつりあいがとれていない状態とのあいだにある。通常，つりあっている状態の異常はほとんど臨床効果をもたないが，もし破損が重要な遺伝子を崩壊させるか，特定の遺伝子の発現に影響を及ぼすならば，それらは重要であろう。

　遺伝子と行動の話題との関連で染色体異常が重要なのは，三つの考慮すべき問題があるからである。第一の理由は，精神遅滞を伴うかなり特徴的なパターンとしばしば関係するいくつかのまれだが重要な症候群を引き起こすためである。ウィリアムズ症候群（2万出産に1回起こる）はその一例であり，プラダー・ウィリー症候群とアンジェルマン症候群もそうである。ウィリアムズ症候群は第7染色体の欠失を伴い，他の二つの症候群は第15染色体の欠失または破損の結果である。そしてそのいずれの症状を示すかはゲノムインプリンティングの機能による。染色体異常が興味深い第二の理由は，それらの研究がなんらかの遺伝子のメカニズムの性質に光を

投げかけるかもしれないからである。第三の理由は，染色体異常がしばしば，精神障害の感受性遺伝子の遺伝子座の可能性に関する有益なヒントを与えてくれるかもしれないということである。実際には，これはいまのところ期待されてきたほど有益ではない。間違った情報がいくつもあったのである。それでもなお，適切な事例がある。例えば，ダウン症の人がアルツハイマー病にかかる割合が非常に高いというエビデンスは，突然変異遺伝子が第 21 染色体にあるかもしれない可能性を示唆した。そして結局，それが正しいことがわかった。同じように，軟口蓋心臓顔貌症候群（VCFS）と統合失調症のあいだの関連は，第 22 染色体上にその感受性遺伝子がある可能性を示していた。なぜなら VCFS は，第 22 染色体の小さな隙間の欠失によるものだからである。統合失調症に関連するかもしれない COMT 遺伝子は，VCFS で異常がみられる染色体の領域で見いだされた。

■ 多因子性遺伝

　多くの複雑さや例外はあるにせよ，メンデル性疾患は家系研究によって，質的に異なる形質をその人がもつかもたないかを扱うことで調査することができる。しかし，かなり長いあいだ明らかだったことは，大部分の身体的・精神的な特性はディメンショナルなもので，もつかもたないかというものではなく，それらが特徴をどの程度示しているかが人によって異なる変動性をもつことであった。心理学の領域では，これは知能や気質のような特性に明らかにあてはまる。これらのディメンショナルな特性が家族に代々伝わる傾向があることも明らかであった。このことから，遺伝的要因がこの多様性に関係しそうだという結論に至ってはいたが，しかし長年，これがあるかないかという離散形質の遺伝であるメンデル性遺伝の概念とどのように互換性をもつのかについては明らかでなかった。この問題の解決に向けての最初の突破口は，統計学者である R. E. フィッシャー[13]が，多数の独立したメンデル性の遺伝子によって支配される特徴が量的変動を示し，家族性相関も見いだせることを示したことだった。これらのディメンションが複数の遺伝子による影響を受けること，そしてその遺伝の原理が

メンデル性遺伝に関して記述されることと両立することが認められるようになったのである。

　この突破口によって，知能や気質のような特性に対する解決策を与えたように思われたが，統合失調症や自閉症，あるいは双極性障害のように，明らかに家族内で伝達されるがメンデル性遺伝のパターンに従わない障害の問題は解決しなかった。この問題への突破口は，ファルコナーのポリジーンの理論を，ディメンショナルなものから，あるかないかに区別できる特性に拡張することによって与えられた[14]。ファルコナーは多因子によるカテゴリカル変数でさえ，遺伝的易罹患性はディメンショナルであると仮定した。ある人にその形質が現れるかどうかは，その遺伝的易罹患性が特定の閾値を超えているかどうかによるという考えである（図6.6参照）。この理論は，再発がどのように家族のあいだでばらつくのかに関する説明に役立った。ばらつきをもたらす形質の影響を受ける人は，高い感受性遺伝子をもった人々である。そのような人々と血のつながった親類も，遺伝子のいくつかを共有しており，平均すれば感受性は高いが，高感受性遺伝子はより少ない傾向がある。その親族がどの程度一般母集団の平均から隔たっているのかは，共有する遺伝子の割合に依存するので，ポリジーン的な閾値をもつ形質は家族に代々伝わる傾向がある。

　この考え方は一般的に正しいものとして認められるようになったが，感受性遺伝子が未知の場合，それを厳密に実証的な形で検証することは難しい。この理論を検証する一つの方法は，ファルコナー閾値モデルに従うと考えられるが，男性と女性とで異なる出現率をもつ症状で何が起こるかを確認することである。なぜこれが検証になるのかというと，閾値が男性と女性のあいだで異なるはずだからである。先天性幽門狭窄症（赤ちゃんに噴出性嘔吐をもたらす比較的一般的な症状）は，そのよい例である。先天性幽門狭窄症は，男子のほうが女子のおよそ5倍みられる。したがって，閾値は女子のほうが男子より高くなければならないことを意味する。もしそれが正しければ，先天性幽門狭窄症の女子の親族が，この症状をもつ男子の親類より高い罹患度の平均をもつことになる。そして，調査結果は，それが正しいことを証明した[15]。

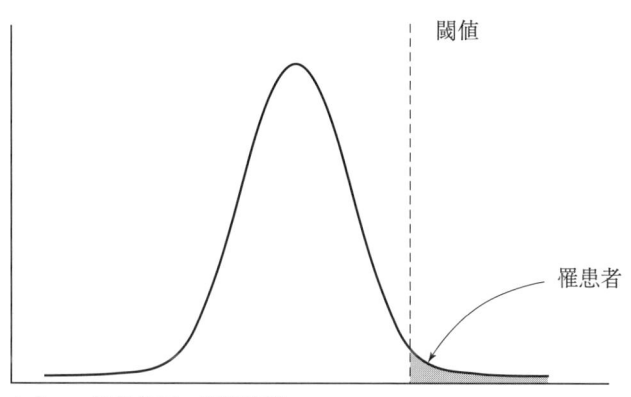

(a) 一般母集団の易罹患性

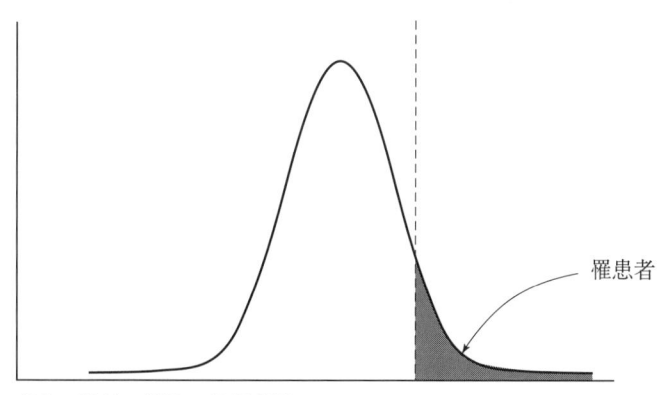

閾値

罹患者

(b) 患者の親族の易罹患性

罹患者

図 **6.6** 疾患の罹患閾値モデル ［出典：Plomin et al., 2001. Copyright Ⓒ 1980, 1990, 1997, 2001 by W. H. Freeman and Company and Worth Publishers

平均への回帰

　ポリジーンの理論には，十分に理解されておらず，議論の余地のある面もたくさんある。おそらく最も昔から指摘されるものは，平均への回帰についてである。平均への回帰とは，ある形質において非常に高いもしくは非常に低い両親の子どもは，その両親に似る傾向はあるが，両親ほど極端ではなく，一般母集団の平均により近いレベルの形質をもつということである。この回帰は遺伝の法則を反映するという誤解があるが，そうではない。例えば，ある民族グループの子どもたちの知能指数が白人の集団平均よりも低い平均に回帰したため，その民族グループと白人間の知能指数の平均差が遺伝に由来していると主張されたことが，何年も前にあった[16]。回帰が遺伝子のメカニズムに由来しているという間違った仮定はされたが，事実上，この差は純粋に統計的な現象である。つまり，原因となる同じ影響要因の混ざりあいが集団全体にあてはまるどんな多因子の特性に関しても見いだされるだろう。平均への回帰は，遺伝的影響の程度がどうであれ見いだされる[16]。

　とはいえ，適切に扱われるなら，平均への回帰の度合いは遺伝分析でとても役に立つ測度となる[17]。詳細に立ち入る必要はないが，ポイントは，一卵性と二卵性の双生児のペアを比較するとき，平均への回帰量が，遺伝的影響の強さの適切な尺度，ならびになんらかの形質で極端な値を示している人が，彼らの親族と同じ遺伝的易罹患性を共有する程度の尺度もまた提供できるので，分析の上で役に立つということである（図6.7参照）。図6.7ではこのことを，重度の精神遅滞（知能指数が50以下にある）の人のきょうだいと，軽度の精神遅滞（知能指数が50〜69範囲にある）の人のきょうだいの知能指数分布の比較をすることによって示している。前者は知能指数の平均が103の正規分布を示しているが，後者は知能指数の平均が標準以下の85の正規分布を示している。要するに後者は，軽度に知能の遅れた自分たちの兄弟もしくは姉妹に類似する傾向があるが，一般母集団の平均である100にある程度回帰している。前者では，重度に知能の遅れたきょうだいにまったく類似していない。このことから，軽度の精神遅滞の原因（遺伝的，環境的のいずれも）は，正常な範囲のなかで知能指数

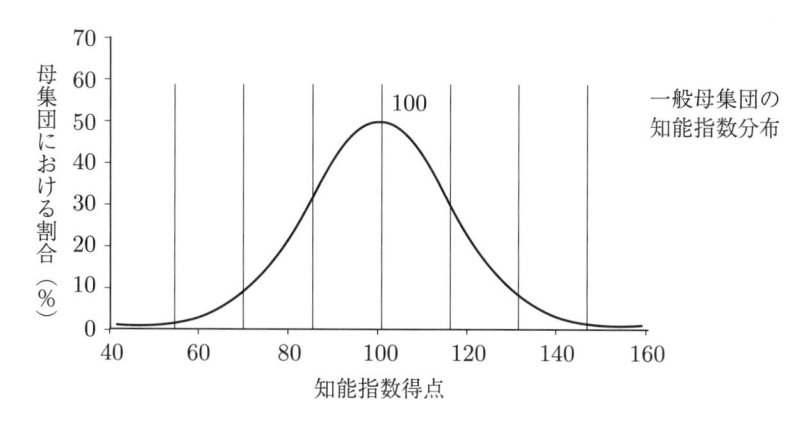

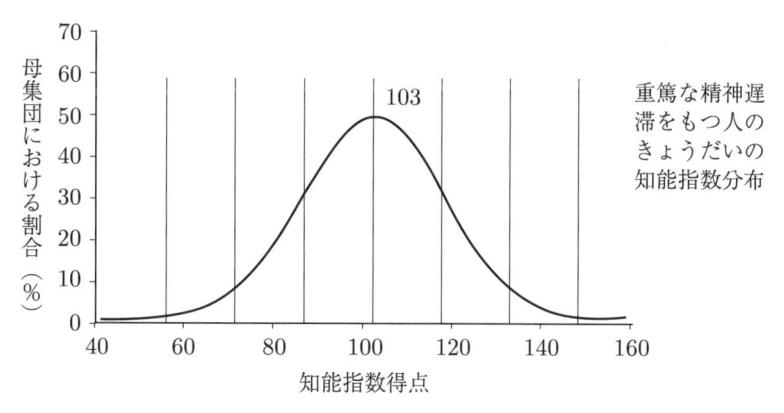

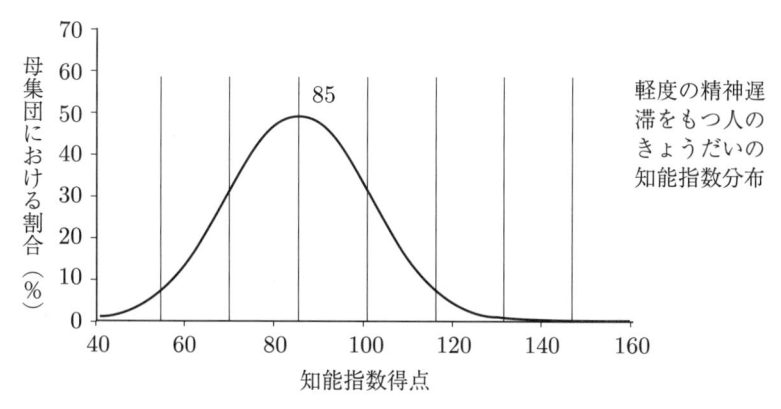

図 6.7　重篤な精神遅滞，あるいは軽度な精神遅滞をもつ人のきょうだいの知能指数の模式図　［出典：Nichols, 1984］

(上段) 一般母集団の知能指数分布　平均100
(中段) 重篤な精神遅滞をもつ人のきょうだいの知能指数分布　平均103
(下段) 軽度の精神遅滞をもつ人のきょうだいの知能指数分布　平均85

縦軸：母集団における割合（％）
横軸：知能指数得点

の変動性に影響を及ぼす原因によく類似した傾向があるが，それは重度の精神遅滞（通常，脳の大きな異常のためである）の場合にはあてはまらないことがわかる。これらの分布は，分布自体が家族の類似が遺伝に由来しているものかどうかを示してはいないが，一卵性と二卵性の双生児のきょうだいにおける平均の回帰の程度を比較することによって遺伝に由来するものかどうかの区別を可能にする。こうしたことが可能なのは，ある現象が遺伝によるものかどうかを検証するために平均という統計量を使用できるためであり，平均への回帰自体が遺伝的影響によるものであるからではない。

遺伝的に決まるが家系を伝わらない症状の事例は，重度の精神遅滞，とりわけダウン症によって与えられる。ダウン症は，染色体異常によるものだが，通常，新たに起こるもので，親から遺伝するものではない。染色体異常は，精神遅滞を引き起こすことについては決定的ではあるが，おそらく，家族のそれ以外の人のなかでの知能指数の個人差については，関連はないものと思われる（なぜなら，家族の人には染色体異常はないので）。だが当然のことながら，家族はみなポリジーン的に知能に影響する多くの遺伝子を共有している。これらの遺伝子は，ダウン症をもつ人と大きく異なることはない（多少の違いはあるが）。なぜなら，染色体異常の効果は大きく，知能に影響を与える通常の遺伝的影響を大きく上回るのがふつうだからである。

感受性遺伝子と量的形質遺伝子座（QTL）

いまのところ感受性遺伝子とQTLが，同一の遺伝的特徴によるのか，異なるものによるのかは，まったく明らかではない。操作的にその区別は，問題となっている形質がカテゴリーとして測定されるか，ディメンションとして測定されるかどうかによる。例えば，統合失調症の感受性遺伝子を探すための分子遺伝学研究は，統合失調症の症状をもつ人ともたない人とのあいだのカテゴリカルな区別に関心を寄せている。これとは対照的に，ディスレクシア（難読症）ではカテゴリカルな症状として調査の焦点をあてているが，実は分子遺伝学研究では読み能力をディメンションとして測

定している。いずれにしても，研究はその形質の原因である可能性がとても高いと考えられる遺伝子もしくは遺伝子座を積極的に明らかにしてきている。異なる点といえば，統合失調症の遺伝的傾向の背後にはディメンションが仮定されているものの，現時点においては，この特徴に関して，一般母集団における個人差をも考慮して，これを正確に測定し定量化できる確立した測定法がないという点である。それに対して，読み能力に関しては，定量化が可能な量的特性として，測定することができる。したがって問題となるのは，この違いが遺伝学的に意味のある何かを反映しているのか，それとも現時点における知識の程度を反映しているにすぎないのか，という点にある。

　それがどれほど問題なのだろうか。自閉症と統合失調症を例にとってみよう。比較的最近まで，ほとんどの人は，自閉症は質的に異なった疾患であり，健常な範囲の個人差とはいっしょにできないということにほとんど疑問を抱くことはなかった。1960年代から1970年代の診断では，自閉症は通常，精神遅滞と結びつけられていた。その4分の1の子どもたちはてんかん性の発作を（ほとんどは思春期の終わりや成人期の初めに典型的に）起こし，意思疎通ができるほどのレベルの言語能力が発達しない子どもも少数ながら確実にいた。また多くの特徴は，単に量的にではなく，質的にみて健常者と異なるようにみえた[18]。しかしながら今日において，健常者との違いはそれほど明確とは思えない。遺伝研究は，遺伝的易罹患性がこの重篤なハンディキャップをもたらす障害以上に，広い範囲に及んでいることを示すのに重要な役割をもっていた。自閉症スペクトラム障害には，これまでに診断されてきた自閉症にみられるものと質的にとても類似しているが，それよりずっと軽度で社会になじむことのできる通常の知能をもった人々にもしばしば起こる，より広汎な社会的・コミュニケーション的・行動的異常が含まれる[18]。このことを示す臨床および疫学調査のエビデンスもあり，自閉症の診断概念はかなり広がることになった。もちろんこのことが，一般母集団にみられる自閉的傾向の通常の変異について議論することに意義があるということを必ずしも意味するわけではないが，かつては的外れとみなされてきた一般母集団との比較も意義をもつように

なった。したがって，世界中の多くの調査グループは，いまや，一般母集団に適用することのできる自閉症の特徴の測度を開発しようとしている。これらがうまくいくかどうかはまだはっきりとはわからないが，現時点においては，ディメンショナルな測定は可能であり，しかも，それはQTLの遺伝的分析にも有用であるということを示しているといえよう。

　一方，重要と思われる違いもある。自閉症をもつ人の血縁者によくあるずっと軽度の自閉症の特徴の表れが，「本物の」自閉症と二つの重要な点で異なるのである。一つめは，彼らはふつう標準の知能レベルを併存していること，そして二つめは，てんかんを併存していないようにみえることである。もちろんこれは，単に遺伝的易罹患性の変異の効果を反映しているだけかもしれないが，ある種の「2段構え」のメカニズムがかかわっている可能性が，この違いから浮かび上がってくる。言い換えれば，「本物の」自閉症が発現するのに必要なのは感受性遺伝子，ならびに遺伝由来であれ環境由来であれ他のなんらかのリスク因子である。もし自閉症が「2段構え」のプロセスであるなら，そこから示唆されるのは，広汎な表現型の基礎にある遺伝子は，ハンディキャップをもたらす疾患への移行にかかわるものと必ずしも同じであるとはいえないのかもしれない。

　いくらか類似した問題が統合失調症にもあてはまる。遺伝的易罹患性がこれまでの診断による統合失調症を越えていることをうまく示すエビデンスがある。それはいわゆる失調型パーソナリティ障害とパラノイド症状だが，より広汎の他の精神疾患は含まない[19]。

　おそらく驚くべきことに，統合失調症の遺伝的易罹患性を含まない障害のグループは，表面上は統合失調症と多くを共通しているようにみえるシゾイドパーソナリティ障害が含まれていない[19]。統合失調症患者の家族を対象に臨床的な測度や脳イメージングなどを用いて行われた最近の調査では，血縁者の異常性についての知見を確認している。しかしながら，自閉症の広汎な表現型と同様に，より軽度の異常性との境界線を単純に決められるかどうかはまだわからないし，またとりわけ，あるパーソナリティの特徴が統合失調症へ移行するかどうかを定めることは，自閉症や，さらに他の精神疾患の形と結びついたものの場合とは異なる。一般に，青年期の

後半や成人期の早い段階において発症する統合失調症的な精神病について，その児童期における前兆を特定することについては，進歩がみられている[20]。この発見が関連する感受性遺伝子と結びつけられるのはこれからである。

遺伝効果の特異性と非特異性

　精神医学の分類システムは，異なる精神疾患にはその特異性と分離可能性があるという仮定に長いあいだ基づいてきた。例えば，クレペリンの時代以来ずっと，統合失調症と双極性障害の推移過程と特徴に関する臨床研究では，これらの二つの症状がまったく別のもので，異なる遺伝的易罹患性を反映したものだろうという考え方が一般的に認められてきた。最近の遺伝学研究では，量的研究においても分子生物学研究においても，この仮定に疑問を投げかけている（4章，8章参照）。相違もあるが，かなり重複する部分もあるようなのである。この二つの精神障害をより明確に区別する特徴は，統合失調症の場合に神経発生学的な異常とはるかに強い関連があるという点である[21]。これらの神経発生の異常が遺伝子の性質の一部であるのか，別々に決められた環境リスク因子によるものかどうかは，まだそれほど明確でない。ひとたびはっきりと統合失調症の感受性遺伝子が発見されれば，統合失調症の非遺伝的なリスク因子の特定と，それらがどのように作用するのかについてのよりよい理解へと推し進める研究がより容易になるだろう。同様のことが自閉症の症例にもあてはまる。

　遺伝的易罹患性の限定的な特殊性についてこれとまったく似たようなことが，他の精神疾患や心理的特性についてもいえる。精神医学の分類では不安障害とうつ病とを区別しているが，遺伝的易罹患性に関して，少なくとも大うつ病性障害については，この二つの障害が大部分同じようである[22]。その理由の一部は，パーソナリティ特性のなかの神経症傾向がいずれについても遺伝的なリスク因子となっているため，また一部は，児童期における不安障害が青年期や成人期初期のうつ病になる傾向があり，これらが同じ遺伝的易罹患性を共有しているためである[23]。もちろん遺伝的易罹患性がこの二つにまたがっていることが，必ずしもこれらを別々に診断す

ることが間違っていることを意味しない。例えば，不安障害と誤って診断されやすい種類の生活ストレスは，うつ病と誤って診断される傾向のある種類の生活ストレスとは異なっていることを示すエビデンスが，限られた数だがある。また治療のもつ意味でも問題となる。不安に特有の効果のある薬（ベンゾジアゼピンなど）は，うつ病の治療の代わりにはならない。こうした薬物には依存性があるため，現在では不安障害の治療の主流ではないが，慢性ではなく急性の場合に限って使われている。しかしながら逆のケースは少ない。すなわち，「プロザック」のように選択的セロトニン再取り込み阻害薬（SSRI）は，うつ病だけでなく不安障害にも有効のようである。しかしながら，特定のSSRIが不安障害の治療にどの程度有効かについては違いがある。

　トゥーレット症候群（卑猥な言葉の強迫的な発声で特徴づけられる疾患）という比較的まれな疾患にかかわるのと同じ遺伝的易罹患性が，慢性の多重性チックとある種の強迫神経症を含むところまで拡大したことを示した点で，双生児研究と家族研究は重要である[24]。説得力のあるエビデンスだが，感受性遺伝子がまったく特定されていないので，まだ決定的ではない。またおそらく，強迫神経症より慢性の多重性チックへの拡大を示したエビデンスのほうが強力であった。限られた数の入手されたエビデンスによれば，重なり部分はある特定の強迫神経症だけに適用されることを示したが，これらが臨床的にどのように区別されるのかは明確ではない。特殊な言語発達障害に関する双生児の調査結果[25]は，遺伝的易罹患性が従来の診断カテゴリーより広範囲になることを示している。同じことがディスレクシアにも適用される[26]。しかしながら，調査結果が完全な特異性の欠如を示さないことに注意することが重要である。すなわち，ディスレクシアか特殊な言語発達障害のどちらかの遺伝的易罹患性は，より広範囲の認知機能障害を含んでいるが，これは例えば，軽度の精神遅滞全体を含んでいることを意味するわけではない。それは部分的ながら，少数の感受性遺伝子が特定されている限りにおいて，認知全般にかかわるというよりも，むしろディスレクシアか特殊な言語発達障害のいずれかに固有なものである。その上，言語障害と読み困難のあいだには，かなりの共通点があるが，

これら二つの感受性遺伝子座は完全に同じということではない(ただし8章をみよ)。一般認知困難と特殊認知困難の系統的な比較はまだなされていない。いまのところエビデンスが示すのは,全般的な一般性よりも,特異性の程度問題という考えのほうが合っている。

発達経路

もちろん,遺伝子ははじめから存在するが,その効果は青年期や成人期になるまで表れないことがよくある。いくつかのケースで,遺伝的に影響を受けた疾患の発病が遅れることは実際以上に明らかである。例えば,統合失調症質の精神病は,青年期後期か成人期初期まで発病しないことが確認されているにもかかわらず,幼少のころから前兆があることは,現在ではよく知られている。明らかに,年齢によって特徴の表れ方が異なるのである。児童期初期には,神経発達障害や社会的問題,ある種の破壊衝動といった特徴を含んでいる。これだけ初期の年齢では,統合失調症の遅い発症との関連性は個人のレベルでは決定できない。長いあいだ,児童期後期と青年期初期を同一視することに疑問もあったが,これらを確認するのにダニーディンの研究の調査結果は非常に説得力がある[27]。しかし,主に三つの疑問が生じている。一つめは,児童期の前兆はしっかりと示されたにもかかわらず,その前兆は,どの子どもが成長してから統合失調症を発症するかを特定するためになんらかの特徴を利用することができるほど個人レベルで明確ではない。二つめは,なぜ幼いころに精神病の前兆があるにもかかわらず,大人になるまで精神病を発症しないのかという問いである。いくつかの解釈がある。それは精神病の兆候が青年期末期まで発症しないのは,脳の違いによるという考えである。確かに脳の発達は青年期末期の年齢まで続き,脳の発達上の違いが発症時期を一部説明しているようだ。また,成熟の変化が,事実上,関連遺伝子の「スイッチを入れる」ために必要ということかもしれない。三つめは,精神病の前兆がはっきりした精神病となる過程が環境の要因に依存するということである。最も明確な環境要因は,早期における大麻の大量使用である[27]。これと関係して,大麻のリスク効果が遺伝的易罹患性の傾向に依存しているかどうか調べること

が必要である。COMT遺伝子に焦点を合わせている最近の研究では，このことが示唆されている。有意な遺伝子・環境間交互作用が見いだされている（9章でよりきちんと論じる）。

■ 結　論

　複雑な染色体異常の役割を別にすれば，遺伝の五つのパターンのうちの一つに従うだけにすぎない単一遺伝子によるメンデル性疾患と，ポリジーンによる多因子性疾患という伝統的な二分法の区別は，かなり簡略化しすぎであることがわかってきた。メンデル性疾患は，原因となる遺伝子の突然変異が必要かつ十分な条件となるという点で，多因子性疾患とははっきりと異なっている。しかしながら，不完全浸透と発現量多様性という現象が示すように，疾患の表れは，遺伝子の背後にある別の要因や偶然，環境条件によってかなり影響を受けるようである（このいずれも突然変異それ自体に影響を及ぼしているわけではない）。また，遺伝のパターンには重要な変わり種（例えばゲノムインプリンティングや世代を越えて伝わるトリヌクレオチド反復の増大で示されているような）がある。多因子性遺伝の詳細に関してはほとんど知られていないが，いままでに明らかになっていることは，多因子性遺伝の表れは遺伝子と環境がそれぞれ別個に相加的に作用するだけでなく，遺伝子・環境間相関や遺伝子・環境間交互作用（9章で論じられている）によって，あるいはまた，遺伝子発現への環境効果によって引き起こされる，共同作用にもよるということである（10章で論じられている）。

Notes

　文献の詳細は巻末の引用文献を参照のこと。

1) Strachan & Read, 2004
2) Sutherland et al., 2002
3) Shahbazian & Zoghbi, 2001; Zoghbi, 2003
4) Harper, 1998
5) Harrison & Bolton, 1997
6) Huson & Korf, 2002

7) Margolis et al., 1999
8) Skuse & Kuntsi, 2002
9) Collins, 1996; Cutting, 2002
10) Rimoin et al., 2002; Skuse & Kuntsi, 2002; Strachan & Read, 2004
11) Allanson & Graham, 2002
12) Rutter et al., 1998
13) Fisher, 1918
14) As reviewed in Falconer & Mackay, 1996
15) Passarge, 2002
16) See Rutter & Madge, 1976
17) DeFries & Fulker, 1988
18) Rutter, in 2005a; Rutter, 2005d
19) Kendler et al., 1995
20) Cannon et al., 2002; Poulton et al., 2000
21) Keshavan et al., 2004
22) Kendler, 1996
23) Eaves et al., 2003; Kendler et al., 2002
24) Leckman & Cohen, 2002
25) Bishop et al., 1999; Bishop 2002a & 2003
26) Snowling et al., 2003; Démonet et al., 2004
27) Poulton et al., 2000
28) Arseneault et al., 2004

Further reading

Plomin, R., DeFries, J. C., Craig, I. W., & McGuffin, P. (Eds.). (2003). *Behavioral genetics in the postgenomic era.* Washington, DC: American Psychological Association.

Plomin, R., DeFries, J. C., McClearn, G., & McGuffin, P. (Eds.). (2001). *Behavioral genetics* (4th ed.). New York: Worth.

Rimoin, D. L., Connor, J. M., Pyeritz, R. E., & Korf, B. R. (Eds.). (2002). *Emery and Rimoin's principles and practice of medical genetics* (4th ed., vols. 1−3). London: Churchill Livingstone.

Strachan, T., & Read, A. P. (2004). *Human molecular genetics 3* (3rd ed.). New York & Abingdon, Oxon: Garland Science, Taylor & Francis.

7章

遺伝子は何をしているのか

　ポピュラーサイエンスの記者（不幸なことに一部の科学者たちも）は，しばしば統合失調症「の」遺伝子とか知能「の」遺伝子，あるいはうつ病「の」遺伝子という言い方をする。もちろん，遺伝学者たちは，遺伝子がこうしたいかなる特性「の」ものでもないことをよく知っている[1]。こうした形質の罹病性の個人内変異には遺伝子が役割を担っているので，このような便利で簡単な言い方をしているだけだという人もいるかもしれない。それでもやはり，この便利で簡単な言い方は，多かれ少なかれこうした特性に直接的な遺伝的影響があるという，きわめて誤解を招きやすい印象をつくってしまう。実際には，そんなことはない。一見，このような主張は学者の戯れごとにすぎないようにみえるかもしれない。実際のところ，嚢胞性線維症や結節性硬化症，または軟骨形成不全症「の」遺伝子に言及することについて，本当に困っているような人はいないだろう。一つの大きな違いは，これらはメンデル性疾患であり，異常性は全面的に特定の遺伝子の突然変異に由来することが明らかであり，環境的なリスク経験が関与する必然性はないとされているということである。しかしながら，メンデル性疾患であったとしても，実際，遺伝子は表現型（遺伝的罹病性がはっきりと現れたもののこと）の原因となることはない。むしろ，遺伝子は表現型を引き起こすことにかかわるある特定の生化学的な結果の原因に関係しているだけである。このような観点は，結局のところ遺伝子は何をしているのかという問いに立ち戻らせる。

▌遺伝コード

　まず最初に，DNAが遺伝情報をどのように暗号化しているかに注意を喚起することから始める必要がある（1章参照）。鍵となるDNAの構造は四つの**塩基**であり，その塩基は炭素原子と水素原子の環でできており，ヌクレオチド（アデニン（A），シトシン（C），グアニン（G），チミン（T））として構成されている。これらの四つの塩基は「コドン」とよばれているトリプレット（三つ組）を形づくっている。遺伝情報はコドンがつくる特定の配列により，ATC，CGA，CTT，ACCなどのように与えられる。これらは2本のひもが一種のねじれた階段を構成する二重らせん構造上に広がるとても長い鎖に横たわっている。突然変異は遺伝子の配列における変化の原因であり，まさこの変化が遺伝的影響を受ける効果を引き起こすのである。

　DNAの配列が途中に隙間のない鎖であるという生物学的観念をつくってしまいやすいが，そうではない。基本的に「エクソン」（いくつかの分けられた区分として生じる）という領域が配列上にあり，実際に生物学的な「活動」を引き起こすタンパク質を構成するポリペプチドをコードしている成熟mRNA内に表された配列をエクソンは構成している。「イントロン」はそのあいだにあるタンパク質をコードしない配列で，DNAがmRNAの合成を導く転写の過程で取り去られてしまう。

▌セントラルドグマ

　いわゆる分子生物学の「セントラルドグマ」とは，すべての細胞内の遺伝情報の発現は一方通行的なシステムだというものである。それはDNA（受け継いだ遺伝情報を運ぶ）から始まるものである。続いてDNAはメッセンジャーRNA（mRNA）の合成を特定し，それからmRNAはポリペプチドの合成を特定する。そして最終的にはタンパク質が生成される。

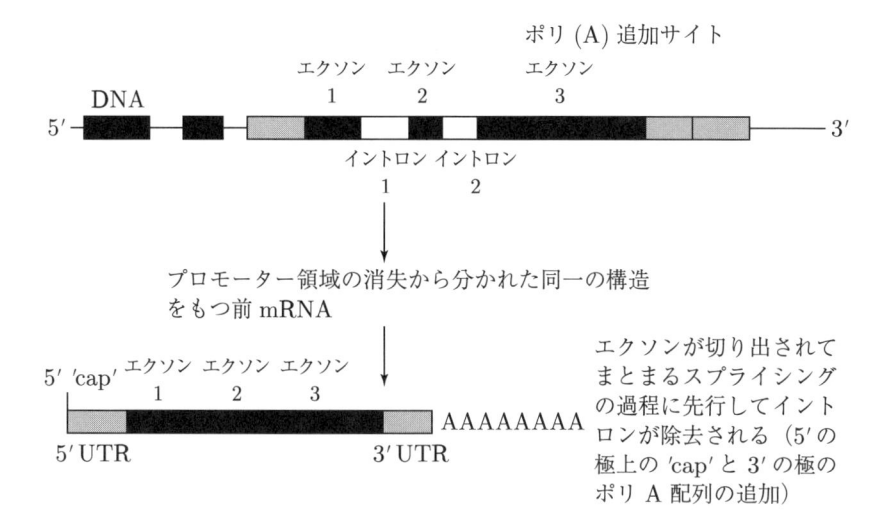

```
                                  ポリ(A)追加サイト
                    エクソン エクソン エクソン
                      1    2      3
   DNA
5'━■━━■━━▨━■━▨━■━▨━━▨━━3'
                    イントロン イントロン
                      1      2
                        ↓
           プロモーター領域の消失から分かれた同一の構造
           をもつ前 mRNA
                        ↓
      エクソン エクソン エクソン            エクソンが切り出されて
5' 'cap'  1    2    3                    まとまるスプライシング
▨━━■━━■━━■━▨AAAAAAAA      の過程に先行してイント
                                         ロンが除去される（5'の
  5' UTR              3' UTR             極上の 'cap' と 3' の極の
                                         ポリ A 配列の追加）
```

図 **7.1** 転写過程 ［出典：McGuffin et al., 2002. Copyright © 2002 by Oxford University Press］

転写と翻訳

因果連鎖の最初は，転写と**翻訳**として知られている過程である。転写は，DNA が mRNA の合成を導く過程である（図 7.1 参照）。この後に翻訳がなされる。翻訳では，転写された成熟 mRNA が，ポリペプチドの合成を特定する。しかし，細胞内における全 DNA のほんの小さな割合だけが転写される。さらに，転写によりできた mRNA のほんの少しの割合が，ポリペプチドへと翻訳される。なぜそうなるかについてはいくつかの異なった理由があるが，成熟 mRNA の一部だけが翻訳されるということは重要であり，だからこそ，あるタンパク質生成をコードしている遺伝子を越えた因果関係の効果を考えることが必要なのである。転写の第 1 ステップは転写前フェーズといい，**プロモーター領域**（すなわち，転写の過程を統制するセクション。以下を参照のこと）が消失したときのみ，DNA とは異なる mRNA の複製を調整する DNA である。

さまざまな要素が転写の際，この一連のステップに影響を与える。転写の過程は，まとまって「プロモーター」を構成している転写因子による影

響を受ける。いくつかの因子はそれが影響を及ぼしている遺伝子から離れたところに存在している。離れたところにある転写因子は自分が活動する場所まで動かなければならないので，トランス作用（trans-acting）要素とよばれている。トランス作用要素とは別に，存在しているDNAの二本鎖に作用が限定しているので，シス作用（cis-acting）要素とよばれる他の因子が存在する。さらに，エンハンサーというものがあり，その名から予想されるように，特定の遺伝子の転写活動を増強する役割を果たす。また，サイレンサーは特定の遺伝子の転写活動を抑制する働きがある。慣例的に，こうしたさまざまな転写因子は，ふつう遺伝子とはよばれないが，DNAの配列を形成し，残りのDNAとともに伝達されていく。

　転写の第2ステップは，すべてのイントロン部分の除去と，端から端まで一続きのエクソンの断片をつくるために複数のエクソンを結合する段階である（図7.1参照）。人間の遺伝子の多くは，RNAの処理最中に同じ遺伝子からの転写で異なったエクソンの組合せをつくるという**選択的スプライシング**をみせる。選択的スプライシングは，同じ遺伝子が異なる効果をもつ複数の異なるタンパク質を生みだす形となっているという点で重要な意味をもっている。細胞内のすべてのDNAのうちわずかだけが転写され，転写されたRNAもそのすべてがポリペプチドに翻訳されるわけではない。ポリペプチドに翻訳されないRNAの部分は，翻訳への影響など，別の働きをもっている。

　転写は主に細胞核内で起こる。対照的に，翻訳（mRNAがポリペプチドの生成物を特定する過程）は**リボソーム**で起こる。リボソームは，細胞核の外側の細胞質，そればかりかミトコンドリア内にも見いだされるRNAとタンパク質の大きな複合体である。いくつかの**アミノ酸**やポリペプチドの化学変化など翻訳後のさまざまな修正があり，そのおのおのが翻訳後に修正されるようになっている。タンパク質の構造はきわめて多様で，アミノ酸の配列から簡単に予測することはできない。

　ポリペプチドからタンパク質への転換は，タンパク質の折りたたみであり，それはそのタンパク質がもつ効果の鍵となるものである。この折りたたみの過程が生じる明確なメカニズムはまだわかっていない。おおよその

ところ，折りたたみのメカニズムは遺伝子に導かれているが，それだけでなく細胞の環境や，特に囲いとなる細胞膜の影響も受ける。しかしながら，これらのタンパク質の効果もまた別のタンパク質の生成物とのあいだの相互作用により影響を受けている。ここでもこのような相互作用を形づくる因子は，よく理解されていないままである。さらに因果連鎖の下流では，これらのタンパク質は，遺伝的影響を受けた形質の罹病性においてある役割を果たしている。しかしながらほとんどの場合，どのように，そしてなぜ，因果連鎖の最後にあたる行動を引き起こすのかわかっていない。この最終段階は，遺伝子がどのように行動に影響を及ぼすのかに関するいかなる理解に対してもとても重要なのだが，現在われわれはそれにかかわる段階についてやっと正しく理解し始めたところである。「セントラルドグマ」は遺伝子がどのように「働く」のかについての，合理的で十分に簡潔な要約を与えてくれているが，すべてがそう簡単なものではない。ここでのメッセージは，遺伝子のふるまいの最終的な行動上の結果は，規則正しいステップによって系統的に組織化された複雑な過程であるが，心理的特性や精神疾患「の」遺伝子として理解することができるような，単一の因果過程のなかで伝達されたDNAによって直接的に決められるものではない。

転写にかかわるすべてについて一つめの鍵となるメッセージは，これまではmRNAによって特定されるタンパク質をコードするコドンをもつDNAに主たる関心が寄せられていたが，多くの他のDNAの要素が重要な役割を演じているということである。それゆえ，本当の意味で，単一遺伝子の効果は，実際には遺伝するいくつかのDNAの要素のふるまいの結果なのである。二つめの鍵となるメッセージは，多くのDNAはタンパク質の生成には使われないということである。したがって，それが他に何をするのかを考えることが必要である。このことは，これ以降にいわゆるジャンクDNAと関連させて論じていく。

遺伝子発現

DNAの複雑さは転写や翻訳だけでは終わらない。同じ有機体のあらゆる細胞のDNAの中身は，だいたい同じである。さまざまな細胞のタイプ

を別なものにさせているもの（それが肝臓の細胞か，脳の細胞か，血液の細胞かどうかという意味で）は，どの細胞一つとっても，そこで「発現」（機能的に活性化されるという意味で）している遺伝子の割合にすぎず，発現された遺伝子のパターンは，異なる細胞のタイプによって異なる。したがって，異なる組織において特定の遺伝子が選択的に活性化をコントロールする特性が存在しなければならない。

　このような特性には，基本的に転写，翻訳という前述したような要素に加えて，メチル化のような**エピジェネティック**なメカニズムがある（10章参照）。ハウスキーピング遺伝子として知られるいくつかの遺伝子は，タンパク質合成のような一般的機能を扱うので，すべての細胞内で発現される必要がある。一方，多くの遺伝子は，特定の身体組織のみ，あるいは特定の発達段階のあいだのみに発現される。重要なことは，組織固有のプロモーターあるいは組織固有の選択的スプライシングの結果として，異なった組織に異なった機能をもつ遺伝子が存在しているということである。これが意味するのは，異なった**遺伝子発現**のパターンは，単一遺伝子が多様な効果をもちうるような別の方法によってもたらされているということである。

　遺伝子発現のもつ一つの重要な特徴は，それが細胞外の信号によって可逆的に変化させられるということである。DNAメチル化とヒストンアセチル化（この二つは化学的に結びついたプロセスである）は，環境的影響を遺伝子発現に影響させることのできるエピジェネティックなメカニズムにかかわっている。この過程はダイナミックで，かつ多様な影響に対して開かれているものである。例えば，ダイヤモンドら[2]は，グルココルチコイド（ストレスに対する反応や社会的相互作用のなかで作用するステロイドホルモンの一種）の効果が作用しているときのマウスの遺伝子発現を調べた。こうしたホルモンはプロリフェリンというある特定の遺伝子を調節する。二つの異なった転写因子がホルモン反応性に影響するが，これらの因子の活動のパターンに依存して，その効果はポジティブだったりネガティブだったりするようであり，こうせいた過程がホルモンによるストレスの影響に対する潜在的なメカニズムを与えていることを見いだした[3]。

発生のごく初期の段階では，両方のX染色体は活性化しているのだが，細胞が分化し始めると，不活化が始まる。X染色体不活化の開始や伝播と，どちらのX染色体を活性化させたままにするかどうかの選択に影響を与える要素を統制するXコントロール要素を調節しているのが，第13染色体上のX不活センターであることが示されてきている。通常，あらゆる状況において，X染色体不活化は何の結果ももたらさないが，もしX染色体の一方がなんらかの表現型異常に関係する遺伝子の突然変異をもっていたとしたら，それはとても重大になる。例えば（6章で述べたように），まれな症状であるレット症候群――脳の成長の阻害や，精神遅滞，てんかん，そして，きわめて特徴的な定型の常同運動を引き起こす――は，X染色体の突然変異遺伝子によるものである。しかしながら，この突然変異遺伝子がつくりだす表現型は，レット症候群の典型的なパターンから，典型的な症候群とは若干の類似性をもつものの根本的に異なる非典型性の軽度の症状までいろいろである。表現型の発現におけるこうした変異は，大部分X染色体不活化のパターンによって説明可能であろう。

　遺伝子が何を「する」のかについてのこれまでの説明が示唆するように，重要なのは遺伝子発現にかかわる点である。DNAが因果連鎖の始まりではあるが，本当に重要なのは（mRNAによる）遺伝子発現なのである。この発現がなければ遺伝効果はないのである。すべての細胞で活性化しているDNAの影響とは異なり，遺伝子発現は，特定の身体組織と特定の発達段階に特殊であるという傾向がある。遺伝子発現にかかわるメカニズムはまとめて，エピジェネシスとよばれている。これはDNAの配列に依存しない遺伝性の症状にかかわるという点で，重要である。言い換えれば，エピジェネシスは，特定の特性にかかわる遺伝子コードを構成しているDNAの配列を変えないのである。このようなメカニズムは遺伝的（ジェネティック）とはよばれずにエピジェネティックとよばれるのはこのためである。それにもかかわらず，遺伝子の変化は，それが次世代に伝達される可能性があるという意味で，潜在的に遺伝性である。しかしながら，ほとんどの場合において，このようなことは起こらない。なぜなら，それらは次世代では無効にされるからである。遺伝子発現への影響にかかわるエピジェネ

シスはDNAメチル化[4]とよばれる化学的過程によって起こる。6章でエピジェネシスのメカニズムの産物について，よく知られている二つの事例，すなわちインプリンティングとX染色体不活化によって示した。だが，エピジェネシスは環境の特性によっても影響を受ける。これは10章でさらに論じる。

　いまのところ，人間においてエピジェネティックの効果が生みだすものを調べた研究はほとんどない。しかし，ペトロニスらの研究[5]はその可能性を示唆している。彼らは，統合失調症を両方とも発症している双生児と片方のみが発症している双生児の血液細胞におけるDNAメチル化を，ドーパミンD2受容体遺伝子のプロモーター領域に焦点をあてて比較した。ドーパミンD2受容体は統合失調症で重要と考えられている神経伝達の機能にかかわると考えられている。その結果は，エピジェネシスのパターンは，一致ペアより不一致ペアにおいて，より異なっていたことを示した。末梢血液細胞の場合，メチル化の違いは，環境的影響より偶然の影響から起こると考えられるが，環境的影響は他の状況においては重要になるであろう。しかしながら，この小さな研究のポイントは，ある疾患や形質に関して同じ感受性遺伝子をもった個人間で結果に差があることを説明するのに，遺伝子発現の差異が重要である可能性を強調したことである。

　それに加えて重要なのは，通常は父母両方の対立遺伝子が発現されるが，これはいつものことではないということである。これが親遺伝子のゲノムインプリンティングのメカニズムとなっている（6章参照）。同じように，X染色体不活化は遺伝子発現の能動的抑制をもたらす（6章参照）。

▎「ジャンク」DNA

　分子生物学の伝統的な考え方は，DNAはタンパク質合成を導く一連のプロセスの始まりではあるが，遺伝子の「ふるまい」をもたらす担い手となっているのは，まさにタンパク質だというものであった。この意味するところは，正常であれ異常であれなんらかの表現型特性をもたらすいくつもの段階からなる経路にかかわるメカニズムを理解するための鍵となるの

は，タンパク質が何を「した」か，タンパク質がどのように他のタンパク質と相互作用したか，そしてどのようにこれらすべてがある関心となっている終点の結果にいきついたかを確定することに大きく依存するだろうということであった。それは確かに事実であるが，この考え方では遺伝子の役割についての数多くの謎を残すことになる。そしてこの謎の多くはまだ一部分しか解かれていない。

　最も驚くことは，たった約 2, 3 パーセント程度の DNA だけが mRNA をつくりだすということが観察されているということである。すると残りの 97～98 パーセントの DNA はいったい何をしているのだろうか。比較的最近まで，それは進化の初期の段階ではなんらかの役割をもっていたが，もはや機能的な目的はもたない「ジャンク」DNA として一般的には片づけられていた。この仮定はいまやますます不確かなことだといわれている[6]。まず，元来予想されていたよりもとても高い割合の DNA が転写されている。タンパク質をコードしている DNA 配列は，ヒトゲノムにおいてはわずかしかないが，実際にはそれより大きな割合のヒトゲノムが発現されている。しかし，それはタンパク質ではないものをコードしている転写によって発現しているのである。ここで問題となるのは，もしそれがタンパク質をつくらないとしたら，そこで転写された RNA は何をするのかということである。いまでは，それらはおそらく調整システムのとても重要な部分を構成しているのではないかと考えられている。複雑な有機体は二つの異なるレベルのプログラミングが必要であるといわれている。一つはシステムの機能的構成要素（主にタンパク質）を特定するもの，そしてもう一つは発達的に変化するプログラミングのコントロールと転写の調整にかかわるものである。言い換えると，非コード RNA は転写プロセスにおいて，とても重要な役割を担っているようなのである。例えば，非コード RNA は X 染色体不活化において重要な役割を果たしており，ゲノムインプリンティングでもある役割を担っているようである（下記，および 6 章参照）。おそらくもっと驚くのは，非コード RNA にかかわる遺伝子は疾患においても重要な役割を演じているらしいということだ。例えば，30 年以上も前に見つかっているある特定の型の短肢小人病は，非コード RNA に

かかわる遺伝子に原因があり，また同じことが常染色体優性遺伝性のある特定の皮膚疾患にも適用されることが見いだされている。

偽遺伝子とは，機能的で完全な長さのタンパク質を生みだすことのない遺伝子のコピーである。だが，そのような遺伝子も発現されているかもしれず，最近の広常（真治）らによる研究[7]は，それらが疾患を誘導する遺伝子に影響しているかもしれないことを示唆している。これは，その遺伝子をもつと成長しなかったり，著しい骨の変形に冒されるトランスジェニックマウスの研究で示されている。その結果は，突然変異遺伝子はゲノムインプリンティングによって規定されているということを示した。このようなメカニズムが人間の疾患にもあてはまるかどうかはまだわからないが，この発見はこれまで考えられてきた以上に大きな役割を偽遺伝子がもっている可能性を開いた。

ここまで述べてきたことは，いずれも決定的な結論とするにはあまりにも新しすぎる。だが，すでに明らかになっているのは，遺伝的影響はこれまで考えられてきたよりもダイナミックな過程を反映しており，それゆえその過程に作用する可能性のある潜在的な影響が多く存在するということである。DNAは，遺伝子のメッセージを構成する。しかし表現型を（間接的に）導くのはまさにDNAの発現なのである。対立遺伝子のバリエーションはとてもたくさんあり，遺伝子間の相互作用はこれまで考えられていた以上に多く，エピジェネティックなメカニズムもおそらくとても影響力があり，そして遺伝子はおそらくたった一つではなくいくつものタンパク質の生成物を生みだすがゆえに，単一遺伝子がいくつもの異なるふるまいをするという展望が広がった。しかしより根本的なことは，このダイナミックなプロセスが，遺伝子とはそもそも何なのかを考え直すことを余儀なくさせているということである。これらの新しい発見は，遺伝子が広汎にわたってとても重要であることのエビデンスを台無しにするものではないが，遺伝絶対主義者の好む単純な遺伝子決定論の考え方を打ち崩すものである。

■ こんなに少ない遺伝子がなぜこんなに多くの効果をもつか

　多くの人々を驚かしている「ヒトゲノム解読」プロジェクトからの発見の一つは，遺伝子の数があまりにも少ないようにみえることであった。正確な数はまだ確かではないが，最近の推定では，その範囲は 20,000〜25,000 の範囲内にある。多いように聞こえるかもしれないが，遺伝子が，人間の体全体の構成と働きにある役割を演じなければならず，脳の構造と機能に基礎をおく心の働きが驚くほど複雑であることを考えると，やはり少ないように感じられる。個々のニューロンのふるまいを一つの遺伝子が決定するということはありえないだろう。遺伝子よりはるかに多くのニューロンが存在しているのであるから，そのようなことはちょっと考えてもありえないことがわかる。

　このように考えて，エーリッヒとフェルドマン[8]は，行動に及ぼす遺伝的影響の重要性についての主張を三つの根拠から批判している。第一に，膨大な範囲の行動特性の大きな個人間変動を説明できるほど十分な遺伝子が存在しないと彼らは主張している。しかしこの批判は，個々の遺伝子と個々の行動に一対一の関係があることを前提としており（これは間違った考え方である），複数の遺伝子間の相互作用の重要性をまったく考慮していない。第二に，遺伝子と環境は相互作用しているために分けることはできないと主張した。しかし，特定の時点に，特定の母集団において，個人間変動へ及ぼす遺伝子と環境の相対的影響をおおまかに推定することができるちゃんとした研究デザインが存在する（3 章参照）。高い遺伝率であっても環境に重要な効果があることを排除するものではない，と主張した点で彼らは正しかった。しかし，それはあらゆる遺伝学者が認めていることだ。また，行動遺伝学者の多くが遺伝子と環境の交互作用と相関の重要性（9 章参照）を軽視し，環境的影響をもたらすエピジェネティックの効果（10 章参照）を無視する傾向もあると主張したのも正しい。第三に，遺伝率の数値では因果過程を扱うことができないと主張した。遺伝子によって説明される母集団分散の割合についての知識は，いかなる意味においても遺伝子の働き方を示してくれるものではないという意味では，これは正しい。

だがそれは分子遺伝学が教えてくれる範疇である（8章参照）。確かに，因果過程の解明に研究を切り込んでいくためには，量的遺伝学から分子遺伝学へ移行する必要があることは確かである。

エーリッヒとフェルドマンのように遺伝的影響をおしなべて無視することは，十分なエビデンスに基づくものではない。とはいえ，人間が遺伝子に基因するすべての効果を説明できるだけの「十分な」遺伝子をもっているかという疑問には，やはり答えを必要としている。

いくつかの妥当な考え方がある[9]。一つめの考え方は，そもそもふつう，遺伝子は決定論的ではないという点である。むしろ確率論的に働き，発現のプロセスや方法を特定しているが，正確な結果を決定してはない。これは，生物のあらゆる側面で明らかである。例えば，脳の形成は，正しいインプットを引き起こすのに必要な微調整をするために，はじめにニューロンを過剰生成し，続いて選択的刈り込みがなされることはよく知られている[10]。言い換えれば，一般的なパターンは遺伝子によって用意されるが，そこに期待されるのはそれをおおざっぱに達成することだけであり，いわば初期の間違いを修正し，最終的な生物学的成果が多かれ少なかれあるべき姿であることを保証するための，同じように遺伝的影響を受けた複数の調整過程があるのである。

二つめの考え方は，組織ごとに特異的な遺伝子発現という現象と，選択的スプライシングという現象（前述）は，個々の遺伝子がいくつもの異なった，しかし互いに関係しあっているタンパク質の生成をもたらすことを可能にしていることを意味するということである。言い換えれば，このような現象によって，遺伝子よりタンパク質のほうが多く存在しているのである。

ほとんどの場合において，遺伝子は組み合わさって働くこともまた明らかになっている。これまでに得られた遺伝学の発見はすべて，個別に特定された遺伝子のどれもが，実際に影響を及ぼす特性の分散のほんの一部分だけを説明するということを示している。これはたくさんの遺伝子が特性に関与していることを意味する。遺伝子は相加的に働くときもあれば，相乗的に働くときもあり，また遺伝子の特定の組合せが必要になることもあ

る。しかしながら，その詳細がなんであれ，実際は，ほとんどの感受性遺伝子は，複数の因果経路のなかで一つの役割を担っているのである。

これと関係はあるが，いくらか異なった点は，脳内で発現されたおのおのの遺伝子は，複数の場所で発現する傾向にあるということである。それぞれの場所である程度異なった機能をもたらす結果，これまで考えられてきた以上に広い範囲の機能に寄与する役割を果たしているのである。

一般的に，遺伝子の数が意味をもつのはタンパク質生成を決定する因果連鎖にかかわる遺伝子であるという考えも，またもっともなことである。しかしながらこれは，遺伝子のふるまいについての，誤って単純化しすぎた考え方である。なぜなら，そのような遺伝子の一つひとつについて，遺伝子の翻訳，転写，そして発現に影響を与える役目をする，いくつかの，そしてしばしば多くの，他の遺伝子が存在するからである。これが意味するのは，タンパク質生成に結びつく経路にかかわるどの単一遺伝子についても，そこで起こる出来事に影響を与える他の遺伝子が存在するということである。これがとりもなおさず，ずっと多くの数の遺伝子の置換を引き起こすことは明らかである。

最後に，三つめの考え方は，脳に関するかぎり，それはきわめて多くの遺伝子が発現しているという点で，他のほとんどすべての器官とも異なっているというものである。遺伝的影響は，遺伝子発現により引き起こされ，遺伝子発現は，組織固有でありかつ発達のタイミングに固有でもある傾向がある。ほとんどの遺伝子は，組織の一部分だけで発現する。なぜなら，それはおそらく，遺伝子がそのような特殊化された機能をもっているからであろう。対照的に，少なくとも60パーセントの遺伝子が脳で発現している。それゆえに，その脳の複雑さは，他のほとんどの器官よりも大きな割合の遺伝的影響をもっていることと対応している。

それゆえに，一見すると遺伝子があまりにも少ししか存在しないという主張はもっともらしくみえるが，その主張は，実際には正しくない。これまでに述べた理由から，遺伝子の数とそれが影響する機能の数とのあいだの直接的なつながりは存在しないのである。

■ ヒト，チンパンジー，マウス，そしてショウジョウバエ

　遺伝子発現に関するもう一つの謎は，いかにしてさまざまな種間の遺伝的類似性と相違を説明するかということであった[11]。そもそも，ゲノム内の多くの遺伝子の数や長さと種の複雑性とのあいだには，いかなる明確な一致もみられないようである。ここでわれわれは遺伝子がコントロールしようとしている目的に対して，人間は「十分な」遺伝子をもっているかどうかという問題に立ち戻ることになる。これと関連して興味深いのは，有機体の複雑さと，直接タンパク質をコードしない遺伝子の部分の大きさとのあいだに，かなり強い関係があるらしいということである。それはおそらく，この機能的な複雑さというのは，遺伝子発現をもたらす過程を促進したり，拡大したり，調整したりする他の遺伝子に由来するのかもしれない。このため，タンパク質の生成に直接かかわる遺伝子だけに焦点をあてるのは，あまりにも視野が狭すぎることになる。

　しかしながら，このような観点は，種間の遺伝的類似性についての問題を扱ってはいない。この遺伝的類似性に関する記述については，二つの異なる記述がある。一つめは，一卵性双生児は彼らの分離した遺伝子の100パーセントを共有しているが，二卵性双生児は50パーセントしか共有していないという，よく知られた記述である（3章参照）。一見したところ，この記述は，ヒトはチンパンジーの遺伝子と98パーセントを共有するという，もう一つの別の記述と矛盾しているようにみえる。いかにして人はきょうだい（または一卵性でない双生児）どうしで似るより，チンパンジーに似ることができるというのだろうか？　この二つの記述は似ているようにみえるが，まったく違ったことを述べているというのがその答えである。

　100パーセント対50パーセントという対比は，対立遺伝子の変異に関係している。すなわち，ある特定の遺伝子の特定の遺伝的変異である。これが個人間の違いであり，それがゆえに分離した遺伝子とよばれるのである。これが個人差の遺伝的基礎のすべてである（同祖的（identical by descent）に伝達された遺伝子による）。しかし，すべての人間が共通にもつ遺伝子も実に数多く存在する。直立歩行や，話し言葉の発達や，しっかりと握れ

るように手のひらを横切って動かせる親指の働きをもたらす遺伝子などがそうである。

　98パーセントの遺伝的類似という記述は，個人差（人間だけでなくチンパンジー間にもあてはまる）にかかわる対立遺伝子の変異とは完全に異なるものであり，人間に特異的なものに本質的な遺伝子は100パーセント共有しているというのとも，完全に同じではない。それどころか，遺伝子の働き方において，異なる種間にも驚くほどの類似性があるだけでなく，特定の遺伝子のふるまいにおいても，驚くべき高い類似性が存在するということがわかってきている。この類似性があるから，さまざまな遺伝効果の研究にマウスが利用できるのである。決定的に重要な点においてマウスと人間のあいだに明らかな違いがあるにもかかわらず，このことは成り立つ。その類似性はネズミにとどまらない。われわれとさらに異なるショウジョウバエにもまたこの類似性が存在する。このように種を越えて研究することができるのは，遺伝学にとってとても有益であった。ある種でわかったことが，他の種にも適応できることがきわめて多いのである。それでも，やはり違いは存在し，時にその違いは決定的かもしれない。例えばマウスと人間のように，比較できると考えられている行動への遺伝的影響を研究するときには，いつも注意が必要とされる。言語がかかわる形質や，明らかに他の種のレパートリーの範囲内にない思考パターンを考えるとき，このことはもちろんはっきりしている。統合失調症や自閉症のような疾患で本当に満足できるほど同等なマウスを見いだせるということはありそうもない。一方，マウスでこれらの疾患の感受性に一役買っている遺伝的影響を調べることは依然として可能かもしれない。なぜなら，しばしばそれにかかわる遺伝子は，他の種においても発見される場合があるかもしれないからである[11]。

■ 結　　論

　遺伝子の働き方についてわかったことから七つのキーポイントが指摘できる。第一に，遺伝子は形質や疾患に対する直接的な影響をもたないとい

う点である。DNA は mRNA を特定し，mRNA がタンパク質の生成を特定する。そのタンパク質のふるまいは，自身の折りたたみに依存し，さらに他のタンパク質との相互作用に依存する。いまのところ，いかにしてこれらのタンパク質という生成物が行動特性や疾患にかかわる表現型と結びつくかはほとんど知られていない。第二に，いくつかの異なるメカニズムを通じて，単一遺伝子は，いくつかのとても異なる影響をもつことができるという点である（多面発現）。第三に，転写と翻訳の過程が伝達されたいくつかの異なる DNA 因子にかかわっているという点である。このような DNA 因子自体はタンパク質をコードしないが，タンパク質をコードする遺伝子発現に影響を及ぼし，それによって遺伝的影響にきわめて大きな効果をもつ可能性がある。第四に，遺伝的影響は，遺伝子発現に依存し，それはしばしば特定の身体組織や，特定の発達段階に固有であるという点である。遺伝子発現の過程は，他の DNA 因子や，物理的，心理的経験と環境によって影響を受ける（10 章参照）。第五に，9 章で論じるように，いくつかの（おそらくたくさんの）遺伝効果は，リスク環境への曝露や感受性に及ぼす効果を通じて作用するという点である。第六に，遺伝子間の相乗効果の影響についてはほとんど知られていないが，そのような効果こそが重要なのかもしれないという点である。第七に，異なる種の遺伝的組織構造における類似性の多くは，人間の遺伝子の研究と同様に，その研究からも多くを学ぶことができるということを意味している点である。

Notes

文献の詳細は巻末の引用文献を参照のこと。

1）Kendler, 2005c
2）Diamond et al., 1990
3）Meaney, 2001
4）Jaenisch & Bird, 2003
5）Petronis et al., 2003
6）Eddy, 2001; Felsenfeld & Groudine, 2003; Gibbs, 2003a & b; ただし次の文献も参照のこと：Nóbrega et al., 2004. 「ジャンク DNA」が実際に重要な機能を果たしているかもしれないという見方は，Nobrega et al.（2004）がマウスにおいて DNA の非コード領域の大規模な欠失が何の影響もないという発見をもとに検討されている。明らかにこの問題に決着をつけるには時期尚早であり，タンパク質をコードしない遺伝子の役割には重要な種間の差がある可能性があることを心に留めておくことが肝要である。

7) Hirotsune et al., 2003
8) Ehrlich & Feldman, 2003
9) Marcus, 2004
10) Curtis & Nelson, 2003; Huttenlocher, 2002
11) Marks, 2002

Further reading

Lewin, B. (2004). *Genes VIII*. Upper Saddle River, NJ: Pearson Prentice Hall.

Strachan, T., & Read, A. P. (2004). *Human molecular genetics 3* (3rd ed.). New York & Abingdon, Oxon: Garland Science, Taylor & Francis.

8章

特定の感受性遺伝子の発見と理解

　量的遺伝学は，特定の形質や疾患の母分散に及ぼす遺伝的，非遺伝的影響の相対的強さを測定するという基本的な問題に関心をもっている。そこで見いだされたことは，推定値の正確な定量化という点からみて特に興味深いものではないが，こうしたデータが特性や疾患の作用を理解するのに役立つ，より興味深く重要な問題を検討する切り口として使えるという意味で，きわめて有用である。分子遺伝学は，遺伝的影響と環境的影響を定量化するのではなく，遺伝効果全体のもとになっている実際の個々の遺伝子を特定するという，まったく別の仕事にかかわっている。

▌連鎖デザイン

　これまで用いられてきた研究デザインは主に二つあり，連鎖デザインと関連デザインである[1]。これらはまったく異なる原理に基づいており，異なる長所と限界をもつ。連鎖デザインは，基本的にある**遺伝子座**（染色体の特定の部位）と調べている特性とのあいだに，系統的に共起して遺伝する現象（共遺伝）があるかどうかを問題にするものである。通常，調べている特性や疾患をどちらももっているきょうだいのペアに焦点があてられるが，この方法はより広汎な血縁者間の関係にまで適用できる[2]。この方法は最低限の前提を満たさなければならない。すなわち，その血縁者のペアは調査の対象となっている疾患を絶対に共有していなければならないということである。一方，不確実なケースについてなんらかの判断をする必要はない。それらは分析から除外されるだけである。罹患した二人のきょう

だいが同祖的な（identical by descent）遺伝的対立遺伝子を偶然のみで期待される共有確率からどのくらい上回って共有しているかを，統計量によって確定する。この原理は，もし遺伝子座と特性とが共遺伝する傾向が有意ならば，両者の間に連鎖が推定されるというものである。連鎖を確定するのに用いられる統計学上の用語は**ロッド（LOD）スコア**（log odd）とよばれる。慣習的にロッドスコアが +3 であれば有意な連鎖を示すものとみなされ，−2 ならば連鎖なしとみなされる。このような共遺伝は偶然だけでも起こるので，連鎖が真実であると確信できるほど十分に偶然のレベルを越すことを確かめるには，かなり大きなサンプルが必要となる。したがって，異なる研究グループのサンプルを合わせて数を増やして使うことがなされてきている[3]。関連デザイン（後述）と比べて，罹患したきょうだいペアの連鎖デザインは，研究している母集団の遺伝的組成のなかでの差に対して頑健である。しかし，偽陰性の発見がゲノムのカバーする領域のズレから生じていないことを確かめるために，適切な数の遺伝マーカーを用いられているかについて確認することは重要である。

一般的な手続きとしては，特定の領域に焦点を絞る必要のない全ゲノムスキャンがなされる。全ゲノムスキャンを実際に可能な方法にさせたのは三つの技術的進歩があったからだ（1 章参照）。第一に，何千もの遺伝子多型マーカー（どの母集団でも個人間に変異のあるマーカー）の発見があったことである。はじめは制限酵素断片長多型（**RFLP**）が用いられていたが，その後は一つの DNA 配列単位が繰り返されたものからなるマイクロサテライトが標準的なツールとなり，さらに最近では一塩基多型（**SNP**）がさらなる躍進をもたらした。

第二の技術的発展は分析方法の自動化である。はじめは膨大に時間のかかる実験室的方法によって遺伝マーカーの特定がなされていた。それが現在では，複数のマーカーを同時に分析できる高精度で効率のよい蛍光システムに置き換えられている。その結果，今日では大量サンプルの全ゲノムスキャンが可能になり，それも比較的早く行うことができる。第三の進歩は，関心を寄せている DNA 配列の増幅を可能にする**ポリメラーゼ連鎖反応（PCR）**によって成し遂げられた。

罹患した血縁者ペアを用いる連鎖デザインには，いくつかのとても重要な強みがある。すでに述べたが，一つめの強みは，遺伝様式や浸透度に関していかなる仮定もいらないし，不確かなケースについての難しい決断をする必要もなく信頼性と妥当性の高い測定をすることが可能な特性に焦点をあてられることである。二つめの強みとしては，全ゲノムスキャンが数百もの遺伝マーカーを使ってなされることである。これが可能なのは，連鎖が実際の感受性遺伝子から一定の距離にあるマーカーによって見つけられるからである。

残念ながら，その代わりにかなり重要な二つの欠点がある。第一に，感受性遺伝子が大部分の精神疾患に関して適切なサンプルで発見されるためには，かなり強い遺伝効果をもっていなければならないということである。10年前には，第1度近親でリスクを5倍にする感受性遺伝子を見つけるには，約200のきょうだいペアがあればよく，2倍だったら700ペアが必要であると見積もられていた。自閉症，統合失調症，双極性障害のようなとても高い遺伝率をもつ疾患であれば，第1度近親でのリスク増加は，一般母集団と比べて5倍以上であるから，何の問題もないと考えられていたのである。残念ながら，リスクの全体的な増加が重要な統計量なのではない。なぜなら重要なのは，ある一つの感受性遺伝子がもたらすリスクの増加だからである。多因子性疾患におけるそれぞれの感受性遺伝子はリスクをごくわずかしか増加させない（通常2倍にもならず，多くの場合1.5倍以下である[4]）というのは，ほとんど普遍的な発見なので，とてつもない数のサンプルが必要だというのは事実である。全体のリスク増加は大きいが，それはたった一つではない複数の遺伝子の効果からなっているのである。第二の欠点は，この方法では感受性遺伝子が特定される場所がきわめて広い領域になってしまうということである。言い換えれば，感受性遺伝子を含むある位置の確率をみると，膨大な数の遺伝子を含む領域があてはまり，ふさわしい感受性遺伝子を特定するには驚異的な作業が求められる。

それにもかかわらず，一見すれば，一度あるサンプルで連鎖しているエビデンスが見つかれば，肯定的な結果を検証するのは十分簡単なことのよ

うに思われる。だから，再現されなかったり，再現性が弱く不確かだったりする肯定的な結果で文献があふれているのをみると，気が滅入りイライラしてくるのである。なぜそんなことになるのだろうか。本当の感受性遺伝子の一つが特定されているのであれば，いったいなぜ他のサンプルでも同じように明らかにならないのだろうか。これには三つの問題点がある。第一に，ある肯定的な結果が見いだされたなら，それを確定するのに必要なサンプルは，探そうとしているものがわかっているのだから，もっと小さくてよいと思うかもしれない。しかし，あいにく強い統計学的理由から，ある結果を再現するのに必要なサンプルは，もとの観察で求められた数よりずっと大きくなければならないのである[5]。したがって，再現性確認の多くは統計的検定力の不足（つまりサンプルが十分に大きくないこと）により，うまくいかないのである。第二に，構成が比較的均質な単一母集団であっても，個人ごとにどの感受性遺伝子が疾患を生みだしているかには違いがある。これは例えば結節性硬化症のような，第9染色体か第16染色体上の遺伝子によるとされている単一遺伝子性疾患ですらそうである。複数の遺伝子の複雑なパターンの関与する多因子性疾患を扱う場合は，この問題はさらに面倒になる。言い換えれば，遺伝的多様性があるに違いないと予想される状況なのである。第三の問題は，遺伝的組成や生活状況の異なる母集団を扱う場合，結果は同じにならない可能性があるということである。例えば，まだよくわかっていない理由から，遅発性アルツハイマー病の易罹患性に大きな役割を担っているApoE-4遺伝子は，日本人では特に強いリスクをもたらすが，白人では中程度の，そしてアフリカ系の人々ではかなり弱いのである[6]。

ではどうすればよいのか。科学の他の領域でもそうだが，真の検証は再現性にある。すなわち，異なる研究者集団が異なるサンプルでほとんど同じ発見をすることである。これは単独の研究で得られた発見のいかなる統計的有意性よりも，はるかに重要なことである。あるいはこれと同じ目的を，複数のサンプルをまとめてすべてのエビデンスを一緒にしたときに効果があるかどうかを系統的なやり方で検証するメタ分析によっても成し遂げることができる。

郵 便 は が き

1 0 2 - 8 2 6 0

東京都千代田区九段南四丁目
　　　　　　　　３番12号

株式会社　　培　風　館　行

御住所　　　　　　　　　郵便番号

ふりがな
御芳名

校名・専攻学部学科

御職業

E-mail

読 者 カ ー ド

御購読ありがとうございます。
このカードは出版企画等の資料として活用させていただきます。
なお，読者カードをお送り下さった方で，御希望の方に目録をお送りいたしております。

図書目録　要・不要（どちらかに○印をおつけ下さい）

書名

本書に対する御感想

出版御希望の書（小館へ）

その他

長年のあいだ，分子精神医学では再現性のない発見をひたすら積み重ねてきた。幸いなことに，この流れはよい方向へと向き変えつつあり，厳格な吟味によってまとめられた発見がなされつつあるのである。

■ 関連デザイン

　二つめの主な研究デザインは**関連デザイン**である。これは連鎖デザインとは完全に別の原理に基づいている。基本的に，関連デザインは特定の特性（や疾患）をもつ対照群の人が，適切に選びだされた統制群の人よりも特定の対立遺伝子を多くもつかどうかを確認するものである。つまり，この方法はある特定の対立遺伝子がある特性と関連するか，共遺伝しないかを検証するものである。関連デザインは連鎖デザインと比較して異なった長所と欠点がある。主な長所は，比較的小さな効果をもつ感受性遺伝子でも探しだすことができるということで，これは多因子性疾患の研究では重要な点である[7]。関連はマーカーが感受性遺伝子のごく近くにあるか，マーカーそれ自体が疾患の素因とかかわっているときかのいずれかで生じる。感受性遺伝子の多くはその効果がきわめて小さいということがわかっているので，これは大きな利点である。だがあいにく，それに代わる欠点が四つある。第一に，関連はマーカーが実際に感受性遺伝子のごく近くにあるときにしか見いだすことはできない。このことが現実にもたらすのは，関連デザインによる系統的な連鎖マップを作成するためには，罹患患者のきょうだいのデザインを用いた連鎖マップ作成に必要な密度の10倍から100倍の遺伝マーカーが必要である。

　第二に，膨大な数のマーカーが必要となることから，比較しなければならないいかなる研究で見つかった関連の事前確率を決定する直接的な方法がないために，統計的有意性を定める閾値を知るのに大きな統計的問題がある。

　第三に，いわゆる**集団階層化**の結果によって関連が生じてしまう可能性がある。これはすなわち，集団が研究の対象としている疾患とはまったく無関係であるという理由で，対立遺伝子の頻度が異なるということである。

つまり，もし対照群と統制群とが何か異なる母集団に由来するものだった場合，完全にうわべだけの関連が見つかってしまうかもしれないのである。この問題が現実問題としてどれほど深刻なものかを論じた文献は数多くあり，集団階層化に対する意見は現時点ではさまざまである。しかしながら，誤った発見が集団階層化から生じたことを示す事例は存在する[8]。例えば第 11 染色体上のドーパミン D2 受容体とアルコール中毒との関連が主張されたときなどがそれである[9]。

集団階層化のバイアスの可能性に対処する最も納得のいく方法は，親二人と罹患した子ども一人の三つ組を分析することである。原理としては，伝達された親の対立遺伝子と伝達されなかった対立遺伝子の割合を比較することにより，もともと同じ母集団からとった三人に基づいて関連を見つけだすことができる，というものである。こうした種類の最初のアプローチは，フォークとルビンシュタイン[10]によるハプロタイプ相対リスク (HRR) 法であるが，これは伝達非平衡テスト (TDT) に大部分置き換わっている。それは TDT のほうが，(両親がヘテロであれば) 連鎖と関連の両方を見つけることができるからである[11]。もっと新しい方法も同様の目的のために用いられるようになってきている[12]。

DNA プーリング法

関連デザインでは，ゲノムをスクリーニングするために罹患きょうだいペアを用いる連鎖デザインの場合よりもはるかに多くのマーカーを必要とするため，その資源のもつ意味はやっかいである。同時に考えなければならないのは，統計的な問題も面倒だということだ。そこでゲノムスクリーニングのためにプールされた DNA を使うというのが，可能な解決策として提唱されている[13]。DNA プーリング法は，研究しようとしている特性をもつサンプル全員の DNA を一つにまとめ，これを一つのデータセットとして分析するというものである。ここで集団階層化バイアスに対処するために，親と子を別々に扱うことはもちろんである。DNA プーリング法にはまだ検討中の技術的に難しい点が数々あるが，将来性のある方法とされている。しかし一つの重要な制約は，どの対立遺伝子においてもその特

性や疾患を構成する一部の症状ではなく全体に効いていなければならないということだ。例えば、もし自閉症の遺伝的易罹患性が、言語とコミュニケーションの異常に関連する感受性遺伝子をもち、社会的相互作用にかかわる感受性遺伝子は別で、ステレオタイプ的な常同行動にかかわる遺伝子群もまた別ということだと、自閉症のあらゆるケースをまとめた分析からは結果は何も出てこない。同じことが他の特性や疾患についてもいえる。当面、感受性遺伝子がある疾患の異なる側面や一部の症状に作用しているかどうかについては、まだわかっていないだけであるが、これから考えなければならない可能性をもつことは確かである。同じように、DNAプーリング法はいくつかの異なる遺伝子座が作用している遺伝子の組合せからなる効果を扱うことができない[14]。

　関連デザインに関して指摘した三つの欠点は、主として偽陽性の発見を導くと思われるものである。これに対して、四つめの欠点は偽陰性の危険となる。対照群と統制群の比較は、同じ対立遺伝子が常に研究の対象となっている結果と関連している場合はうまくいく。しかし、もし対立遺伝子の多様性、すなわち異なる母集団で異なる対立遺伝子の変異が効果をもつ場合、うまくいかない。そして残念ながら、このようなことはしばしばあることがすでにわかっている。

量的形質遺伝子座（QTL）研究

　さらに有効性の高い発展は、連鎖デザインと関連デザインの連続変数への拡大である。これに関連する感受性遺伝子を量的形質遺伝子座（QTL）とよぶ[15]。QTL研究が発展した理由には、概念的、実証的、統計学的なものがある。

　概念的理由としては、精神医学的疾患の多くが正常から質的ではなく量的に乖離しているとみなせるということがある。このことはすでに2章で論じたが、それは表現型の定義に関してであった。しかしそれに加えて、ある疾患が重篤であるために一つの質的に際立ったカテゴリーとして扱うような治療が必要なときであってさえも、やはりそれは連続的に分布するディメンショナルなリスク因子に基礎をおくと考えられる。例えば、

心筋梗塞（心臓麻痺）は，心臓に構造的ダメージを与えてしばしば死に至るものであり，明らかに一つの質的に際立ったカテゴリーである。一方，心臓麻痺それ自体を引き起こす遺伝子というものがありそうにはない。むしろ遺伝的影響は，コレステロールのレベルや血栓のできやすさ，高血圧などの連続的に分布するディメンションにあてはまりがよいと思われる。これとまったく同じ考え方が多くの精神疾患にあてはまるだろう。

　QTL研究が有益である実証的理由は，遺伝学の発見が疾患のなかに気質特性を媒介して発症するものがあると示唆されている点である。例えば，全般性不安障害やうつ病に対する易罹患性に及ぼす神経症傾向の役割などがそれにあてはまる[16]。

　QTL研究が好都合な統計学的理由としては，一般に連続変数の分析のほうがカテゴリー変数の分析よりも統計的検定力が高いということである。もちろん，この利点は易罹患性がディメンショナルであるという仮説の妥当性と，そのディメンションを測る信頼性と妥当性のある測度があることに決定的に依存する。例えば，自閉症を特徴づける社会的相互作用の問題を測る適切なディメンショナルな測度の開発のための努力が続けられている。4章で述べたように，より範囲を広げた表現型の概念が妥当性があることを示すエビデンスはしっかりとあるのだが，それが正常からどのくらい離れたところにあるのかについてはまだよくわかっておらず，また自閉症タイプの社会的困難を，例えば統合失調症や反社会的行動，あるいは社会不安のもつ社会的困難と区別するのに十分満足のいく方法を達成していない。とはいえ，こうした問題は本質的に解決可能であり，ひとたび適切で信頼性と妥当性のある測度ができあがれば，QTL研究は本領を発揮できるだろう。

　QTLに適用する連鎖デザインと関連デザインの原理は基本的にカテゴリー変数にも同じように適用されるが，一つの決定的な点において細かな違いがある。それは，**QTLきょうだいペア連鎖デザイン**という最適のデザインが，二人とも罹患しているきょうだいではなく，特性の極端に不一致なきょうだいペアを用いるということである[17]。この方法は読字障害（後述）の領域ではある程度の成功を収めてきているようであるが，この方法

がより広範囲の精神疾患に対してどのくらいうまくいくかを判断するのは時期尚早である。

ハプロタイプ法

ハプロタイプとは一つの染色体上の非常に近いところで連鎖し、一緒に遺伝する遺伝マーカーのセットである。つまり遺伝の結果として起こる組換えによって簡単に離れ離れにならない。ハプロタイプによる場合のほうが、単一の対立遺伝子による場合よりも、遺伝的感受性の正確なマーカーとなり、関連デザインにおいて対照群と統制群との差をより簡単に見つけやすいとされている[18]。ハプロタイプ法に対する賛否はまだはっきりとしていないが、偽陽性の結果が出る危険性が特に大きいことは明らかである。

■分子遺伝学研究全般に関する方法論的危うさ

上述したように、多因子性の特性や疾患の感受性遺伝子の探索の再現性のなさには長い歴史がある。こうした研究を困難なものにさせている問題は、大きく分けて四つある。第一の問題は、遺伝子型同定に関するエラーの可能性を考えなければならない点である。実験室での測度は常に信頼性も妥当性も高いと考えがちであるが、そういう仮定に安穏としていられるわけではない。遺伝子型同定に関するエラーを扱った若干の研究では、エラーの割合は些細といえるようなものではなく、モデリングをしてみると、よく使われるテスト（共有ハプロタイプを用いたTDT）で誤った結論を導きだす頻度が驚くほど高く、問題が多いことがわかった[19]。連鎖デザインについて、カードン[20]はエラーの割合がわずか0.5パーセントでも1000組のきょうだいでロッドスコアは3からおよそ2に下がり、1パーセントでは半分以上も下がってしまうことを明らかにしている。エラーの割合が2パーセントあったら、真の遺伝子座は完全に見逃されてしまう。

第二の問題は統計的検定力にかかわるものである。すでに指摘したように、追試では肯定的な結果が出たオリジナルの研究よりもずっと大きなサンプルが常に必要である[5]が、多くの研究でサンプルがずっと小さいのは

明らかである。一つの解決法は，複数のサンプルをまとめてなんらかのメタ分析をすることである。

　第三の問題は遺伝的多様性によるものである。上述のとおり，これはよくある状況である。いくつかの異なる遺伝子や同じ遺伝子の異なる対立遺伝子が同じ特性にかかわっているかもしれないばかりか，そのうちのどれかは地域によっても異なっているかもしれない。

　第四の問題は，分子生物学の分野では，ある特定の方法こそが唯一の許容可能な研究法であるという根も葉もない主張，さらに輪をかけて，それがあらゆる問題を解決するという主張に毒されていることがあげられる。スペンスら[21]はこういう迷信，あるいは「まがいもの」がまかり通っていることに警鐘を鳴らし，専門家の主張に健全な懐疑心をもち続け，革新を促し，複数の相補的な研究法に価値があることを認識する必要性を訴えている。

　これまで述べたような，あるいはここではふれなかった別の方法論的危険性はあっても，科学というものがおしなべてそうであるように，いかなる発見もそれが信頼に足るものであるかどうかは，独立のサンプルを用いた他の研究者がそれを確認したときでなければわからない。したがって，以下に述べる発見されたことのまとめでは，確証された結果に重点をおいている。しかしこれでもなお，十分とはいえない。発見が本当に意味をもつのは，遺伝子のタンパク質生成が特定され，できれば動物モデルで，それが人間で見いだされるものに匹敵すると思われる表現型に対して効果をもつことが示されたときである。これは厳しい要求であるが，ようやく最近になってこの要求が満たされ始めてきた。

■ 単一遺伝子性疾患

　分子遺伝学を精神病理の研究に応用し始めた最初のころは，精神病理のかなりの部分がメンデル性遺伝を示す単一遺伝子で説明できるだろうと期待するのが一般的だった。そんなことはとてもありえそうもない仮定だったのであって[22]，いまでは単一遺伝子性疾患の場合に適用する研究法を，

ほとんどすべての精神病理症状が示す多因子性疾患の遺伝研究に適用する際には，大幅な改変が必要であるということが受け入れられるようになっている。それでもなお，単一遺伝子による精神病理の事例がいくつか存在する。そこで頻度のずっと多い多因子性疾患に進む前に，単一遺伝子性疾患の事例について考えてみることは役に立つかもしれない。

レット症候群

　レット症候群が最初に世の注目を集めたのは，ハグバーグら[23]の一連の事例を報告した重要論文だったが，この症状は実は1966年にドイツの論文においてすでに記述されていたものの，気がつかれないままだったのである。レット症候群はとても珍しい疾患である。なぜならほとんど女性にしか発症せず，そして家庭内で遺伝しないからだ。生まれたときは正常にみえる赤ちゃんだが，ある時点，ふつうは6か月から18か月のあいだくらいに，頭部の発達の著しい減衰，合目的的な手の動きの進行性喪失，社会的かかわりの減少（はじめは自閉症と類似しているようにみえる），そして常同行動の進行，特にとても特徴的な手洗いのような動きや過呼吸発作を示すようになる。顕著な知的障害とそれに続く筋力の喪失（程度はさまざま），さらにてんかん発作も発症する。圧倒的に多くのレット症候群は孤発性（家族に同じ疾患をもつ人がいない）で家族歴がないが，ときどき家族に症例がみられることがある。このような4家庭を丹念に調べたヒューダ・ゾービらは，X染色体上の関連遺伝子の研究へと向かった。この研究はうまくいき，1999年にその結果を報じる論文が出版された[24]。他の研究者もこの結果を即座に検証し，その同じ遺伝子の異常が家族性の症例だけでなく孤発性の症例に関与していることも示した。次に必要となるのは，当該遺伝子のふるまいと，それがこの特定の疾患の様態に結びつく過程を確定することだった。人間の症状にうまく酷似させた動物モデルが開発され，遺伝子がどのようにして鍵となる生物学的機能を破壊するかを示すのに重要な役割を果たしたのである[25]。

　科学ではよくあるように，この重要な発見は続くさらなる一連の問いへと結びついた。問いの一つは，これが本当に環境リスク因子との相互作用

とは決して随伴しない完全な遺伝的症状なのかどうかということだった。動物実験は、もしノックアウトが完全になされていれば、症状が変わることなく起こることを示すという点で有益であった。これはヒトでの発見とも一貫していた。一方で、遺伝的変異をもつに違いない女性の症例がときどきあった。なぜなら彼女たちはそれを自分の子どもに伝えているのに、自分自身はレット症候群の通常の症状を表さないようだからである。この理由はX染色体不活化にあることがわかった。つまり、ふつうすべての女性で、X染色体の一方は不活化もしくは遮断されている（6章，7章参照）。ということはつまり、このような一見罹患していない女性では、不活化されたX染色体は、大部分が正常のX染色体を残しながらもレット症候群をもたらす遺伝的変異を運んでいるほうの染色体であるということである。その後の研究で、臨床症状の重傷度の変異はかなりの程度、X染色体不活化のパターンによって説明可能であることがわかった。つまり、遺伝的変異が通常はとても特徴的な重度の神経精神医学的な症状を引き起こすが、はじめに理解されていた以上にさまざまな非典型の症状があるという理解に結びついたのである[26]。ある場合には、レット症候群は一般的な精神遅滞の一種のようにみえることもあり、また時には自閉症のようにもみえる。そこで問題としてあがってくるのは、このまれにしか起こらない変わった症状で見つかったことが、より広汎な他の症状にも妥当性があるのかどうかということである。この問いに対する答えはまだ明らかではないが、おそらくもっと研究が必要である。自閉症スペクトラム障害の患者のサンプルを用いた分子遺伝学研究によって、レット症候群に結びつく遺伝的変異はきわめて少ないことがわかっている。しかしこのことは、必ずしも因果メカニズムに類似性がないかもしれないことを意味するわけではない[27]。

常染色体優性の早発性アルツハイマー病

　ふつうアルツハイマー病は超高齢者の疾患であるが、40代や50代、あるいは60代といったもっと早い時期から発症することがあることが長いあいだ知られていた。こうしたまれに起こる早発性のタイプには常染色体

優性のパターンを示す場合がある。これは完全に遺伝的であり，特定の遺伝様式に従う単一遺伝子性疾患であることを意味する[28]。

　この場合，研究者は関連する病理遺伝子の研究の焦点を，この疾患にかかわる病理生理学的過程と結びついた遺伝子にあてた。しかし，手がかりは他にもあった。それは，ダウン症にアルツハイマー病の頻度が高いという観察結果があることであった。ここで手がかりというのは，ダウン症が第21染色体の異常と関連するという知識である。結局，いまのところ三つの遺伝子が同定されている。第21染色体上のアミロイド前駆体タンパク遺伝子と，第14染色体，第1染色体上にある二つのプレセニリン遺伝子である。これらは実際にアルツハイマー病のもつ病理生理学的過程に影響を及ぼす遺伝子である。レット症候群と同様に，これもトランスジェニック・マウスモデルによって確証された。つまり関連遺伝子に変異のあるマウスがつくられると，それらは関連性のある病理的な効果のいくつかを示したのである。レット症候群と同じように，次の問題はこれらの遺伝子が超高齢者の集団の多くを冒すアルツハイマー病の，もっとずっと一般的な多因子性の変動にもかかわっているかどうかということであった。この点に関しては否定されたが，それでもなお，まれに起こる早発性アルツハイマー病の脳の病態が，より頻度の高い遅発性アルツハイマー病と同様であると考えられるので，基礎となる病理生理学的過程に関する一般的知見は，早発性だけでなく遅発性にもあてはまると考えるのは，おそらく妥当であろう。

　覚えておかなければならないのは，たとえ完全に遺伝的な疾患であっても，通常は一つ以上の遺伝的変異がその疾患の原因となっているのが見いだされるということである。精神病理的な問題としばしば結びつく疾患である結節性硬化症は，第9染色体あるいは第16染色体上にあると考えられている突然変異が原因であることが知られている。どちらに変異があっても，似たような臨床像が現れる。結節性硬化症にみられる精神病理的症状の一つが自閉症スペクトラム障害の症状なので[29]，研究者たちは自閉症スペクトラム障害の感受性遺伝子が第9染色体あるいは第16染色体のいずれかに位置することを意味するのではないかと考えている。しかしなが

ら，いまのところ得られたエビデンスによれば，どうもそうではないようである。これはおそらく，自閉症の発症が遺伝子の場所の結果ではなく，結節性硬化症が脳に与える影響の結果だからだろう。これまでにわかっているのは，自閉症の発症は通常，結節性硬化症（この疾患を特徴づける異常）が脳の側頭葉に見いだされ，その個人が精神遅滞を示し，そして早発性のてんかん発作をもっているときにのみ，見いだされるということである[30]。したがって，結節性硬化症の場合の突然変異遺伝子の場所は，自閉症スペクトラム障害の感受性遺伝子の発見には役立たないことがわかるだろうが，それでも（役立たないことがわかるだけでも）有益であると思われる。

多因子性疾患

アルツハイマー病

　まれにしかみられない常染色体優性の早発性アルツハイマー病（前述）の研究から見いだされたことは興味深い。それは，多くのアルツハイマー病の症例を説明するからではなく（実際はそうではない），アミロイドの堆積がアルツハイマー病の原因の一部だという仮説に関連して示唆的だからである。アミロイドの堆積が基本的な原因論の理解に寄与するということは，トランスジェニック・マウスのモデルから得られたエビデンスからも示唆される。このモデルは人間にみられる様相と完全に等しいわけではないが，脳の変化が記憶に悪影響を与えることと結びついていることを支持している。早発性アルツハイマー病で見いだされた三つの遺伝子は，より一般的にみられる遅発性アルツハイマー病の感受性にはまったく効果をもたないようである。一方で，いまのところわかっているかぎり，アルツハイマー病の二つのタイプにおける基本的な脳の変化はまさに同じなので，この結果が遅発性アルツハイマー病の理解にも寄与するのである。

　早発性アルツハイマー病は遺伝的に直接決定されるが，遅発性アルツハイマー病では異なっている。むしろ遅発性アルツハイマー病は多因子性疾患，つまり遺伝子は重要だが影響因としての役割を果たすというも

のなのである。1993年に脂質代謝にかかわる遺伝子が遅発性アルツハイマー病とかかわっていることが発見された[31]。特にある特定の遺伝的変異（ApoE-4）がリスクを高めるのに関連している。この関連は今日，他の研究者によっても繰り返し確証されてきている。しかし，理由はまだよくわからないが，ApoE-4のリスク効果は民族によって異なり，日本人では特に高く，アフリカ系アメリカ人ではずっと小さい[6]。ApoE-4が果たしてアルツハイマー病の発症にいかなる影響を与えているのかについては，正確なところはわかっていないが，脳の変化を導く過程において重要な意味をもっていると思われる。おもしろいのは，ApoE-4はいろいろな脳損傷からの回復不全のリスクを高めることに関連しているらしいということだ[32]。つまり，遺伝リスクは脳損傷に対する非特異的な有害反応にかかわるのであって，特定の形の認知症にかかわるのではないのかもしれないということである[33]。

さらにApoE-4は，正常な高齢化や無症候性の人のMRI画像の変化における認知機能の低下過程と関係している[34]。つまり，アルツハイマー病にかかわるリスク効果として強く示唆されているにもかかわらず，この疾患それ自体の感受性遺伝子として概念化するのが本当によいわけではないのかもしれないのである。こうした理由，あるいは別の理由から，アルツハイマー病のリスク評価でApoE-4の遺伝子型同定は認められていない[35]。これが認められるには，あまりにも誤解を導くような発見が多すぎるのである。

統合失調症

長いあいだ，統合失調症の感受性遺伝子同定の進歩は遅々としたものだったが，今日ではニューレグリン1遺伝子や，ディスバインディン遺伝子，そしておそらくタンパク質調整遺伝子のある特殊遺伝子（RGS-4）やカテコール-O-メチル基転移酵素（COMT）遺伝子については追試がなされている[36]。しかも，これらのうち三つは関連するトランスジェニック・マウスの表現型も存在する。さらに，他にも統合失調症に関連しそうだがまだエビデンスが不十分な遺伝子がいくつかある。それぞれ，特定された

遺伝子は統合失調症の易罹患性の分散のわずかな割合しか説明せず，発見されたものには問題が残されているものもある。それでもなお，現在のところこの発見には意味があると思われる[37]。それが興味深くまた重要なのは，遺伝子が統合失調症の原因のなかで役割を演じていると考えられる神経伝達物質にかかわることを示している，ということである。遺伝的な発見は生化学的な因果経路や分子的なメカニズムについての情報をもたらすことが，この発見を重要なものであると期待する理由である。しかし，さらに二つ付け加えなければならない。長いあいだ，統合失調症は双極性障害とはまったく無関係の完全に独特な症状だと思われてきた。今日，この二つの重篤な症状の遺伝的易罹患性には重なりがありそうだということを示すエビデンスが提出され始めている[38]。この二つの違いは，統合失調症の場合は神経発達の異常により強くある関連と，おそらくは環境的影響に関する両者の違いからくるのだろう。

注意欠陥／多動性障害（ADHD）

双生児研究によれば，ADHD には強い遺伝的影響があり（5章参照），また興奮剤に対してふつうは有効な反応を伴うことも明らかになっていることから，ドーパミン系神経伝達システムになんらかのかかわりのある感受性遺伝子の探索に拍車がかかっている。いまのところ関連デザインからも連鎖デザインからも，二つの遺伝子がおそらく ADHD の感受性を高めるのにかかわっていることが追試されている[39]。それが DRD4（ドーパミン受容体遺伝子）と DAT-1（ドーパミン伝導体遺伝子）である。初めて発表された全ゲノムスキャン[40]においては，いずれの遺伝子についても否定的な結果だったが，追試とメタ分析（複数の研究の結果を統計的にあわせること）によると，この二つが感受性遺伝子であるという結果はおそらく確かであることが示唆されている。さらに二つの全ゲノムスキャン[41]は，遺伝子座が第 16, 17, 5, 7, 9 染色体上にあるらしいことを示唆しているが，この二つのスキャンの結果は互いに十分一致してはいない。複数のサンプルをまとめて関連解析をすると，有意ではあるが弱い関連が DRD5 遺伝子の近隣のマイクロサテライトとあることが示されている。これは主に注意欠陥

型と複合型 ADHD のみにあてはまり，多動・衝動型のタイプにはあてはまらない。

　この結果は期待できるものだが，いくつか問題点を指摘しなければならない。第一に，遺伝的変異は ADHD を発症させる易罹患性の母集団変異のごくわずかの割合しか説明しないということである。第二に，これらの遺伝子は ADHD だけでなく依存行動やさまざまなパーソナリティ特性とも関連しているということである[42]。特に，この遺伝子座は読字障害や自閉症スペクトラム障害の遺伝的易罹患性と部分的に重なっている。第三に，これらの遺伝子が疾患への経路のなかで果たす正確な役割が解明されなければならないということである。カステラノスとタノック[43]は，いまある限られた実験的エビデンスが示すのは，ADHD はドーパミン系と関連する認知的な障害を反映しており，これが遺伝的影響が作用するルートをつくりあげているということだと指摘している。この指摘は妥当性のあるものであり，さらなる探究を保証するものではあるが，厳密な形での検証はこれからなされなければならない。

ディスレクシア（特殊な読字障害）

　ディスレクシアは，スミスら[44]によって遺伝子座が同定された最初の心理的特徴の一つである。いまや同様の発見がヨーロッパや北アメリカのいくつかの異なる研究グループから得られており，六つの異なる遺伝子について肯定的な発見がある。およそ 20 年のあいだ，こうした発見が特定の感受性遺伝子の実際の特定にまで至らないといういらだちがあったが，状況は現在では変わってきているようである。コロラドの研究[45]は第 6 染色体上の QTL が平均以上の知能指数のときのディスレクシアと強く連鎖していることを示した。こうした状況においては，QTL は読みにかかわる広汎な下位症状に影響を与えているようである。イギリスの二つのきょうだいサンプルとコロラドの双生児に基づくきょうだいをいっしょにした大規模な関連研究[46]では，第 6 染色体上の QTL リスクハプロタイプが，サンプルの約 12 パーセントに起こっており，それが広汎な読みにかかわる認知能力（特に重症の範囲で）に影響を与えているが，知能指数には有意な影

響がないことが示された。おもしろいのは，ハプロタイプがタンパク質をコードするいかなる多型（遺伝的変異）によっても違いがないということで，このことからハプロタイプの機能的な効果は遺伝子発現にかかわっているのだろうと思われる。

自閉症スペクトラム障害

自閉症スペクトラム障害の感受性遺伝子にかかわる状況も，ディスレクシアとおおむね同じ段階にある。つまり，いくつかの異なる染色体上の遺伝子座に感受性遺伝子がある可能性が繰り返し見いだされているが，実際の遺伝子自体の同定には至っていない[47]。自閉症の原因に部分的にかかわる特定の遺伝子を見いだしたようだとする発見はある[48]が，確証されてはいない。潜在的に，ある一つの事例で，小脳の発達にかかわる遺伝子が（マウスの研究で示されているように）興味深いのだが，別の事例では遺伝子は脳細胞の機能にかかわると思われるATPの産出にかかわっている[49]。両方とも，遺伝子は機能あるいは機能不全それ自体を直接もたらすというよりも，他の遺伝子の機能を調整している。

特異的言語障害

特異的言語障害は，発達の他の側面が正常に進んでおり，言語の遅れを説明できる明確な要因（聾や全般性精神遅滞，あるいはなんらかの後天的な神経疾患のような）がないときに生じる言語発達の遅れのことである[50]。この障害と正常な言語獲得の時期の個人差とを区別しなければならないという現実的な問題はある。しかし，臨床的に顕著な障害があるということは，それなりの重さの障害が成人まで引き続くことが多いことを示した長期縦断研究から明白である[51]。それでもなお，「特異的」という名称がつけられている障害であるにもかかわらず，少なくとももっと重篤な発達障害をも伴った形で，この心理的機能の障害は言語を越えた範囲にまで及んでいることが明らかに示唆されている。さらにこれは単一の障害ではないことも明らかである。特に，子どもの発話言語の産出だけにかかわる障害と，発話言語の理解にもかかわる障害とを区別することが重要であると思われ

る。加えて，主たる問題が子どもの言語使用の文脈化の能力であるような重要な障害の下位グループが存在する。このグループでは，問題は言葉の使用それ自体にあるというよりも，むしろ社会的コミュニケーションの問題にかかわっている。

　遺伝に関する最初の大きな突破口は，発音問題および舌と顔面の協調運動不全を伴う重篤で珍しい形の発話・言語障害をもったとても稀有な家庭に関するものであった[52]。このケースの遺伝様式は常染色体優性の伝達形式に従っているようで，FOXタンパク遺伝子の変異型（FOX-P2とよばれる）が関与していることが見いだされた。この家庭の疾患は，胎児の脳発達における重要な段階で十分な機能タンパク質が不足していることから生じるようである。明らかな理由から，この遺伝子が特異的言語障害にもっと幅広くかかわっているのか，それとも自閉症にかかわっているのかに関しては多くの関心が寄せられていた。結局のところ，初期の研究が示したのは，そういうわけではないということだった。むしろ全ゲノムスキャンが示したのは，第16染色体と第19染色体の特定の領域の遺伝子座と高い有意な連鎖があるということだった[53]。特におもしろいのは，第16染色体上の連鎖が三つの読みに関連する測度にもあてはまるということで，特異的言語障害と読みとのあいだの遺伝的易罹患性は部分的に共有しているということである。この発見はこれら二つの関連に関する疫学的なエビデンスと軌を一にするものである。いまのところ，その遺伝子自体は特定されていない。

パーソナリティ特性

　1996年に初めて，二つの研究が特定の遺伝的変異とパーソナリティ特性，つまりドーパミンD4受容体（DRD4）遺伝子と新奇性追求との関連を示した。この初めての報告[54]以来，その関連を確認したという研究もあれば，できなかったという研究もある。こうした一貫性のなさは，多因子性の特性に及ぼすとても小さな効果を扱う分子遺伝学研究にはよくあることだ。それでもこの発見は依然として妥当性があり，かつ有意義である[55]。また特筆すべきなのは，この発見が刺激追求の特性だけでなくADHDや依

存行動にもあてはまるということである。同じ年（1996年）に，セロトニン伝導体遺伝子の転写に影響を及ぼすプロモーター領域と情動性あるいは神経症傾向とのあいだの関連についての報告があった[56]。ここでも追試の結果に一貫性がないが，これはその遺伝効果が環境リスク因子との交互作用（9章参照）に依存しているからであろうと思われる[57]。さらに驚くべき発見は，DRD4遺伝子と無秩序型アタッチメント（愛着）との関連であろう[58]。若年の子どもにおける無秩序型アタッチメントの特徴が養育環境のリスク因子と関連があるので驚きである。別の研究グループ[59]ではこの結果は確認されていない。不確かなのは，ラカトシュのグループがさらに行った研究では，無秩序型アタッチメントへの効果が示せなかったが，安定型アタッチメント，すなわち健常なアタッチメント行動の変異と思われるものと関連する遺伝子座が伝達されないことが示されたからである[60]。この段階でこの発見を確かなものというのは時期尚早であり，同じように遺伝効果がなんらかのリスク環境との交互作用によるかどうかもまだわからない。神経伝達物質関連の遺伝子とさまざまなパーソナリティ特性とに関するこれ以外の発見もまた，将来を期待させるものである[55]。しかしセロトニン伝導体遺伝子の発見と違い，メタ分析が有意な効果を示しておらず[61]，疑わしさが残る。原則としてパーソナリティ特性に及ぼす遺伝効果は精神疾患へのリスクとの関連において重要であるが，これまで得られた結果はまだ不確実で，その特性の個人差のごくわずかな割合しか説明しない。将来的な発見は遺伝子・遺伝子間交互作用，ならびに遺伝子・環境間交互作用の理解の向上に依存するものと思われる。

物質乱用

物質乱用に及ぼす遺伝的影響のなかで最も確立しているのは，中国系，日本系の人々のアルコール依存リスクの個人差にアルコール代謝にかかわる遺伝子が大きな役割を果たしているという発見である[62]。アルデヒド・デヒドロゲナーゼ遺伝子のある特殊な変異（ALDH2）は，それをもつ人にアルコール摂取後のたいへん特徴的で不快な紅潮をもたらす。この遺伝子をもつ人はアルコール依存になるリスクがとても低い。この遺伝子は純粋

なヨーロッパ系の人には見つからないようなので，これはヨーロッパに起源をもつ集団の人の遺伝リスクには寄与していない。しかしそのメカニズムはアルコール依存の意味を検討するにあたって，より広く適用可能である。まず，これはリスク効果ではなく，保護効果をもたらす突然変異の事例なのである。

遺伝子が保護にかかわるかリスクにかかわるかを評価することは大切なことである。例えばガンの領域では，疾患はガンを導く遺伝子だけでなく，ガンの発生を抑制する遺伝子がないことによっても影響を受ける。遺伝効果が環境的影響と交互作用するというのも重要な点だ。紅潮しない日本人において，女性は男性よりもアルコール依存になりにくい。なぜなら，日本人男性は仲間どうしと酒を飲むことに対する強い仲間のプレッシャーがあるのに対し，女性ではこういう行動パターンは受け入れられていないからである。さらに興味深いのは，遺伝効果がアルコール依存に至る過程の段階によって異なるようだということである。紅潮反応を示す変異をもつ人はそれ以外の人と比べて，アルコール消費量が少ないらしい（なぜならその効果は心地よいものではないから）が，飲酒量の多い人のあいだでは，この変異は内科的合併症のリスクを（低めるのではなく）高めることに関係している[62]。

アジア以外の集団でアルコール依存にかかわる遺伝子を特定しようという研究が数多くなされている。そして第4, 11染色体上の特定領域に連鎖があるらしいというエビデンスがある[63]。しかし，本当の感受性遺伝子は現状ではまだ明確に特定されていないが，きっと見つかるであろう。

遺伝的影響が個人の代謝や薬物（それがニコチンであれ，アルコールであれ，コカインであれ）への反応の仕方に及ぼす効果を通じて作用すると考えるのはもっともなことである。物質乱用の動物モデルは特定の薬物に対する感受性に同じように焦点をあてている[64]。しかし，特定の薬物への感受性で話がすべてであるとはとても考えにくい。なぜなら，ある薬物問題を抱える人の多くは，一つではなく複数の薬物を服用しているからである。したがって，特定の薬物への反応に対してだけでなく，リスクをとることやその他の一般的特徴に焦点をあてた感受性遺伝子に目を向けること

が重要となるだろう。こうした側面にパーソナリティ特性の研究の潜在的可能性がある[55]。

■ 社会的きずな

人間における社会的きずなや養育に関する感受性遺伝子については確定された発見というものはない。しかし，動物研究がその重要なヒントを与えてくれている。トム・インゼルらは，一雄多雌のヤマハタネズミと一雄一雌のプレーリーハタネズミを比較するという興味深い方法を用いた[65]。そこでわかったのは，両者の大きな違いがオキシトシンとバソプレシンの分子受容体における遺伝子発現のパターン（7章参照）にあるということだった。そこでさらに，マウスのオキシトシン遺伝子を生まれる前にノックアウトさせたところ，他の動物を記憶できないようにさせることを見いだした。この状態は，成人期に脳の適切な部位にホルモン注射することで回復することができる。遺伝的差異はホルモンの感受性遺伝子のプロモーター領域にあり，遺伝子それ自体ではない。そしてプレーリーハタネズミのあいだにも，関連する遺伝的プロモーター領域には個人差がある。もちろんこのことを人間における選択的アタッチメントや夫婦にあてはめるには重要な問題が残っており，社会的記憶を獲得する能力の個人差が人間における社会的行動とどんな関係があるのかはよくわかっていない。それでも，研究はきわめて革新的なもので，社会的きずなにかかわる分子遺伝学的差異を越えて，媒介的なメカニズムと考えられるものに移っている。こうした研究は，行動に及ぼす効果の生物学的基礎を理解するのに先立って，遺伝的研究が必要とするあり方の一つを示している（このトピックは9章でさらに論じる）。

■ 薬理遺伝学

およそあらゆる医学的処方に関する一貫した結果は，どれだけ効果的な薬でも，その反応には，有益な効果であれ副作用を伴うものであれ，その

両側面においてかなりの個人差があるということである。この10年のあいだに，特定の遺伝子がこの反応の個人差に及ぼす影響をテストする分子遺伝学研究が数多く行われてきた[66]。基本的に遺伝子は薬の代謝（望ましい投与を考える上ではきわめて関連がある），あるいは精神疾患にかかわる特定の神経伝達物質（一人ひとりの患者に最も適切な薬はどれかを考えるのに有意義）への薬の効果のいずれかにかかわるであろう。したがって，薬理遺伝学の潜在的可能性は，現時点では不可能な方法であるオーダーメイド治療にある。この領域（特に薬の代謝に関して）ではいくつか追試された結果もあるが，エビデンスが示しているのは，臨床実践へと応用する段階に近づき始めたという程度である[67]。

■ 中間表現型

精神疾患の領域における初期の分子遺伝学研究は，遺伝子が特定の精神病理カテゴリーの易罹患性に作用しているだろうと仮定していた。これまでみてきたように，そうした単純すぎる仮定は修正されている。より可能性が高いのは，遺伝子が精神病理に至る因果メカニズムのなかで役割を果たしている生化学的な経路に影響しているということである。そこで，神経伝達物質の機能にとって意味のあると思われる遺伝子へと関心が向いた。遺伝精神病理学者のなかには，「中間表現型」に分子遺伝学研究の焦点を向けることが有効だろうと論じている者もいる[68]。中間表現型は診断よりも遺伝効果により近いところにあると考えられており，しかしなんらかの診断カテゴリーにとっての易罹患性の一部であるような特定の機能に適用するものとして使われている用語である。中間表現型の可能性があるものとしては，特殊な認知能力，あるいは特殊な生理的機能がある。この指摘は有益だが，それが実際，どの程度有益かを断定するにはまだあまりにも時期尚早である。

▍分子遺伝学研究からの結論

　ひとたびある行動特性や疾患に関連する遺伝子が一つ見つかったことがしっかり確証されれば，遺伝子が必ずその特徴の因果関係にかかわっていると結論づけることができる点はきわめて魅力的だ。ある意味でこれはおそらく正しい。しかし，結びつきははじめに思われていたよりも特異的ではなく，より間接的である。しっかり心に留めておかなければならないのは，遺伝子はいかなる特定の行動もコードしているわけではないということだ[4]。むしろ遺伝子は，精神疾患の行動的特徴に結びつく因果経路に影響を及ぼすであろう特定のポリペプチドをコードしているのである（7章参照）。個別の感受性遺伝子を特定するのは，因果経路を理解するために必要な重要な一歩であり，それゆえいま現れ始めていたり確証され始めている肯定的な結果は，とてつもなく有益なものであろう。実際に達成されたことについても，その潜在的可能性についても，熱を上げることはもっともである。しかし注意しなければならないことが五つある。第一に，遺伝子は間接的にはかかわるが，主たる因果連鎖のなかに組み込まれているわけではないなんらかのポリペプチドをコードしているということである。第二に，複数の遺伝子が関連するタンパク質に影響しているだけでなく，タンパク質に影響を与えるどの単一遺伝子の作用にも影響を与える遺伝要素も複数あるということである（7章参照）。第三に，遺伝子発現には環境的影響があるということであり，これは遺伝子の機能的作用を決める重要な仮定である（10章参照）。第四に，ある遺伝効果は特定の環境の特徴との交互作用に結びついている点である（9章参照）。そのため因果経路のいかなる理解も，その交互作用の基底にあるメカニズムを特定することを伴わなければならない。第五に，主たる遺伝経路が完全に特定された後でも，思考過程にかかわる行動や疾患への経路に作用する影響があるだろうということである[69]。もちろん，それもまた遺伝的影響を受けているはずだが，それを理解することは細胞化学の理解により多くを負うことになるだろう。

Notes

文献の詳細は巻末の引用文献を参照のこと。

1) Freimer & Sabatti, 2004; McGuffin et al., 2002; Plomin et al., 2003; Rutter et al., 1999a
2) Davis et al., 1996
3) Freimer & Sabatti, 2004
4) Kendler, 2005c
5) Suarez et al., 1994
6) Farrer et al., 1997
7) Risch & Merikangas, 1996
8) Ardlie et al., 2002; Cardon & Palmer, 2003; Hirschorn & Daly, 2005
9) Kidd et al., 1996
10) Falk & Rubinstein, 1987
11) Spielman & Ewens, 1996
12) Hirschorn & Daly, 2005; Wang et al., 2005
13) Barcellos et al., 1997; Daniels et al., 1998
14) Hirschorn & Daly, 2005; Sham, 2003; Wang et al., 2005
15) Plomin et al., 1994, 2001
16) Kendler, 1996
17) Eaves & Meyer, 1994; Fulker & Cherny, 1996; Risch & Zhang, 1995
18) Sham, 2003
19) Cardon, 2003; Knapp & Becker, 2004
20) Cardon, 2003
21) Spence et al., 2003
22) Rutter, 1994
23) Hagberg et al., 1983
24) Amir et al., 1999
25) Shahbazian et al., 2002; Guy et al., 2001
26) Shahbazian & Zoghbi, 2001
27) Zoghbi, 2003
28) Liddell et al., 2002
29) Smalley, 1998
30) Bolton et al., 2002
31) Strittmatter et al., 1993
32) Saunders, 2000
33) Freimer & Sabatti, 2004; Liddell et al., 2002
34) Bretsky et al., 2003; Small et al., 2000
35) Scourfield & Owen, 2002
36) Glatt et al., 2003
37) Elkin et al., 2004; Harrison & Owen, 2003; O'Donovan, Williams, & Owen, 2003
38) Badner & Gershon, 2002; Cardno et al., 2002; Levinson et al., 2003; Hattori et al., 2003
39) Asherson et al., 2004; Faroane et al., 2001; Thapar, 2002
40) Fisher et al., 2002
41) Bakker et al., 2003; Ogdie et al., 2003
42) Reif & Lesch, 2003
43) Castellanos & Tannock, 2002
44) Smith et al., 1983

45) Knopik et al., 2002
46) Francks et al., 2004
47) Folstein & Rosen-Sheidley, 2001; Rutter, 2005d
48) Gharani et al., 2004; Ramoz et al., 2004
49) Ramoz et al., 2004
50) Bishop, 2001; Bishop, 2002a, b
51) Howlin et al., 2000; Clegg et al., 2005
52) Fisher, 2003
53) SLI Consortium, 2004
54) Ebstein et al., 2003
55) Reif & Lesch, 2003
56) Lesch et al., 1996
57) Caspi et al., 2003
58) Lakatos et al., 2002
59) Bakermans-Kranenburg & van IJzendoorn, 2004
60) Gervai et al., 2005
61) Munafò et al., 2003
62) Heath et al., 2003
63) Ball & Collier, 2002
64) Crabbe, 2003
65) Insel & Young, 2001; Young, 2003; Young et al., 1999
66) Kerwin & Arranz, 2002; Aitchison & Gill, 2003
67) Nnadi et al., 2005
68) Gottesman & Gould, 2003
69) Kendler, 2005b

Further reading

Freimer, N., & Sabatti, C. (2004). The use of pedigree, sib-pair and association studies of common diseases for genetic mapping and epidemiology. *Nature Genetics*, *36*, 1045-1051.

McGuffin, P., Owen, M. J., & Gottesman, I. I. (Eds.). (2002). *Psychiatric genetics and genomics*. Oxford: Oxford University Press.

Plomin, R., DeFries, J. C., Craig, I. W., & McGuffin, P. (Eds.). (2003). *Behavioral genetics in the postgenomic era*. Washington, DC: American Psychological Association.

Wang, W. Y., Barratt, B. J., Clayton, D. G., & Todd, J. A. (2005). Genome-wide association studies: Theoretical and practical concerns. *Nature Reviews — Genetics*, *6*, 109-118.

9章

遺伝子と環境の相互作用

　少なくとも遺伝学者でない人々の見方もそうだが，古い考え方では，遺伝子はあたかもある特定の遺伝的突然変異と望ましくない症状や形質とのあいだに直接的な結びつきがあるかのようにみなされてきた。遺伝的突然変異に完全に原因を求められる単一遺伝子性疾患でさえ，このようなとらえ方は常に単純化しすぎである。7章でも述べたが，遺伝子の作用は複雑でダイナミックな過程であり，その結果は，背景にあるさまざまな遺伝子やタンパク質を生成しないゲノムの非コード部分の影響を受けている。すでに4章でも述べたように，こうした単一遺伝子性疾患の発現にさえ，驚くほどの種類がある。表現型の影響は受け継がれたDNAだけでなく，身体の特定の組織における遺伝子発現のタイミングやパターンにも起因している（7章参照）。そのような遺伝子発現は，機能に対する根本的かつ持続的な影響をもちながら，環境による経験の影響を受けていると考えられる（10章で議論される）。こうしたエピジェネティックな影響は基本的なDNA配列を変えないが，その発現を変え，またそれゆえに，その効果も変える。しかしながらこの章では，さまざまな種類の遺伝子と環境のあいだの相互作用に注意を向ける。

■ 相互作用と交互作用の概念

　遺伝子と環境の相互作用に関する研究結果について考える前に，「相互作用（interplay）」と「交互作用（interaction）」という二つの言葉が，いく

つものかなり異なった使い方をされており，その結果，混乱や的外れな論争を招いていることに注意する必要がある。科学者のなかには，遺伝的影響と環境的影響は両方とも，すべての影響のなかに必ず巻き込まれているのに，それらを分離して定量化する試みをあらゆる行動遺伝学者は行っているとして批判する者がいる[1]。遺伝的影響はなんらかの環境の文脈のなかで作用しているのは間違いなく，それゆえに，まったく環境から独立した遺伝的影響という概念には意味がないという彼らの指摘は正しい。同じ言い方で，環境は生物体に必ず影響を与えており，生物体のつくりだすものは，生物体の特性に及ぼす遺伝的影響を必ず受けている。3章でもみたように，行動遺伝学はこれらの点を受け入れ，遺伝率の推定値が特定の母集団における特定の時間上のある時点において固有のものであるということをよく知っている。それでもなお，その決定的な制約のなかで，研究対象の母集団のなかで実際に起こっているような心理的特性や精神疾患にみられる個人差に及ぼす遺伝的影響の強さを定量化することは可能であり，また，意義深いことである。選ばれた重要な特性の母集団分散に及ぼす遺伝子と環境の相対的な強さを分離し定量化することをめざす双生児研究や養子研究，そして家族研究の重要な発見は4章で議論されている。

にもかかわらず，少し注意が必要なのは，動物の近交系（ということは特定の異なる遺伝子型をもつ）でも，背景となる他の遺伝子[2]や実験室の状況[3]や系統の経験の違い[4]によって，結果的に異なった行動がみられるというエビデンスがみられるからである。ある研究で，食料不足の期間が，興奮剤への反応に対する遺伝的な系統差を変えることがわかった。これが意味するのは，遺伝子・遺伝子間交互作用や遺伝子・環境間交互作用のいずれもが影響を及ぼすことがありうるということである。

もし，遺伝的影響も環境的影響もともにあるとするならば，その次にくる問いは，遺伝的影響が特定の環境の文脈が存在することに依存していない，また環境的影響が特定の遺伝的感受性の存在に依存していない，という意味で，一方の影響がもう片方の影響から独立しているのかどうかという問いである。このような場合，その影響は「相加的」とよばれる。つまり，遺伝子と環境の合わさった効果は，別々に考えたときの二つの合計以

上でも，以下でもないということを意味している。比較的最近まで，こういう状況が一般的であると多くの研究者は予測し，研究結果もそれを裏づけていた。しかしこれからみていくように，いまでは以前に考えられていたよりも，それははるかに疑わしいものとなっている。

　相加的効果に対して最もはっきりとした対立候補は，増加的交互作用（synergistic interaction）の発生であり，特別な環境の存在のなかで遺伝効果がより大きくなったりより小さくなったりする（もしくはその反対，つまり一方の効果がもう一方の存在により減少するというもの），そして同じように環境的影響が特定の遺伝子の感受性の存在や欠乏によって影響を受けている，というものである。1970年代には，そのような交互作用の研究に含まれる統計学的問題について多くの論争があった[5]。これは主として，交互作用を生物学的に概念づけようとする人と，この用語を多変量解析における統計学的交互作用にのみあてはめようとする人たちとのあいだの衝突から生じていた[6]。しかしながら，さらにそこには，統計学的交互作用という用語が，相乗的交互作用（multiplicate interaction）なのか，それとも相加的交互作用（additive interaction）という誤解を招きやすい用語で表されるものなのかという理解をし損ねたことからくる混乱があった。相乗的交互作用とは対数のスケールで測られた交互作用のことである。統計学的考察の実用的意味は後ほど議論しよう。当面，この章では単純に，増加的な遺伝子・環境間交互作用を生物学的な観点から論じることにしよう。この交互作用を統計学的交互作用と区別したい理由は後でより詳しく論じる。さらに焦点が生物学的意義の可能性におかれているので，なんらかの特定され測定された対立遺伝子の変異と，なんらかの特定され測定された環境リスク因子とのあいだの交互作用に主に焦点をおきたいと思う。この方略[7]は，遺伝子と環境のあいだに起こりうる交互作用を，名前のない「ブラックボックス」変数（つまりそれらの影響を双生児や養子，家族といった研究の発見から推定し，それゆえに，個々の遺伝効果ではなく，全般的な遺伝効果にあてはまることを意味とする）として考える伝統的な行動遺伝学の方略とは多くの面で対照的である。

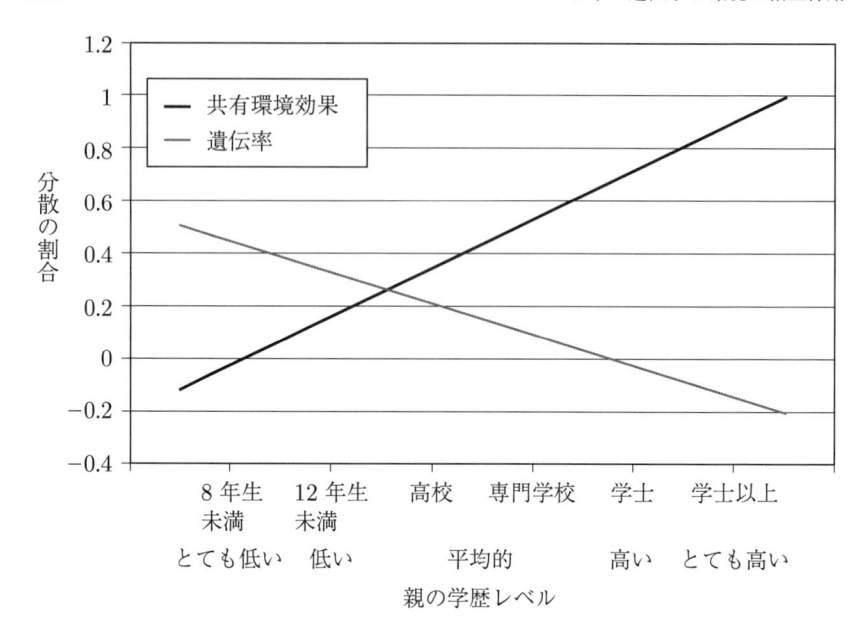

図 **9.1** 親の学歴による遺伝と共有環境の分散コンポーネント間の関係
［出典：Rowe et al., 1999. Copyright © 1999 by Child Development（Blackwell Publishing Ltd.）］

遺伝率の集団による違い

　かなり異なったタイプの遺伝子・環境間交互作用に，遺伝率のレベルに関する集団変動にかかわるものがある。近年，遺伝的影響の効果が恵まれた背景をもつ人においては大きく，逆に不利な背景の人の効果は小さくなるという研究結果がいくつか報告されている[8]。図9.1では，ロウらのデータを例として用いて，実際に見つかったパターンを示している。この種の変動が時に遺伝子・環境間交互作用とよばれる（筆者には誤解を招きやすいのだが）。統計学的分析は実際，統計学的に有意な交互作用を示すのだが，その交互作用は全体の遺伝率となんらかの環境的な特徴とのあいだにおけるものである。それは，特定されたいかなる遺伝子を含んだ交互作用について述べているのではなく，また必ずしも，遺伝的影響が環境的な感受性に対して作用するというわけではない。

とはいえ，この発見は遺伝率の推定値が集団固有であることを認識させてくれるものとしてとても重要である。4章でみてきたように，多くの状況では，そのような推定値は異なる環境を通じてとても安定しているが，異なった環境において全体的な遺伝的影響の強さに大きな違いが生じるという状況は確かにある。遺伝率の集団変動について，なんらかの全体的結論の可能性を検討するには研究が少なすぎるが，それを研究し，その意味を理解することは重要である。

では，いくつか可能性をみていこう。まずはじめに，遺伝的影響がとても強力なため，極端な環境の場合を除いて，環境的影響よりも遺伝的影響が優位を占めるので，集団変動が起こるのかもしれない。一つめの可能性は，ダウン症や自閉症の場合，両親の教育水準で示される教育環境の質がもたらす結果としての知能指数レベルにほとんど変動はない（かなり限定的だが）というエビデンスがあるかもしれないだろう[9]。重要なのは，染色体異常が，およそ知能指数が60のあたりに平均値を低めたということである。もちろん，ダウン症（もしくは自閉症）の個人の知能指数は，ある程度，通常の範囲の知能指数の変動に影響を与えるポリジーン的影響と環境的影響を受けるだろう。実際，施設で養育された深刻な精神遅滞をもつ子どもの研究（最も大きなグループは自閉症も併発している）は環境的影響を示している[10]。ここでの交互作用は，ダウン症を引き起こす染色体異常があるかないかによって，環境率における変動（遺伝率における環境効果）と関係している。

二つめの可能性は，深刻な環境リスクの効果が通常のポリジーンの影響をしのぐほど強いというものである。この可能性のある例として，イギリスの全国双生児サンプルで研究されたような，超未熟児（少なくとも8週間の早産）の子どもの認知レベルに遺伝的影響がみられなかったことなどがあげられるだろう[11]。この分析からわかったのは，超未熟児は早期の認知能力に関して環境によって媒介されたネガティブな影響がとても強いので，予定どおりの出産としてふつうに生まれた子どもたちでは遺伝的影響がかなり重要であるのとは対照的に，遺伝的影響が非常に小さくなるということである。

三つめの可能性は，環境の状態による遺伝率の変動が，もはや遺伝子もしくは環境のいずれかで効果的な範囲内の変動の結果ではないかもしれないということである。

　環境の状態によって遺伝率の変動が大きいということが見いだされたとすると（他の調査による研究に確かめられたのなら），そこにかかわるであろうメカニズムを調べる必要があるということを強く示唆するといえるだろう。しかしながら，交互作用の発見それ自身は，因果メカニズムの方向性について明確なことを示しているわけではない。

遺伝子発現に及ぼす特定の環境効果

　近年最もエキサイティングで大切な発見の一つに，特定の環境が特定の身体組織における特定の遺伝子発現に大きな影響を与え，これには脳の特定の部位も含まれるということを示すエビデンスが増えてきたことがある[12]。この分野の多くの科学者のみならず，他の領域でこの領域の業績をレビューする人たち[13]も，遺伝子・環境間交互作用の効果について話題にしている。その効果は明らかに生物学的であり，個別の遺伝子（特に行動に対する効果の場合には，脳の特定部位の）と特定の発達段階における特定の環境にかかわっている。これらの発見の重要性は非常に大きく，そのエビデンスは10章でもっと詳しく扱われる。とはいえその発見（そしてその概念）は，環境的影響が特定の遺伝子多型（遺伝子の変異体における対立遺伝子の変動という意味）によって調整されている（この場合は変化させられているという意味）交互作用というより，むしろ遺伝子に及ぼす経験の影響として意味深いものと理解される。遺伝子発現に及ぼす効果は，特定の対立遺伝子の変動と直接的に関係しているのではなく，またゲノムの配列に影響を与えているわけではない。それゆえに，遺伝的（ジェネティック）というより，エピジェネティックである。したがって，こうした状況の違いによる環境効果は，特定の対立遺伝子の変動の有無には依存しない。むしろそれは遺伝子発現への効果なのである。これこそが，決定的に重要で，比較的新しい研究分野なのであり，そこに生命体に及ぼす環境効果について，ま

たそれゆえに、初期の経験の長期にわたる効果がかかわるであろう生物学的な過程をどのように考えるかに大きな結果をもたらしている。いくつかの重要な発見については 10 章で議論することとしよう。

特定の環境への曝露に及ぼす遺伝的影響

さらにもう一つ別のタイプの遺伝子・環境間相互作用が、特定のリスク環境や保護環境への曝露に及ぼす遺伝的影響があるというエビデンスからわかった[14]。行動遺伝学者たちは、このような遺伝子・環境間相関をまるで遺伝子が経験される環境における個人差に影響をもっているかのように論じる傾向がある。だがそれは、生物的な視点からものを考える上で、とても誤解を招きやすい考え方である。つまり、この発見が示したことは、遺伝効果の媒介は両親あるいは子どもの行動を通じてなされるということである[15]。図9.2 は、ゲーらの養子研究[16]の発見について、その影響を図示している。生みの親が反社会性パーソナリティ障害や薬物依存、アルコール中毒である養子は、冷たく一貫性のない養育を高いレベルで示す養父母をもちやすい。詳しい研究によると、これは子どもの破壊的な行動の結果として起こるものであり、ネガティブな養育行動を引きだす役目を果たしているということがわかった。この場合、養育態度という環境効果は、子どもの生物学的な背景がもたらしたものであったといえる。しかしながら、注意しなければならないのは、そうした冷たい養育態度は養父母の夫婦関係にも影響されていること、また、育ての母親の養育は子どもの行動に影響を与え、かつ子どもの行動によって影響を受けているということである。

生物学的な両親の遺伝的影響が、子どもに提供する養育環境を形づくるような親の行動に影響を与えるとき、同じようなことが起こる。行動に及ぼす遺伝効果と環境に及ぼす遺伝効果の区別は重要である。なぜならば、その効果というものは、遺伝子が行動に影響を与え、次にはその行動が異なった環境を形成し選択する仕方の結果として起こるからである。これは、遺伝子の働きのなかでも最も重要な間接的ルートであり、これまでの議論においても最もしっかりと注意をしなければならないものだ。この話

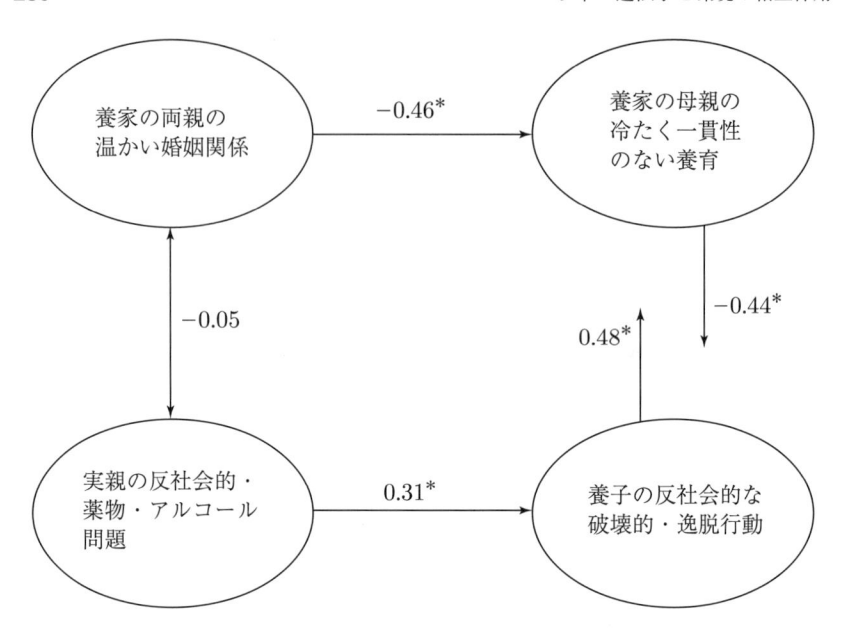

図 **9.2** 生みの親がもつ病理が子どもの行動に対する生物学的影響を介して養家の母親のしつけに及ぼす効果　［出典：Ge et al., 1996］

題は「遺伝子・環境間相関」のセクションでより詳しく考える。環境リスクへの曝露の個人差に対して遺伝効果があることを示すエビデンスが増えているのをまのあたりにして，特定の環境と関連をもつ明確な遺伝子がわからないことに驚く人々がいる[17]。その疑問はもっともなことだが，しかし，答えは遺伝子は環境それ自体に影響を与えるものではないということであり，むしろ，環境をつくりだし選びだすようにしている行動に影響を与えているということなのである。特定の環境をコード化している遺伝子を探しだそうとするのはナンセンスである。なぜならば，そんなものはないからだ。代わりに，研究においては，経験する環境に影響を与える両親や子どもの行動に焦点をあてる必要がある。そして，遺伝子の探究は，環境それ自体ではなく，そのような行動に影響を及ぼす感受性遺伝子に焦点があてられる必要がある。

■ 統計学的遺伝子・環境間交互作用

　行動遺伝学の分野で交互作用の概念といえば，もっぱらある特定の統計学的な結果として記述されるものとされている。すなわち，多少の誤解を招くかもしれないが，「相加性からの旅立ち」[18]とふつういわれるものだ。この言い方では誤解を招く。というのは，それは対数尺度を用いた乗法モデルへの旅立ちだけしか表していないからだ[19]。この点は，ブラウンとハリスが見いだしたこと[20]を用い，実際の例をとりあげることでとてもわかりやすく説明できる。図9.3を見てほしい。

　このデータは，二つの環境的変数（脆弱性因子と誘発動因）のあいだに想定される交互作用を扱っているが，統計学的な点は遺伝子・環境間の統計学的交互作用にもまったく同様にあてはまる。図9.3を見ると，脆弱性因子も誘発動因もない場合のうつ病に関するベース比率（これは調査の最中だった）は2パーセント以下である。誘発動因のみ（つまり脆弱性因子

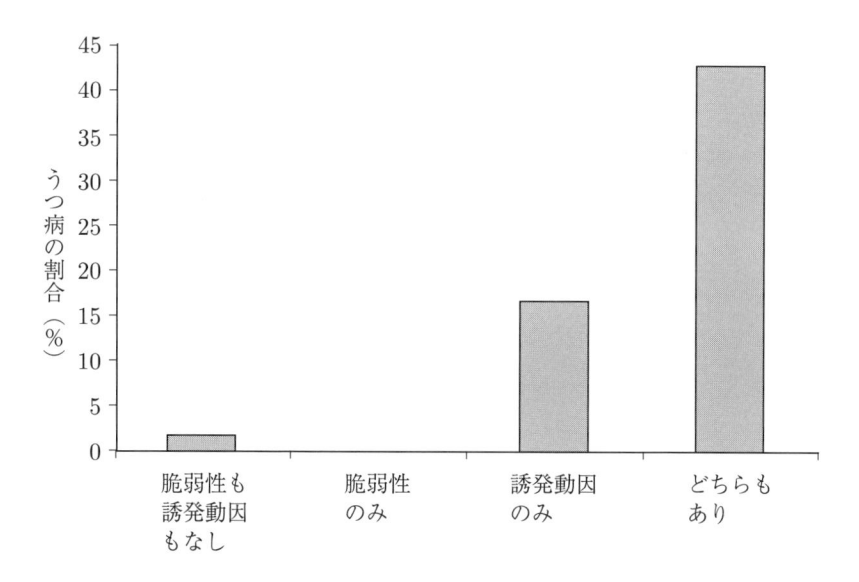

図9.3　女性のうつ病に対するリスクにおける脆弱性因子と誘発動因の交互作用　［出典：Brown & Harris, 1978］

がない）だと，17パーセントに増加する。それに対して，脆弱性因子のみだと効果はゼロである。それゆえ，単純な相加モデルでは，その二つの因子を組み合わせれば，うつ病の割合は17パーセント（17＋0）になると予測される。しかし，実際にはその組合せでは43パーセントになった。予測値を大きく上回る結果が見いだされたのだ。ブラウンとハリス[20]は適切な統計的検定を行い，この交互作用が統計的に有意であるという結果を出した。彼らに対する批判[21]では，乗法的交互作用のための（比率と対数スケールに基づく）別の検定を用いることで，統計的に有意ではないという結果を出した。しかし図9.3が示すように，脆弱性因子はそれのみだと何も結果が出ないが，誘発動因によって増加するということは明らかである。この交互作用が他の研究者によってどの程度確証されたのかは，統計処理が適切になされているので，ここでは問題にしない。当時，その議論はとても熱っぽいものだったが，ほとんどの議論が，統計学的にまったく異なる二つの交互作用が用いられたという重要な点を見逃していた。統計学的背景からいえば，両者とも完全に理にかなっているが，両者は概念的に異なり，まったく違う統計学的アプローチを必要とする[6]。しかし，方法論的な観点からいえば，この論争は統計学的交互作用の効果が変数の尺度化の仕方が変わること（どんな種類の尺度が使われるか）によって大きく影響されやすいということを思いださせてくれるものとして有益だった[22]。

　遺伝子・環境間交互作用に対する伝統的な乗法モデル[23]は，他にも重要な欠点がある。すなわち，遺伝子にも環境にも，必ず変異がなければならず，双方になければ交互作用もありえないということを意味しているからである[24]。表面的には妥当なことのように聞こえるが，生物学的な概念の関係からみると不適切だ。なぜなら，生物学的遺伝子・環境間交互作用のなかには，実質的に個人間で変異のない，みなが同じようにもつ環境がかかわっているものがあるからである。例えば，遺伝子・環境間交互作用の最も印象的な医学的症例として，フェニルケトン尿症（PKU）という代謝不全がある。これは遺伝的突然変異によって，個人の障害が，すべての食べ物のなかに含まれていて摂食されるフェニルアラニンを処理できなくなってしまうという，遺伝的な完全にメンデル性疾患である。PKUを発

症すると，深刻な精神遅滞が起こる。その遺伝リスクは，生物学的な遺伝子・環境間交互作用によって完全に媒介されているが，乗法的統計学的交互作用ではない。というのは，環境のなかには変異がないからだ。同じことが，風土性の感染が起こる地域のマラリアに対する，遺伝的に中程度の易罹患性にもあてはまる[25]。

これらすべての理由から，ある特定の統計量によって遺伝子・環境間交互作用を概念化するだけでは十分とはいえない。もちろん，生物学的概念は統計学的に検証されるべきだが，検証はその生物学的概念に適したものでなければならないのである[6]。生物学的概念は，特定の同定された対立遺伝子と，特定の測定された環境とのあいだにある交互作用と関連している。このテーマに関するエビデンスは，以下で議論される。遺伝子・環境間相互作用の概念についていささか長い前置きを述べたところで，ようやく遺伝子・環境間相関と遺伝子・環境間交互作用を考えることができる。

■ 遺伝子・環境間相関

4章では，人々がさまざまな種類のリスク環境や保護環境を経験する可能性の個人差に遺伝的影響が重要な役割を果たしていることを述べた。この影響には主に二つの形が考えられるが，それはどちらも遺伝子・環境間相関と関連がある[26]。遺伝子・環境間相関はこれまで「受動的」なもの，「能動的」なもの，「誘導的」なものに分類されてきた[27]。受動的遺伝子・環境間相関とは，総じて，子どもたちにリスク遺伝子を伝えた親たちは，その同じ子どもたちにリスクのある養育環境をつくりだしているのと同じ親だという意味である。この状況は，遺伝学的エビデンスについて考える以前に，まず行動に関する状況を検討することで，おそらく簡単に説明できる。例えば，数年前，われわれは，親の一方または両方ともが精神疾患をもつ家族と，同じ土地に住む家族のなかに疾患のないコミュニティのサンプルを比較した[28]。そこでわかったことは，なんらかの形で精神疾患のある親たちは，不仲で不調和で衝突の多い家庭をもつ可能性が高く，またその子どもたちに対して高いレベルの非難や敵意が集中する可能性がある

ということだった。言い換えれば，親に精神疾患があることは，深刻なリスク環境を生みだす可能性を増やしている。この結果（や同様の他の結果）からわかったのは，親のもつ性質は，親が子どもたちに与える養育環境にかなり関係しているということだ。もちろん，親の性質が完全に遺伝子によって決まるわけではない。一方で，家族の不和や衝突に結びついた精神疾患は，遺伝的影響が本質的で重要な役割を果たしているということを，他のエビデンスが示しているような疾患である（4章参照）。つまり，遺伝子・環境間相関が関係しているのである。

　実際に遺伝子・環境間相関があるのかをより具体的に検証するためには，なんらかの遺伝情報に敏感な研究デザインを用いなければならない。使える研究デザインはいくつかあり，それぞれからわかった結果は，まったく同じであった。例えば拡大双生児家族デザインは，親の反社会的行動と家族の機能不全とのあいだに関係があることを明らかにしたが，同時に，子どもが反社会的行動をとるリスクに対するそのような家族の適応に，環境によって媒介される効果もあることがわかった[29]。つまり，親の遺伝子は子どもがリスク環境を経験する可能性を高めるが，そのようなリスク環境は子どもに対して環境的に媒介されたリスクを意味する，ということが起こっているのだ。これらの結果は，遺伝的要因が作用する間接的なあり方の一つを表している。こうした事例のなかで，遺伝子は子どもの行動に直接的には影響を及ぼしてはいないが，子どもたちが環境によって媒介されたリスクのある，または保護的な効果をもつ環境を経験する可能性を多かれ少なかれ生みだすことによって，間接的に影響しているのである。

　能動的ならびに誘導的遺伝子・環境間相関は，やや異なる形で作用するが，遺伝的影響は間接的とはいえやはりとても強いことを示している。能動的遺伝子・環境相関とは，遺伝的影響を受けた子どもの行動が，その子どもが育った環境に影響を及ぼすということだ[30]。なぜこのようなことが起こるのかはとてもはっきりしている。読書に多くの時間を費やした子どもは，同じく多くの時間をスポーツやピアノの練習に費やした子どもよりも，本から多くを学ぶ機会が多い。子どもたちがそのような形で自分自身の時間の使い方を選ぶということは，もちろん，遺伝的影響を受けている

（同じくしつけにも影響を受けるが）。遺伝的影響を受けた性質や関心によって，彼らに特有の経験が生みだされる。

　誘導的遺伝子・環境間相関もだいたい同じような形で作用するが，違いはその効果が環境を選択することにかかるのではなく，他の人々によって引き起こされた反応に及ぶという点にある。子どもたちは，大人と同じように，他人とうまくやっていく能力，ユーモアを言ったり同情したりする能力，興味を示したり他者を思いやる能力，ケンカしたり怒ったり他者を拒絶する傾向がそれぞれ違っている。もちろん，これらの傾向は，友だちをつくる能力だけでなく，友情をケンカや拒絶の果てにすぐ壊してしまうのではなく，長続きさせる可能性にも影響を与える。遺伝子・環境間相関の役割という観点から考えると，能動的相関と誘導的相関をあわせて考えることは，それが必ずしも簡単に切り離せないという理由だけだとしても，都合がよいのである。

　縦断研究は，子どもたちが大人になったときに経験する環境に及ぼす，広汎で永続的な子どもの行動の影響をよく示している。例えば，縦断研究のパイオニアであり，いまでは古典となった長期縦断研究を行ったリー・ロビンス[31]は，小さいころに児童相談所に通った子どもたちと，同じ地域に暮らしてはいたが児童相談所には通ったことのない子どもたちのあいだで，中年になったときの生活の結果を比べた。鍵となった一つの比較は，幼いころに反社会的行動の問題を抱えていた少年と，そうでない少年のあいだでなされたものである（図9.4）。結果は劇的だった。子どものころに反社会的だった少年は，大人になって，気性の激しさと長期間の環境ストレスの両方にとても高い数値を示した。これらには，たびたびの転職，友人からの拒絶，数々の離婚，失業，社会的支援の欠如といった特色が含まれる。これらは，他の研究が示しているように，うつ病を発症させるのに強力な促進因子となるような種類の成人生活におけるストレス経験であることを明記しておこう。

　ロンドンのローナ・チャンピオンら[32]による10歳から28歳までの18年間に及ぶ追跡調査によって，同じことが明らかになった。子どもが10歳のときの行動は，標準化された教師のアンケートによって測られた。成人

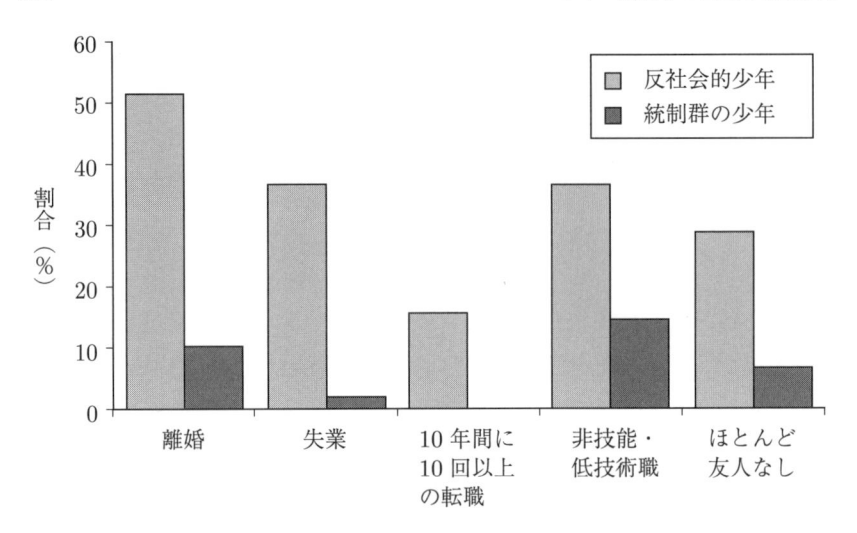

図 9.4 子どもの行動と成人の心理社会的ストレッサー／逆境　［出典：Robins, 1966］

の環境は，長期にわたる脅威をもたらす急性のライフイベント，および同じように長期にわたる苦難に焦点をあてた。用いられた測度はジョージ・ブラウンとティリル・ハリスが開発したものに基づいているが，この測度に関しても，うつ病の発症に強い誘発的役割をもつことを示した生活ストレッサー（急性および慢性の両方）を測定するものである。わかったことは，10歳の子どもたちの行動は，大人になってからのネガティブな生活経験と強い相関があることを示したということだ。その効果は子どもたちの反社会的行動との結びつきが最も目立つが，程度は低いながら，情緒問題との関係でも明白であった（図 9.5）。

　受動的遺伝子・環境間相関と同じように，上記の結果から示されることは，子どもたちが経験する環境に彼ら自身の行動が強力な影響を及ぼすことであったが，その行動がどのくらい遺伝的影響を受けていたのか，その程度を測ることはできない。あらためてそれを測るために，遺伝的要因に敏感な研究デザインが求められる。

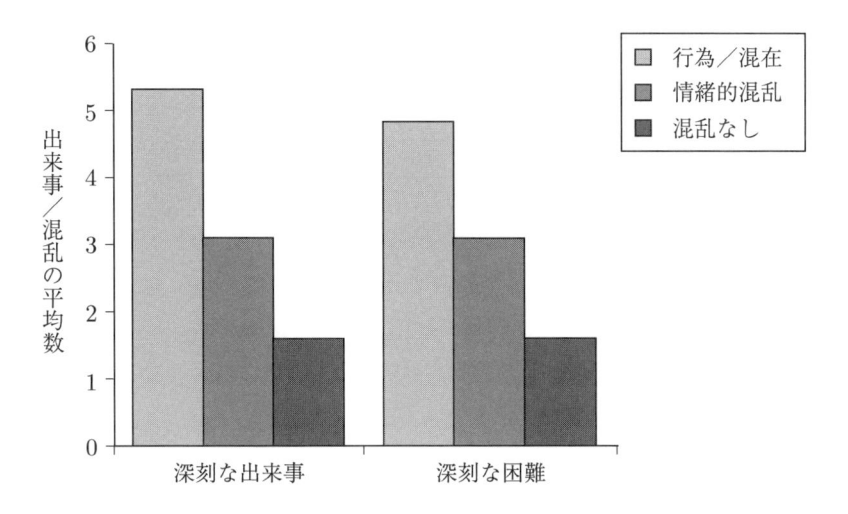

図 9.5 女性における成人期初期の深刻な出来事や困難と 10 歳時の混乱
［出典：Champion et al., 1995］

　養子研究はその最も直接的なアプローチをもたらしてくれる。というのは，遺伝子は提供するが子どもを育ててはいない生物学的な両親と，遺伝的つながりはないけれど子どもを育てた養父母という二つにはっきり分けられるからだ。オコナーら[33]はコロラド養子研究を用いて，養父母たちが提供する養育環境に及ぼす子どもたちの生物学的原因に由来する効果を検討した。そこでわかったことは，反社会的な母親から生まれた子どもは，養父母によってネガティブな養育を経験することがかなり多いということだ（図 9.6）。それはどうしてか？　結果からわかったのは，子ども自身の破壊的行動によって媒介された効果が生まれたということだ。つまり，反社会的な両親から生まれた子どもは，破壊的行動を起こす可能性が高く，その破壊的行動が養父母からネガティブな養育を誘発するのである。しかし，この効果における遺伝的役割を誇張しないことが重要だ。子どもの破壊的行動から引きだされる同じような誘発的結果は，反社会的な生みの親をもたない子どもの群のなかにさえあったのである。言い換えれば，きっかけとなる影響は子どもたちの行動が発端となるのであり，その行動が遺

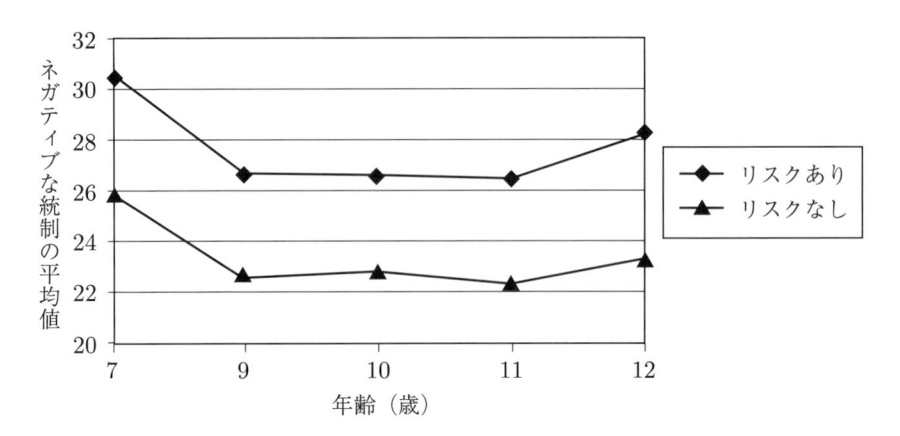

図 9.6 養子の遺伝的立場と育ての親のネガティブな統制 [出典：O'Connor et al., 1998. Copyright © 2004 by the American Psychological Association]

伝的影響を受けているのはほんの一部だけであった。他の研究でもおおむね同様の結果を出していた[16]。

この効果が実際以上に決定論的であると仮定するのも危険である。例えば，リギンス-カスパーズら[34]は，ある研究のなかで，リスクの低い環境では子どもを問題行動へと誘発する効果はないが，リスクの高い環境では有意に誘発する効果があることを示した。生物学的なリスク（ここでは生物学的親にあたる人物の異常という意味）が養子として外に出された子どもたちの問題行動の素因となっているとき，養父母自身が逸脱を示したり苦難を経験したりする場合のみ（それゆえ環境リスクを与えることになる），問題行動に対して手厳しいしつけによって反応してしまう。この結果にあまり重きをおきすぎる前に，この結果の追試をすることが必要だが，ここで示しているのは，社会的状況も誘導的効果にとても影響を与えているということである。

遺伝子・環境間相関の話を締めくくる前に，それらがどれほど普遍的で重要でありうるかを考えておく必要がある。人がなんらかの選択やコントロールを働かせることのできるおよそあらゆる環境は，遺伝的影響をかな

りの程度受けている（4章参照）。例えば，離婚経験，家族の不仲，悪い状況を子どもたちにみせること，さまざまな急性・慢性のライフストレスなどを経験する確率については確かにそうであろう。もちろん，まったく影響の及ばない日常の経験もある。例えば，社会のネットワークのなかでの人の死などにそれはあてはまるようだし，誰かが予期したように，この種の出来事には遺伝的影響はほぼ見込まれないということだ。また，もちろん，さまざまな自然災害や人災もあり，ほとんど研究されていないが，遺伝的要因はそのような予期できない不測の出来事に対しては，あまり機能しない。一方，人々が自分自身の身がおかれた状況でなんらかの選択をするという状況のなかでは，遺伝的影響は決してゼロではないだろう。

　環境リスクへの曝露における個人差に及ぼす遺伝的影響を過大評価しないことは重要だ。遺伝効果は決定論的というには程遠く，ほとんどの場合，母集団分散のわずかを説明するにすぎない。その一方で，遺伝効果は統計学的に有意であるだけでなく，差がはっきりわかるくらい十分に強いものでもある。これまでわかったことから，すぐに二つの示唆が生まれる。第一に，多因子性の特性に及ぼす遺伝効果の重要な部分は，環境リスクへの曝露の個人差に及ぼす間接的な効果への影響を通して生じるということである。言い換えると，特性に及ぼす遺伝効果は，特性そのものに対する，何かより直接的な効果を反映しているというよりも，それらが影響を及ぼす環境によって媒介されている。第二に，リスク因子がその形質において明らかに環境的であるからといって，いかなる特性や病理に及ぼす影響も環境による媒介であることを必ずしも意味しない。実際，数々の研究からわかったことは，ネガティブなライフイベントや家族の不和，両親の離婚にかかわるリスクの影響が，部分的には遺伝的に媒介されているということである。多くの場合，環境による媒介が優勢ではあるが，それでもなお遺伝による媒介もかなり実質的な寄与をしている。

遺伝子・環境間交互作用

　遺伝子・環境間交互作用とは，環境にある病原体にさらされたときの健康への影響が，その人の遺伝子型の条件によって左右されるような状況のことをいう。あるいは別の言い方をすれば，環境的経験が健康や障害に関する遺伝効果を調整するような交互作用のことである。つまり，遺伝子・環境間交互作用が意味するのは，遺伝子が何か直接的な形である特性に作用しているのではなく，ある環境リスクに対する感受性への効果の結果として影響力をもつということである。長いあいだ，多くの行動遺伝学者は，遺伝子・環境間交互作用は，遺伝効果を研究する際に無視しても大丈夫なくらい非常にまれで，重要性に乏しいものと論じてきた[35]。しかしながら，いくつかの別の理由から根本的に誤った仮定なのである。最も決定的な理由は，ある疾患にかかわるあらゆる未知の遺伝子とその原因となるあらゆる未知の環境的要因のあいだの交互作用が，単純な相加的交互作用にすぎないだろうという暗黙の仮説に焦点をあてていたことである。しかし，このような単純な相加的交互作用は，生物学的にまったくありえないことであり[6]，それゆえに，当然のこととして支持するようなデータはめったにない。二つめの理由は，行動遺伝学における遺伝子・環境間交互作用の統計的検定が，統計的に有意な相乗的相互関係に基づいてきたことである。すでに述べたように，それは限定しすぎなのである。

　しかし，遺伝子・環境間交互作用の存在を期待する積極的な理由はあるのだろうか？　期待する理由はたしかにあり，四つの理由が特に重要なものとしてあげられる[17]。一つめに，自然選択という基本的な進化の概念があり，遺伝子は生体の環境への適応に関係していて，ある一つの種に属するあらゆる生きものがすべて同じように環境に適応するわけではない。そして，このような反応における種内変動は遺伝的資質の個体差とかかわっているとされている。要するに，環境に対する反応における遺伝的変動は，自然選択の原材料となるのである[36]。

　二つめに，個体レベルでの生物学的発達は，発生の形成初期に優勢となる環境的条件への適応と関係している[37]。初期経験の結果としての生物学

的プログラミングについて書かれた文献に，適切な事例がある[38]。人間の発達が環境依存の過程だとすれば，遺伝的要素がその過程を調整する役割を果たさないということは考えにくい[39]。その過程の帰結のなかにメンタルヘルスや精神疾患を含まないという想定はさらに考えにくい。

　三つめに，研究対象がヒトでも動物でも，さまざまな環境の危機に対する個々の行動的反応に大きな変動があることが一貫して明らかにされている。こうした反応多様性は，精神病理に関するあらゆる既知の環境リスク因子を含む，ありとあらゆるトラウマを特徴づけるものである。反応多様性が遺伝的影響を受けないと主張するには，遺伝子があらゆる領域の生物学的・心理学的機能に影響を与えているのに，環境に対する反応だけが遺伝的影響の範囲外にある，という仮説を必要とするだろう。これは明らかに信じがたく，そしてそれを否定するエビデンスもある[40]。さらには，このような仮説のすべてに反して，レジリエンス（抵抗性）の概念が導いた研究は，環境の危機への反応に対し個体間の変異は，気質・パーソナリティ・認知機能・精神生理といった，もともとあった個体差と関連していることを示しており，これらはすべて，ある程度の遺伝的影響があることが知られている[41]。

　行動や精神障害の領域における遺伝子・環境間交互作用の存在を期待する四つめの理由は，身体医学においてその重要性を示すエビデンスが急激に増えていることである。例えば，心臓血管性疾患に関する研究で，フラミンガム心臓研究における高脂肪摂取の被験者が異常なHDL（善玉）コレステロール濃度を示すようになるかならないかは，肝性リパーゼ脂肪分解酵素（HL）のプロモーター領域の遺伝子多型に依存していた[42]。この脂肪分解酵素（HL）の遺伝子・環境間交互作用は追試でも確認された[43]。これとは別の研究で，タバコ喫煙者が心臓動脈疾患になるかならないかが，リポタンパクリパーゼの遺伝子型[44]とアポリポタンパク質E4（APOE4）[45]の遺伝子型に依存することを示した。APOE4の遺伝子・環境間交互作用も追試で確認された[46]。脳梗塞を起こしやすい高血圧症の研究では，高塩分のエサを与えられたラットにおいて収縮期最大血圧の上昇が大きくなるかどうかが，アンジオテンシン変換酵素（ACE）遺伝子の遺伝子多型に依存

していた[47]。

　低出生体重児の研究では，妊娠中に喫煙していた女性の生んだ子どもが低体重か否かが，2種類の遺伝子多型のある代謝遺伝子CYP1A1とGSTT1の遺伝子型に依存することがわかった[48]。認知症の研究では，頭部損傷歴のある患者がアルツハイマー型認知症を発症し，脳内にβアミロイドの堆積が増加するかどうかが，多型性のアポリポタンパク（APOE）遺伝子のどの対立遺伝子をもつかに依存していた[49]。この遺伝子・環境間交互作用は，頭部損傷の代わりに認知機能の低下に及ぼす環境的影響がエストロゲン療法だったときにもあてはまった[50]。歯の疾病の研究においては，ヘビースモーカーが歯周病になるかならないかが，多型性のインターロイキン遺伝子（IL1）に依存していた[51]。この交互作用も別の研究で確認されている[52]。

　要約すると，伝統的な見解では環境的影響に対する遺伝効果は相加的であることが原則だったが，いまやこの仮説が否定されたのは明らかである。もちろんこれは，いくつかの（もしかしたら多くの）例において，精神病理に対する環境的影響が，遺伝効果にかかわる原因経路とは異なる原因経路を通して働くことを否定するものではない。その反面，必ず異なる原因経路であるわけではなさそうである。だからこそ，研究は影響力のある遺伝子・環境間交互作用がある可能性を，きちんとした方法でとりあげなければならないのであり，それをふまえた研究がデザインされなければならない，ということが正しく認識されるようになってきている[53]。

　遺伝子・環境間相関と同様に，ここでの出発点は，遺伝学的ではない研究デザインを用いたときにみられる，深刻な環境のリスク因子に対する反応に個人差があることを示すエビデンスにかかわっている。研究対象がヒトでも動物でも，感染症，極端な物理条件，栄養不良，心理社会的ストレスや逆境など，およそあらゆる種類の環境の要因に関して，とてつもなく大きな個体の変動性があるという研究結果が一貫して示されている[41]。さらに，この変動性は最も深刻で有害な経験にすら見いだされた。例えば，これ以上ないほどすべての面で貧困なルーマニアの施設からイギリスの家庭に養子として引きとられた子どもに関するわれわれが行った研究は，この変動性をよく表していた。イギリスの家庭へ養子縁組することで，劇

的な発達的回復をもたらしたが，それでもなお，貧困な施設で少なくとも2年間を過ごした子どもには，いつまでも続くかなりの程度の認知機能障害があった。それにもかかわらず，この極端なグループにおいてさえ，顕著な個体の変動性があったのである。何人かの子どもは，厳しく遅滞した機能を幼児期を通してもち続けたが，なかには高い認知機能を示す子どももいた。もちろん，この大きな個体の変動性は，貧困な環境への反応性とはなんらかかわりのない，独立の遺伝的影響の作用と関係していたのかもしれない。一方で，11歳のとき（かなり若年のとき）の知能指数スコアのばらつきが，幼児期にわずか数か月だけ貧困な経験をした子どもと，長期にわたって経験をした子どもで同じ程度であったとは考えにくい。遺伝的影響が役割を果たしていたとすれば，施設での貧困に対する脆弱性の個人差に及ぼす影響を通してのものだった可能性が大きい。

　ここでも，議論のもっともらしさや，さもなければ別の説明について討論するのではなく，量的遺伝学の研究方略へと話の流れを変える必要がある。ケンドラーら[54]は，個人レベルでの遺伝的易罹患性を推定するために双生児のデータを用いるという巧妙なやり方を考えだした。この論理はだいたい以下のようなものである（ケンドラーらは以下の方法を，成人期初期のうつ病の発症に適用している）。最も高い遺伝的易罹患性があることは，一卵性双生児の一方がうつ病を発症し，もう一方もうつ症状を呈しているようなケースから推測されるだろう。つまり，彼らは遺伝子をすべて共有しているから，双生児のもう一方にもうつ病が起こるのは強い遺伝的影響を受けていると結論づけるのはもっともなことと思われる。反対に，最も低い遺伝的易罹患性は，一卵性双生児の一方がうつ病を発症しているが，もう一方はそうした症状がみられない場合と推測される。ここで言いたいのは，もし一卵性双生児どうしであるにもかかわらず，その一方がうつ病から逃れられたならば，遺伝子の働きは低いだろうということである。同様の論理で，二卵性双生児どうしはこの両極のあいだの中間あたりになると推測される。実際の研究結果が示したことは，双生児のきょうだいの一方が，極端にネガティブなライフイベントによって新たにうつ病になる確率は，遺伝的易罹患性が高いときには大きく，低いときに小さい，とい

遺伝的易罹患性

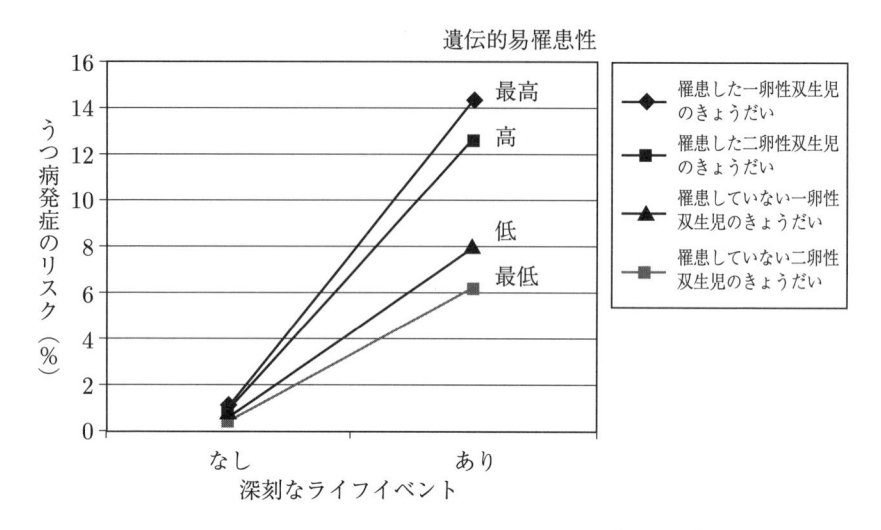

（グラフ：横軸「深刻なライフイベント」なし／あり、縦軸「うつ病発症のリスク（％）」0〜16）

凡例：
- 罹患した一卵性双生児のきょうだい
- 罹患した二卵性双生児のきょうだい
- 罹患していない一卵性双生児のきょうだい
- 罹患していない二卵性双生児のきょうだい

最高、高、低、最低

図9.7 遺伝的易罹患性の関数としてのライフイベントへの反応　［出典：Kendler, 1998. Copyright © 1998 by Pharmacopsyhiatry (Thieme New York)］

うものであった（図9.7）。明らかなことは，遺伝効果の少なくとも一部は，リスク環境への影響の受けやすさを通して働くということである。

ジャフィーらは，子どもの虐待や反社会的行動の発達に関して同様の問題を調査するために，基本的に上記と同じような研究デザインを用いた[55]。この研究でも，明確に同じパターンがみられた（図9.8）。遺伝効果の一部は環境の危機的要因に対する感受性に及ぼす影響を通して働くということが，あらためて示唆されたのである。

養子研究においても，遺伝子・環境間交互作用のエビデンスがみられている[55]。その研究デザインは，養子となる子どもの生みの親が遺伝的影響のある特性をもつかどうかによって，その子どもが養家の養育環境によってその特性がどうなるのかを比較するというものである。その養育環境は遺伝的影響と混同されず，また，生みの親の因子は育ての環境と混同されない（生物学的リスクには，遺伝的影響だけでなく，出生前の影響も含むであろうが）。キャドレーら[57]は，生物学的リスクがなければ，養育環境に

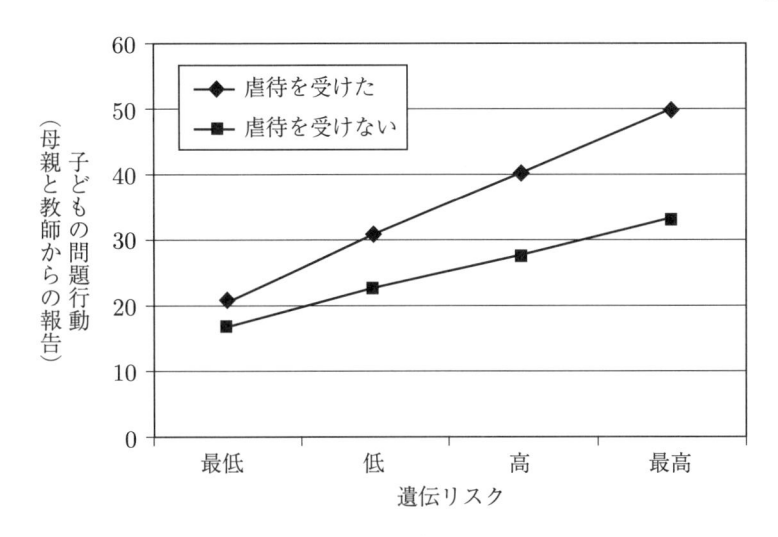

図 9.8 遺伝リスクと身体的虐待の関数としての子どもの問題行動 ［出典：Jaffee et al., 2005］

おける不幸な出来事は攻撃性や問題行動に影響しないということ，そして交互作用が統計的に有意であることを示した。このことが意味するのは，遺伝的要因が環境的要因への反応に一役買っているということである。同じような結果はティエナリの統合失調症の生みの親で養子に出された子どもの統合失調症スペクトラム障害の研究[58]からも明らかにされている。縦断研究のデータはすべて，遺伝子・環境間交互作用の可能性を示唆する傾向にある[59]。

これらの結果は重要であり説得力のあるものだったが，特定された感受性遺伝子との関係のなかで測定された遺伝的易罹患性ではなく，あくまでも推定された遺伝的易罹患性によらなければならないという欠点から必然的に免れていない。この限界は，いまではダニーディン縦断研究による三つの重要な研究において改善されている。一つめの研究では，神経伝達物質の代謝酵素モノアミン酸化酵素（MAOA）をコードしている遺伝子の転写にかかわるプロモーター領域における機能的遺伝子多型が，虐待の程度によって反社会的行動を引き起こす傾向に違いをもたらす効果があるとい

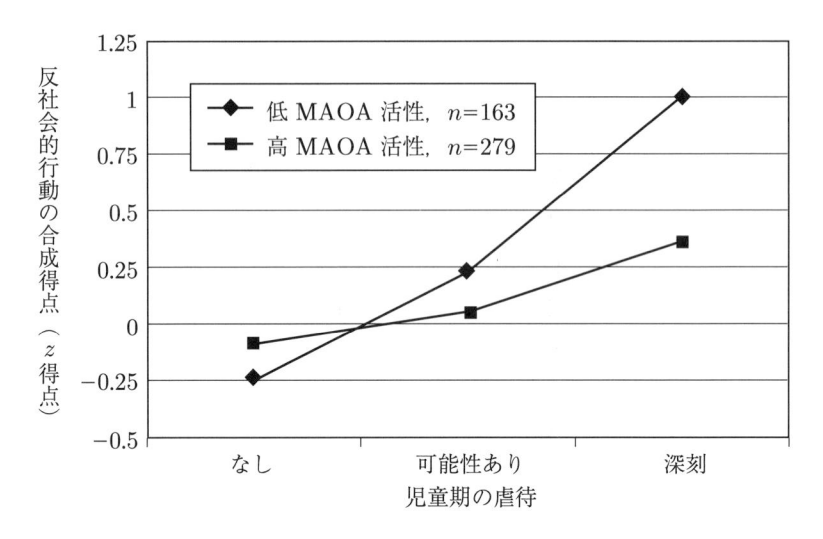

図9.9 MAOA活性度と児童期の虐待歴の関数としての反社会的行動 ［出典：Caspi et al., 2002. Copyright © 2002 by Science］

う仮定がなされていた（図9.9）。結果は，MAOAの発現レベルが低い遺伝子型をもつ子どもが虐待を受けていた場合，発現レベルが高い遺伝子型をもつ子どもと比べて，問題行動や反社会的パーソナリティ，そして成人になって暴力犯罪を多く引き起こすことを示した[60]。この結果は，異なるサンプルを用いて，細かいところでは異なってはいるが同じ基本概念をもった測定法を用いたバージニア州リッチモンドのグループによって追証されている[61]。

二つめの研究では，セロトニン伝導体遺伝子の転写にかかわるプロモーター領域における機能的遺伝子多型が，ストレスの高いライフイベントを経験する数や虐待の程度に応じて，うつ病に対する効果に違いをもたらすだろうという仮説を立てた。そこで見いだされたのは，この遺伝子の短い対立遺伝子のコピーを一つまたは二つもつ人は，長い対立遺伝子をホモでもつ（つまり二つのコピーをもつ）人よりも，うつ症状やうつ病，そして自殺の兆候を多く示したことである（図9.10，9.11）[62]。これを否定する研究が一つあるが[64]，それでもこの結果は別の5，6の研究グループによって

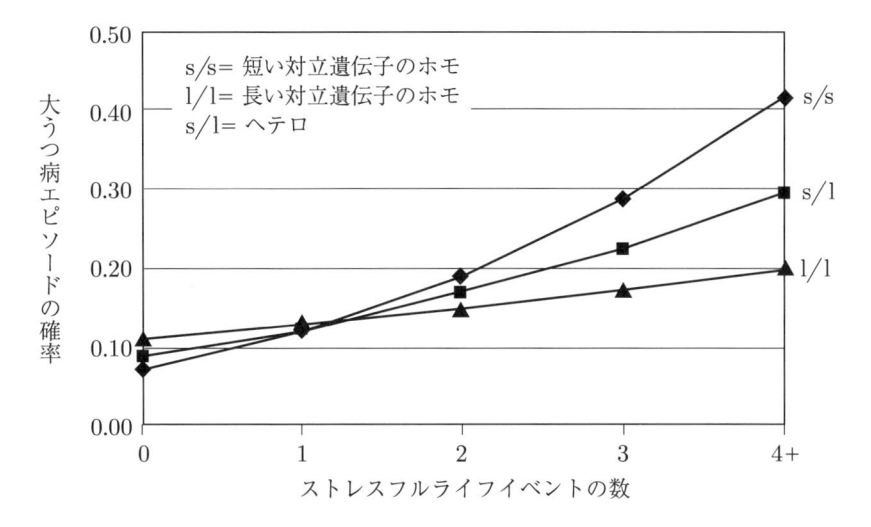

図 **9.10** 5-HTT 遺伝子に調整されたうつ病に及ぼす生活ストレスの効果
［出典：Caspi et al., 2003. Copyright © 2003 by Science］

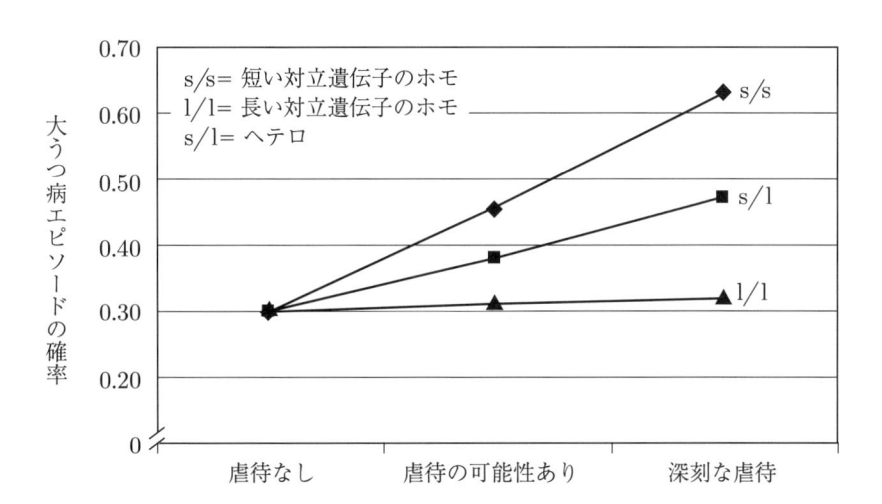

図 **9.11** 5-HTT 遺伝子に調整されたうつ病に及ぼす虐待の効果　［出典：Caspi et al., 2003. Copyright © 2003 by Science］

追証された[63]。

　この二つの研究について，いくつか注目しなければならない発見がある。一つめに，危機的な環境のないところでは，遺伝子の主効果がなかったことである。危機的な環境の主効果は少しはみられたものの，感受性遺伝子と逆境による経験とが同時に起こるときに，最大の効果が表れることが明らかであった。ということは，上記の二つの遺伝子は，それ自体がこうした結果に対する感受性遺伝子なのではなく，むしろ，逆境に対する感受性に作用したということだ。二つめに，遺伝効果は，危機的な環境の特定の種類に対して特化したものではなかった。つまり，うつ病の場合，遺伝効果は初期の子ども虐待や直近の深刻な生活ストレスの両方にあてはまる（図9.10，図9.11）。言い換えれば，遺伝子が環境的脆弱性に作用するかぎり，それは一つの特定の環境的要因の種類に特別なものではないということである（ある年齢期だけにあてはまるものでもなかった）。三つめに，どの遺伝子も特定の悪しき結果を引き起こす遺伝子だとはみなされないが，それにもかかわらず，その効果は結果として特定されたものである。つまり，MAOA遺伝子は，うつ病を発症するかどうかに関して，虐待への反応性の違いによる効果をもたない。反対に，セロトニン伝導体遺伝子は，反社会的行動を起こすかどうかに関して，虐待への反応性の違いによる効果をもたない。これが意味していることは，遺伝子も環境も，特定の病態生理学的原因経路に対して働き，さらに，それは遺伝効果と環境効果のいずれに対しても同じ経路があてはまりそうだということであった。

　遺伝子・環境間交互作用の現実性や重要性を受け入れようとしない伝統的な行動遺伝学者がいまだにいることを考慮すると，さらに三つの点を明らかにする必要がある。一つめに，感受性遺伝子あるいは精神障害の結果（反社会的行動やうつ病）のいずれか関して，尺度化にアーチファクト（人為的要素）があるのではないかという方法論上の疑問がある。カスピとモフィットら[66]は，この重要な問題にいくつかの方法で取り組んだ。彼らは，もし虐待に関するMAOAの交互作用が尺度化のアーチファクトならば，そのサンプルにおける同様の対立遺伝子頻度をもつランダムな多型（SNP）でもそれがみられるはずである，と主張した。結果は，そうではないこと

を示した¹⁷)。同様に，もし行動の尺度化がアーチファクトをつくっているとしたら，MAOA 遺伝子は，似たような尺度化の特性をもつ他の結果に関係しても虐待と交互作用を示すはずであるが，そうではなかった。同じように，MAOA 遺伝子は，反社会的行動だけでなく，うつ病に関しても虐待と交互作用を示すはずだが，それもなかった。同じく，セロトニン伝導体遺伝子も反社会的行動だけでなく，うつ病に関しても虐待と交互作用を示すはずだが，そうではなかった⁶⁶)。交互作用が尺度化のアーチファクトだということはほとんどない，と結論づけられるだろう。

　二つめに，遺伝子・環境間交互作用は，環境へのより直接的な遺伝効果によって引き起こされる可能性を考えることが重要である。このことはまず，交互作用に関係する感受性遺伝子と環境のあいだの有意な相関があるかどうかをチェックすることで検証されたが，何も見いだされなかった。環境に対する他の遺伝効果の可能性を，うつ病エピソードの後に起こったライフイベントに遺伝子・環境間交互作用があてはまるかどうかを調べることによって検証した。もし遺伝子・環境間交互作用がライフイベントに対する遺伝効果を反映しているとすれば，いずれかの時点でそれがライフイベントに適用されなければならないはずである。しかし，何も見いだされなかった。うつ病エピソードの後に起こったライフイベントに関しての遺伝子・環境間交互作用は存在しない⁶²)。

　三つめの点は，もし遺伝子・環境間交互作用が重要な生物学的メカニズムを反映するならば，生物学に基づく他の研究方法が，ストレスに対する生理学的反応に関連する遺伝効果を確認してしかるべきである。それがまさに，研究において人間と他の動物の両方において見いだされてきたものである¹⁷)。ハリリら⁶⁷)は，機能的脳イメージングの方法を用いて，5HTT の対立遺伝子⁶⁸)の短いコピーをもつ人は，長い二つのコピーをもつ人に比べ，恐怖感を引き起こす視覚刺激に対する扁桃核の神経活動（情動反応に関連する脳部位）がより多くなることを示した（図9.12）。ハインツら⁶⁹)も，この効果を確かめた。同じ短い対立遺伝子が，脳脊髄液（脳および脊椎を取り囲む液体）の 5HTT 代謝⁷⁰)や刺激に対する視覚定位⁷¹)によって示されるように，過酷な養育環境に対して異なる反応と結びつくことがサルの研究

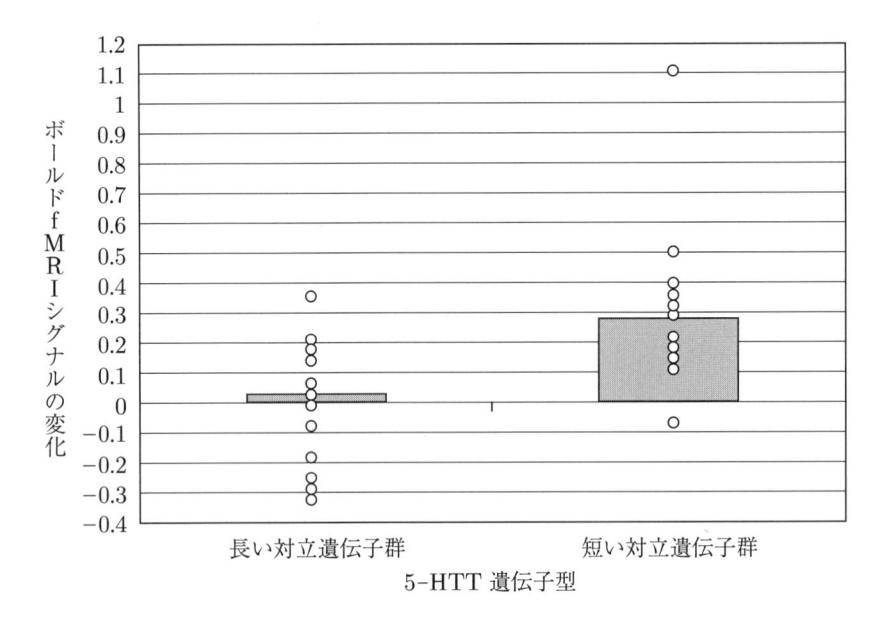

図 9.12 恐怖刺激への反応における右扁桃体の賦活化に及ぼす 5-HTT 遺伝子型の効果 ［出典：Hariri et al., 2002. Copyright © 2002 by Science］

でも示された。加えてマーフィら[72]は，5HTT 遺伝子によってストレスに対するホルモン反応が異なることを，マウスの遺伝子ノックアウトモデルを用いて発見した。これら 5HTT 遺伝子に関係する遺伝子・環境間交互作用の生物学的基礎とみられるものについての発見が意味することは，交互作用は本当に重要な生物学的メカニズムを反映している可能性が高いということである。

5HTT 遺伝子に関する発見から明らかになったもう一つの点は，ケンドラーら[73]の追試において，遺伝子・環境間交互作用が不安障害には適用されなかったということである。この否定的な結果の興味深い点は，双生児研究（4 章参照）が，うつ病と全般性不安障害への遺伝的易罹患性がおおむね共通だったことを示した点である。言い換えれば，同じ遺伝子がこれら二つの障害に対する感受性を与えているということである。一方で，遺

伝的には同じかもしれないが，リスクが同じメカニズムで働くことを必ずしも意味しないということを遺伝子・環境間交互作用の発見は示唆している。おそらく，不安に対する遺伝的影響は環境のリスク因子との交互作用をもたないのかもしれないし，環境リスクが他のタイプの環境リスクに関係するのかもしれない。いずれにせよ，遺伝子・環境間交互作用の研究が有益であるのは，リスクが「いかに」作用するのかついての手がかりを与えてくれたことである。

　ダニーディン研究による三つめの例は，多量の大麻使用の早期曝露が，ある者には統合失調症様病質を引き起こし，ある者にはそうでないのはなぜかに関するものである。カテコール-O-メチル基転移酵素（COMT）の機能的遺伝子多型が，成人期の精神疾患の発症に対して青年期の大麻使用が発症リスクを和らげているのではないか，という仮説が立てられた。COMTのバリン対立遺伝子をもった大麻使用者は，精神疾患の症状や統合失調症をより発症させやすかったが，COMTのメチオニン対立遺伝子の二つのコピーをもつ人にはそうした影響をまったく与えていなかった（図9.13）[74]。ここでも遺伝的感受性と大麻の効果の両方が，同じ病理生理学的経路を通して作用するということが示唆された。統合失調症に関するエビデンスが示すことは，これがドーパミンやグルタミン酸の新陳代謝に関係しそうだということである。疫学的エビデンスと関連づけると[75]，環境リスクがどのように作用していると考えられるかに関する示唆がみえてくる。印象的なのは，統合失調症に対するリスクは大麻から生じるのであって，ヘロインやコカインのようなより強い麻薬からは生じないこと，そして，その効果は初期の大量使用によるもので，後になってからの散発的な使用ではないということである。これらの知見を総合すると，リスクは社会的ストレッサーや仲間からのプレッシャーやスティグマ（これらはいずれも大麻より大きな影響力をもつ）を通じてではなく，生化学的経路を通じて働くということが示唆される。それでも，これまで同様，遺伝子・環境間交互作用の発見は，他のサンプルで調べた研究によって確かめられるかどうかがこの交互作用の存在を示す上で欠かせないだろうし，遺伝子・環境間交互作用が関係すると考えられる生物学的メカニズムのさらなる研究が

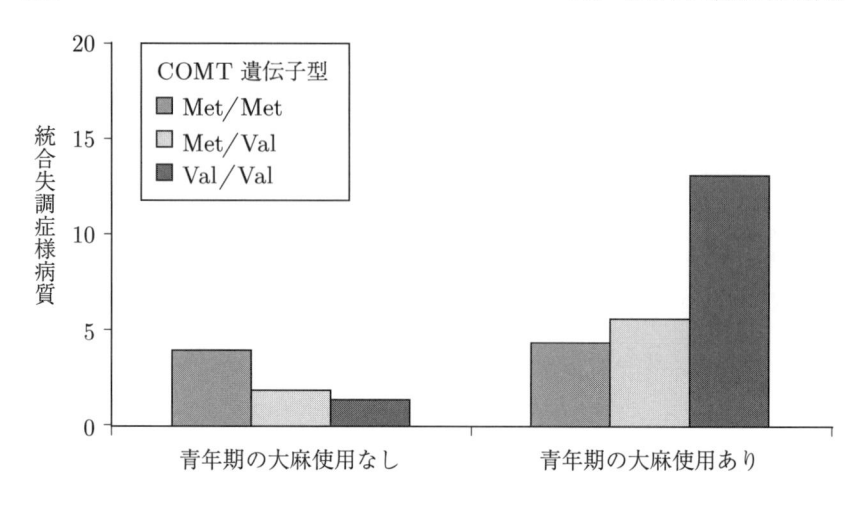

図 9.13 統合失調症スペクトラム障害——大麻使用と遺伝子型との交互作用 ［出典：Caspi et al., 2005］

必要だろう。

　精神疾患に関する感受性遺伝子を探る歴史は，間違いないように思われた発見が追試されないという繰り返しであった。8 章でみたように，遺伝子・環境間相関の確かな発見の始まりとともに，流れはある程度より積極的な方向に向いてきたといえる。同じことが遺伝子・環境間交互作用にもあてはまるだろうか？　いくらか疑いは残るが，MAOA と 5HTT の両方の発見が追試されたことは，かなり希望がもてることである[76]。しかしながら，追試以上に，生物学的基礎のエビデンスこそが，遺伝子・環境間交互作用の効果の真実性に信頼を与えてくれるだろう。

　したがって，同定された特定の遺伝子と測定された特定の環境のあいだの交互作用を突き止めることは，環境と同時に働く遺伝的影響の間接的な効果に対して有益なものになるだけでなく，生き物に関するリスク環境効果や，そのような効果が障害へと導く経路に光を向けることになるだろう。批判者はときどき，遺伝学研究が環境的影響の無視につながると心配するが，しかし実際は，発見が環境の研究に新しい有効性をもたらしているこ

と，また環境リスク因子の働き方について重要な光をあてていることを，エビデンスが示唆しているだろう。さらに，遺伝子・環境間交互作用に関する発見が示した一つの重要な点は，遺伝子の発見を健康改善の方法へととらえ直すことで，（遺伝子ではなく）環境を個人が変えていくことを可能にするかもしれない，ということである[77]。

■ 遺伝的に脆弱な人は誰か

多くの人は精神疾患の感受性遺伝子がわかれば，介入的治療をそのリスクが高い人へと向けられるはずだと考える傾向がある。批判者はこれと同じとらえ方を用いて，こうしたなんらかのラベリングと結びついた汚名が個人に着せられる可能性をおそれている。この問題について，遺伝子・環境間交互作用が見いだしたことは何を語るべきだろうか。この問いにはいくつかの異なる方法でアプローチできよう。一つめのアプローチとして，遺伝子・環境間交互作用にかかわる三つの遺伝的なリスク対立遺伝子（MAOAの発現レベルを低める対立遺伝子，5HTT遺伝子の短い対立遺伝子タイプ，COMT遺伝子のバリン型）で見いだされたことは，母集団のどれくらいの割合が対象とならなければならないかを考えるのに利用することができるだろう。ダニーディン研究では，一般母集団の55パーセントがこれら三つのリスク対立遺伝子のうちの少なくとも一つについてコピーを二つもつこと，すなわちそれらがホモ接合体であり，リスク対立遺伝子ではない遺伝子をもっていないことを示した[78]。さらに80パーセントもの人がこれら三つのリスク対立遺伝子のうちの少なくとも一つについて，コピーを一つもっていた。遺伝的に脆弱な人を，わずか三つの感受性遺伝子のうちの一つをもつ人と定義するならば，ほとんどの人がなんらかの疾患の感受性遺伝子をもっていることを意味する。重要なのは，こうした遺伝子はよくある正常な対立遺伝子であり，なんらまれな遺伝的突然変異ではないということだ。もしリスクを身体疾患（ガンや冠動脈疾患やぜんそくなど）にまで広げれば，ほとんど誰一人として，なんらかの望ましくない結果をもたらす感受性遺伝子をもたない人はいない。あらゆる人につい

て遺伝リスクを問題にするのはナンセンスである。なぜなら，そうすればすべての人が対象になってしまうからだ。

　二つめのアプローチは，遺伝子・環境間交互作用にかかわる遺伝子と環境のリスクをまとめ，焦点を絞ることである。するとどうなるかは COMT のバリン遺伝子型と早期大麻使用との交互作用を考えるとわかる[74]。統合失調症スペクトラム障害の一般母集団における有病率はおよそ 1/100，成人の大麻使用者のなかでのリスクは 4 倍 (4/100) になり，そのなかでも COMT バリン遺伝子型をもつ場合は 15 倍 (15/100) にまで増える。これはかなり大きな相対リスクの増大である。にもかかわらず，2 章で述べたリスクへの別のアプローチに戻ると，リスクのある遺伝子型をもつ早期大麻使用者の圧倒的大部分 (85 パーセント) が病理症状を示さず，また精神病のうちごくわずかな割合だけが，この特定の遺伝子・環境間交互作用に由来することになる。きわめて強い相対リスクがなければ，個人レベルでリスクを特定することは有益ではない。なぜなら，そこにははるかに多くの陽性・陰性の誤検出がありうるからだ。

　三つめのアプローチは，この最後の点を，確認のとれたリスクは遺伝子と環境のリスク因子のうちわずかな部分を扱うだけであるという事実に焦点をあてることで，とりあげたものである。遺伝的にも環境的にも他に膨大なリスク因子があるのだから，遺伝的に脆弱な個人に介入対象を絞るために遺伝的な知見（感受性遺伝子あるいは遺伝子・環境間交互作用に関して）を用いるのは，うまくいかないだろう。

よい遺伝子，悪い遺伝子

　遺伝子に関する発見のもつ潜在的可能性について意見を表明する人々は，遺伝子はよい遺伝子と悪い遺伝子に分けられるという考えにしばしば陥っている。つまり，もしわれわれが悪い遺伝子を排除できれば，個人にとっても社会にとってもおしなべてよいことではないか，というわけである。だが，このような主張はどれも，遺伝子がどのように働いているのかについての誤解を反映している。まず，重篤な疾患のなかには，リスク遺伝子があることではなく，保護遺伝子の欠落がその素因となっているもの

がある。一見すると，これはただの言葉のあやのように思われるかもしれない。確かに，もしある対立遺伝子の変異をもたないことが保護因子を取り除くことと同じであるとしたら，別の対立遺伝子の変異がリスクをもたらしているに違いないということになる。ある意味でこの考え方は正しいのだが，誤解されている点は，その遺伝子の働きがリスクの原因だという仮定である。ところがそうではなくて，保護遺伝子の効果は，（どんな特定の危機であれ）危機的な環境に抵抗するのに必要なものを供給するなんらかの非遺伝的なリスクによってもたらされるのかもしれないということである。ガンはこの種のものとして最も研究がなされている事例である[79]。

よい遺伝子と悪い遺伝子の考え方を拡張すると，人間の属性や特性にもよいものと悪いものがあるということになる。そうした事例もあるだろう（例えばハンチントン病のように）が，多くの場合において明らかにそれはあてはまらない。例えば，いわゆる行動抑制や情緒的統制，新奇なあるいは挑戦的な状況で躊躇する性向といった気質的特徴は不安障害のリスク因子となるが，反社会的行動に対する保護因子でもある。同じように，刺激追求あるいは新奇性追求は反社会的行動のリスク因子である（理由は明らかである）。その一方で，筆者の知る範囲ではまだ系統的な研究がなされているわけではないが，同じ危険を冒すことを楽しむという特性が，ロッククライミング，新しい危険な場所の探検，自動車レース，そして株取引にかかわることなどに人を駆り立てると考えられる。属性や特性の望ましさの程度はさまざまだが，これほどあいまいな悪影響なのに，特定の形質に対する遺伝的影響を排除することが望ましい目標だと考えるのは，賢明なことではなかろう。実際，科学における大きな発展は，リスクを冒しながら研究した創造的開拓者の手によることがしばしばである[80]。このことからも明らかなように，そうしたリスクを冒す創造的な性質を排除するのは望ましいことではないだろう。

しかしながら，遺伝子を本質的によいものと悪いものに分けようとすることが実際に間違っている重要な理由が他に二つある。まず第一の理由は，多因子性の特性（人間の特徴のほとんどにあてはまるが）を扱う場合，最終的な特性はいくつかの，たいていは数多くの遺伝子がさまざまな環境の

もとで一緒になって働いた作用から生じている。感受性遺伝子（そしてそれはいまのところとてもわずかな形質にあてはまるだけだが）が確認されると，個々の遺伝効果はとても小さいことがわかる。例えば刺激追求への遺伝的影響の可能性に関してみると，確認された感受性遺伝子はその全分散のわずか4パーセントしか説明していなかった。たとえその遺伝子を除去しても（それが可能であることがわかったとしても），ほとんど何の違いもないだけでなく，それは遺伝子間のアンバランスを生むかもしれず，その影響はまったく未知である。複雑なシステムのなかのほんのわずかな要素を，その効果が残りの他のシステムにどのような効果を与えるかを知らないままいじくり回すのは，危険な営みである[81]。第二の理由は，多因子性疾患の場合，われわれが回避したいと思うハンディキャップをもたらすような疾患への易罹患性にはたくさんの遺伝子が関与しているので，ある集団に属する人の大部分は，リスクの可能性をもつこうした感受性遺伝子の少なくともいくつか，そしておそらくたくさんを保有していることになる。多くの人がハンディキャップを生じさせていないのはなぜかといえば，十分な数の感受性遺伝子をもっていないのか，遺伝効果を発現させるのに求められる危機的な環境に出会っていなかったからであろう。この状況は，他の遺伝子の存在や特定の環境リスクの存在を伴わない相対的に直接的なリスク効果をもった遺伝子が一つがあるという状況とはだいぶ違うものである。

　しかし，単一遺伝子性疾患においてですら，よい効果と悪い効果の重要な交絡があると思われる。その最も有名な例はもちろん，サラセミア（地中海貧血）という鎌状赤血球貧血症を引き起こす症状である[82]。サラセミアは致死に至る重篤な疾患で，それがもたらす苦痛や死を除去することができれば明らかによいことである。しかし，サラセミアは劣性遺伝子によるものである。ということは，二人いる親の両方からその遺伝子のコピーを一つもらわないと発症しないということだ。その結果，突然変異遺伝子のコピーを一つだけしかもたないために鎌状赤血球貧血症にならない人がずっとたくさんいることになる。興味深くかつ重要なのは，関連遺伝子を一つだけもったこうしたヘテロの人たちは，マラリアという同じく致死

に至る重篤な疾患に対する抵抗力が高まっているということだ。サラセミアをもたらす突然変異遺伝子を一つだけもつことは，マラリアが風土病である土地ではまさに重要な保護因子となっているのである。しかし，マラリアのない国では突然変異遺伝子をもつことになんら重要性はない。こうした状況は，環境条件がある集団の遺伝子頻度にどのように影響を与えるかについての興味深い事例を与えてくれる。これまでに得られたエビデンスによれば，アメリカでは，鎌状赤血球貧血症を引き起こす遺伝子をもつ人々がかなりいることで知られる民族集団において，この遺伝子頻度は，時間とともに減少している。対照的に，マラリアに対する抵抗力が重要な土地では，同じような下落を示してはいない[83]。

したがって，遺伝子をよいものと悪いものに分けられるという発想は誤りで役に立たないばかりか，多因子性の症状に役割を果たしている遺伝子を除去するという方略が破壊的な意味をもつことにつながることは明らかである。

行動的に疾患にかかりやすい人に介入対象を絞ることについて

遺伝子・環境間相関に関する発見は，介入対象を絞ることに対する別のアプローチを示唆する。つまり，親のリスク行動，あるいは子どものリスク行動に基づいたアプローチである。遺伝子・環境間相関は，子どもに危機的なメンタルヘルスをもたらすような社会的相互作用に影響を与える行動に焦点をあてるという限られた（しかし重要な）意味を除いては，リスク行動を特定するのにたいして役立たない。このつながりで考えると，明らかに悪影響をもつ行動（虐待や無視のように）もいくらかあるが，状況によって（遺伝的にも環境的にも）よい効果なのか悪い効果なのかわからない行動がよりたくさんあるということを強調すると，遺伝子についても同様である。このことは例えば，行動抑制にも刺激追求にもあてはまるだろう。必要なことは，疾患にかかりやすい人により介入対象を絞ることではなく，因果のメカニズムをより正確に理解することなのである。

▌因果メカニズムを理解する

遺伝に関する知識，特に遺伝子と環境の相互作用に関する知識の主な価値は，因果の過程を描くことができるかもしれないという可能性にある。このような過程には，遺伝子が精神疾患に素因としての役割を演じる[84]さまざまな経路と，環境状況によってリスクがもたらされる経路の両方がかかわる。遺伝子と環境の相互作用について見いだされたことは，ある決定的な要素が精神疾患の発症と回避にかかわるリスクや保護を生みだすなかでの，遺伝子と環境のあいだの共同作用にかかわる過程にも関連している。もし遺伝子と環境の相互作用に関するより広汎にわたるエビデンスを，精神疾患だけでなく身体疾患にあてはめたときのことを考えると，どのような一般的なメッセージが明らかになるだろうか。

第一に，確かめられた感受性遺伝子は，病理的な結果を明確に伴った頻度の低い遺伝的変異というよりも，むしろ直接それ自体が疾患の原因とはならないよくある多型性とかかわっている。かつての遺伝精神病理学が誤ってモデルとしていたのは，単一遺伝子を原因とするメンデル性疾患であった[85]。しかし，いまやメンデル性疾患は原則ではなく，例外なのである。

第二に，よくある遺伝子の変動は，初期の疫学研究や臨床的研究の発見から期待されるものとはずいぶん異なる因果経路に影響を与えることがわかってきている[86]。心臓血管性疾患における感受性遺伝子は，肝性リパーゼ遺伝子のプロモーター領域[42]，アポリポタンパクE4遺伝子[45]とアンジオテンシン変換酵素遺伝子[47]がかかわっている。精神疾患の領域にも同様の発見が期待されるに違いない。さらに，遺伝リスクは決定論的というよりは確率的であり，疾患の効果それ自体ではなく，正常な生理的メカニズムにかかわるものということになる。

第三に，遺伝子・環境間交互作用で繰り返し見いだされていることはすべて，環境病原体として知られるものをその出発点とする研究ばかりであった。心臓血管性疾患の場合，これには高脂肪食摂取[42]，喫煙[44]，高塩分摂取[47]が含まれる。同じことが本章で論じた精神疾患の領域での遺伝子・環境間交互作用の例にあてはまり，虐待や生活ストレッサー，重度の

早期大麻使用などに及んでいた[87]。ここからいえるのは，遺伝研究は環境リスクのメカニズムを明らかにする上で特に有益であろうということである。

　第四に，遺伝子・環境間相関についての発見は二つの異なる見方を与えてくれる。一方では，遺伝子がリスク環境や保護環境の経験のしやすさに及ぼす影響力を通じて，精神疾患のリスクに遺伝的影響を及ぼす間接的経路が大切であることを示してくれる。リスクに関する議論はリスク効果についてのみに焦点があてられることがきわめて多い。遺伝的発見が強調するのは，一人ひとりがどのような理由で，また経験する環境がどのように異なるかを理解することについても，注意が向けられなければならないということである[88]。もちろん，一人ひとりの特徴に対して答えが限定されるわけではないだろう。人種差別や劣悪な住宅政策のような社会要因も影響力がある。他方で，遺伝子・環境間相関の発見は，鍵となる因果メカニズムが，その人の環境を形成し選択する行動が果たす役割に存在することを強調している。この環境を形成し選択する行動は，環境だけでなく遺伝子からも影響を受けるが，最も身近な因果メカニズムは遺伝子よりも行動にある。したがって，研究の必要性は，行動がいかに環境に対して効果を及ぼしているかに焦点をあてることである。

　第五に，遺伝子と環境の相互作用は，神経基盤だけでなく，人々が直面する困難やストレスに対してどのような行動を示すかに関しての思考プロセスや能動的行為にかかわっていなければならないということである。このことはもちろん，心の作用が脳の外部で起こっているなどということではない。そんなのはばかげた指摘である。とはいえ，神経科学は前方向的思考や逆方向的思考の能力の基礎について情報を提供しうるものであり，また脳のどの部位がそのような思考プロセスに関与するかについても情報を提供することが可能である。そしてその生起過程に関する理解にも寄与しうる。科学的理解がそこまでたどりつくには長い道のりが必要である。しかし，思考の特定の詳細や発達する心的構えが説明できるとは思えない。認知機能の研究は，異なる人間が客観的には同じようにみえる状況に異なった仕方でどのように反応しているかを理解するのに何が必要であるか

の一端として考えなければならない異なる探求のレベルを与えてくれる。生物学的還元主義は1章で述べたように，ある点までは魅力的であるが，確実に限界がある[89]。

▌ 結　論

　遺伝的影響は，精神病理をもたらす因果経路のおよそほとんどすべてに見いだされるというのが，本章での全体的なメッセージである（図2.1と図5.5の例を参照）。しかし同じように多くの場合，遺伝効果は環境のなかのリスクとの相互の働きに付随している。昔のように，疾患を遺伝的なものと環境的なものに二分するのは時代遅れになってきている。必要なことは，特定の遺伝効果と特定の環境効果を分離して測定するという偉業である。しかし，遺伝子と環境のすべてが，その複雑な結びつきを必ず含んでいる疾患へとどのように導くのかを適切に理解することも同じくらい必要な偉業なのである。批判のなかには，遺伝子の研究が必然的に疾患の決定論という誤解を招くのではないかという懸念もあるが，実際には遺伝に関する発見は誤解を解くというまったく正反対の方向へと向かわせるのが現実だろう。本章では，遺伝子と環境の相互作用がもたらすいくつかの行動的結果への効果という観点から論じられてきた。まだ考察が残されているのは，遺伝子発現に及ぼす環境効果との絡みでみられる，別の形の相互作用である（10章参照）。

Notes

　文献の詳細は巻末の引用文献を参照のこと。

1) Gottlieb et al., 1998; Meaney, 2001
2) Gerlai, 1996
3) Crabee et al., 1999
4) Cabib et al., 2000
5) See Greenland & Rothman, 1998
6) See Rutter & Pickles, 1991
7) See Moffitt et al., 2005 & in press
8) Button et al., 2005; Rowe et al., 1999; Turkheimer et al., 2003
9) Fombonne et al., 1997

10) Tizard, 1964
11) Koeppen-Schomerus et al., 2000
12) Cameron et al., 2005; Meaney, 2001; Weaver et al., 2004
13) Abdolmaleky et al., 2004; Kramer, 2005
14) Plomin et al., 1977; Rutter & Silberg, 2002
15) Ge et al., 1996; O'Connor et al., 1998
16) Ge et al., 1996
17) See Moffitt et al., in press; Rutter, Caspi, & Moffitt, in press
18) Boomsma & Martin, 2002; Eaves et al., 1977; Plomin et al., 1988
19) Greenland & Rothman, 1998; Rutter & Pickles, 1991
20) Brown & Harris, 1978
21) Tennant & Bebbington, 1978
22) See Brown et al., 1991, for an example.
23) Heath & Nelson, 2002
24) Rutter, 1983; Rutter & Pickles, 1991; Yang & Khoury, 1997
25) Aidoo et al., 2002; Hill, 1998a
26) See Scarr, 1992
27) See Plomin et al., 1977
28) Rutter & Quinton, 1984
29) Meyer et al., 2000
30) Rutter, Caspi, & Moffitt, in press
31) Robins, 1966
32) Champion et al., 1995
33) O'Connor et al., 1998
34) Riggins-Caspers et al., 2003
35) Boomsma & Martin, 2002; Plomin et al., 1988; Wachs & Plomin, 1991
36) Ridley, 2003
37) Bateson & Martin, 1999; Gottlieb, 2003
38) Rutter, in press b
39) Johnston & Edwards, 2002
40) See Kotb et al., 2002 and examples discussed below
41) Rutter, in press c
42) Ordovas et al., 2002
43) Tai et al., 2003
44) Talmud et al., 2000
45) Humphries et al., 2001
46) Talmud, 2004
47) Yamori et al., 1992
48) Wang et al., 2002
49) Mayeux et al., 1995; Nicholl et al., 1995
50) Yaffe et al., 2000
51) Meisel et al., 2002
52) Meisel et al., 2004
53) Tsuang et al., 2004
54) Kendler et al., 1999
55) Jaffee et al., 2005
56) Cadoret & Cain, 1981; Cadoret et al., 1995b

57) Cadoret et al., 1995b
58) Tienari, 1991, 1999; Tienari et al., 2004
59) Carter et al., 2002; van Os & Sham, 2003
60) Caspi et al., 2002
61) Foley et al., 2004
62) Caspi et al., 2003
63) See Eley et al., 2004 and more extensive list in Rutter, Caspi, & Moffitt, in press
64) Gillespie et al., 2005
65) Caspi et al., 2002 & 2003; Moffitt et al., in press; Rutter, Caspi, & Moffitt, in press
66) Caspi et al., 2002 & 2003
67) Hariri et al., 2002 & 2005
68) i.e., the one involved in the GxE in the Caspi et al., 2003 study
69) Heinz et al., 2005
70) Bennett et al., 2002
71) Champoux et al., 2002
72) Murphy et al., 2001
73) Kendler et al., 2005c
74) Caspi et al., 2005b
75) Arseneault et al., 2004; Henquet et al., 2005
76) McClelland & Judd, 1993
77) Guttmacher & Collins, 2003
78) Caspi, personal communication, January 2005
79) Strachan & Read, 2004
80) See Rutter, 2005e
81) Thomas, 1979
82) Aidoo et al., 2002; Rotter & Diamond, 1987
83) Weatherall & Clegg, 2001
84) See Rutter, 2004
85) See Rutter, 1994, for critique
86) Rutter, 1997
87) Caspi et al., 2002, 2003, 2005b
88) Rutter et al., 1995
89) Kendler, 2005b

Further reading

Moffitt, T. E., Caspi, A., & Rutter, M. (2005). Interaction between measured genes and measured environments: A research strategy. *Archives of General Psychiatry, 62*, 473–481

Moffitt, T. E., Caspi, A., & Rutter, M. (in press). Measured gene–environment interactions in psychopathology: Concepts, research strategies, and implications for research, intervention, and public understanding of genetics. *Perspectives on Psychological Science.*

Rutter, M., Dunn, J., Plomin, R., Simonoff, E., Pickles, A., Maughan, B., Ormel, J., Meyer, J., & Eaves, L. (1997). Integrating nature and nurture: Implications of person−environment correlations and interactions for developmental psychopathology. *Development and Psychopathology (Special Issue), 9,* 335−366.

Rutter, M., Moffitt, T. E., & Caspi, A. (in press). Gene−environment interplay and psychopathology: Multiple varieties but real effects. *Journal of Child Psychology and Psychiatry.*

Rutter, M., & Silberg, J. (2002). Gene−environment interplay in relation to emotional and behavioral disturbance. *Annual Review of Psychology, 53,* 463−490.

10 章
環境は遺伝子に何をしているのか

　心理社会的な側面を研究する人たちは，これまで環境的影響を遺伝的影響と分けて考える傾向があった。実際，今日でさえ，多くの人々は，遺伝子が心理的発達や，正常との境目がはっきりしない一般的な多因子性の精神疾患（うつ病や不安障害など）への易罹患性に対して大きな影響があるという可能性を否定するための模索を続けている。統合失調症や自閉症，双極性障害などの深刻な問題を示す症状すら否定するところにまでこの考えを広げる人さえいる[1]。これらの考えが間違っている理由がいくつかある。一つは，9章で論じたように，環境リスクにさらされることの個人差に，遺伝的影響が重要な役割を担っているということである。これは，人々が環境を選択し形成する仕方の感情的・行動的個人差に関係する遺伝子・環境間相関によってもたらされている。今日，ほとんどの心理学者は，発達の相互交流モデル（他者およびそのまわりを広く取り巻く社会的環境との交互作用に及ぼす双方向の影響）を適用している。個人が環境を選択し形成する仕方に対して遺伝的影響があることの一貫したエビデンスがあるだけでなく，問題となる行動だけが例外的に遺伝的影響の範囲外にあると考えるのは，決定的におかしいとすら思われる。最も近いリスク過程は環境的媒介がかかわっているが，人々がリスクを経験するか保護的な環境を経験するかは，本人の遺伝的影響を受けているのである。
　第二に，9章で論じたように，遺伝子はリスク環境への人々の感受性に対する個人差への効果に対して影響がある。ここでも，現象がみられるときに最も近いリスク過程は環境的媒介を受けているが，リスク経路は主に

遺伝的感受性の高い人に影響を及ぼす。言い換えると，リスクにさらされること，ならびにリスクへの脆弱性の両方において，結果は遺伝的影響と環境的影響の単なる和ではなくて，むしろ，それらの和に遺伝子・環境間相関と遺伝子・環境間交互作用を通しての遺伝子と環境の共同作用の影響をプラスしたものなのである。

　だが，心理社会的要因のみを重視する研究者らが誤って遺伝子を無視する第三の理由がある。もし心理社会的リスクが永続する影響をもたらすのであれば，永続的な後遺症を残すために，経験が人に何をしているかを考えることが必要不可欠である。社会的発達のなかで優勢なパラダイムは，メンタルモデルや認知的・情緒的構えに焦点をあてようというものだ[2]。その論理的根拠は，あらゆる年代の人々は自分の経験を処理しており，彼らがどのようにそれを処理するかが長期的な影響に違いをもたらしうると考えるのは当然だろう，ということである。もちろん，こうした心的操作には神経基盤があるはずだが，心理社会的ストレスや逆境と関係した神経科学的研究はほとんどなされていない。別の主な関心の焦点は，神経系の結果に害を与える可能性，ならびに後の環境への反応に及ぼす影響の両方にかかわる**神経内分泌系**の効果にあてられてきた[3]。より最近では，脳の発達に関係する生物学的プログラミングへの関心がある[4]。この現象は，その程度は依然として不明瞭のままではあるものの，しっかり確立されているが，神経基盤の研究はまだ始まったばかりである。

　これらの過程のいくつかあるいはすべてにおいて，遺伝子がなんらかの形で関係しているが，それにまさに直接関係するメカニズムが一つある。すなわち，遺伝子発現である。さまざまな環境の経験が遺伝子発現に影響しうるし，またそういったエビデンスが実際にたくさん出されつつある。マウスを使った研究では，エサの変化がエピジェネティックな遺伝子調節に大きな効果をもつ可能性が示されている[5]。この知見はガンに関連してとても重要だろう[6]。遺伝子は身体の防衛メカニズムにおいて重要な役割をもっており，防衛メカニズムは腫瘍形成の抑制に関係するものを含んでいる。ある種のガンにかかりやすくさせるメカニズムの一つは，腫瘍を抑制する一つまたはそれ以上の遺伝子のエピジェネティックなサイレンシング

（不活性化）を引き起こす**メチル化**に影響を受けているようだ。

　遺伝子発現へのエサの影響の例として特異ではあるが驚くべきものとして，ある特定種のマウスの子どもの毛色に，母親のエサが与える影響がある[5]。この発見は，そのメカニズムが遺伝子発現を変えるメチル化にあることを示した。本質的なことは，この研究はまず毛色がある特定の遺伝子のプロモーター領域のメチル化の変異に関係していることを第1段階として立証したことである。第2段階として，エサの量によるメチル化の程度を検討した。つまり，エサが毛色の変化に関係していること，そしてある特定の遺伝子座におけるメチル化の増加関数であることが見いだされた。しかしこの発見においてとても特異なのは，その効果が次世代に伝達される場合があるらしいということである。通常，ゲノムのエピジェネティックな変化は，次世代に引き継がれる前に消去される。今回の発見は，確かにたいていは消去されるが，たまに例外があるかもしれないということを示している。もしそうだとしたら，そのメカニズムを確かめ，この発見が人間にまであてはまるのかどうかも考えることが重要である。

　上記とはだいぶ異なる環境の刺激を扱ったものとして，カンセダら[7]の研究がある。彼らは，実験的に豊かな環境で育てられたマウスでは，視覚システムの発達が加速されること，そしてこれは脳の視覚皮質のBDNFタンパク質を増加させることに結びついた遺伝子発現に関係していることを発見した。

　ペトロニス[8]は，胎児期／新生児期の性ホルモンが人間の遺伝子発現に影響をもたらすのではないかと示唆している。わかっているのは，性ホルモンが後の心理的機能に影響をもたらすということであるが，その影響はむしろ控えめなものだ。そして反応にはかなりの個人間変異があるとされているが，その変異に及ぼす効果は決してささいなものではない[9]。その変異をもたらすメカニズムははっきりしていないが，そこには遺伝子発現がかかわっていると思われる。もしそうであるなら，このメカニズムは，ほとんどの神経疾患が女子より男子に多い[10]というよく立証された発見に関係しているかもしれない。バロン−コーエン[11]は，自閉症は極端な男性性の一形態と考えられると示唆している。これはいささか信じがたいが，

自閉症における男性優位は，遺伝子発現に及ぼすホルモンの影響を反映しているかもしれない。

　仕方のないことだが，上述したことのどれも推論にすぎない。遺伝子発現は組織に特異的だから，生きているあいだに人間の脳への効果を研究することは，たいてい実現不可能である。さらに人間においては，胎児期の影響，出生後の影響，そして遺伝的影響を分けるのに必要な実験的統制をすることが必然的にかなり難しい。こうした理由が，動物研究が実力を発揮する由縁となる。マイケル・ミーニーらによるラットを用いた先駆的研究は，この研究方略の力をみごとに表している[12]。最初の時点で，乳を分泌する母ラットが，子を舐めたり毛づくろいをしたり，体を弓なりにそらした保育姿勢をとる程度において明確な変異があること，そしてその個体差が乳分泌の第1週目にわたって安定していることが観察された。しかし，重大なことに，こうした愛情のこもった世話行動の個体差は，母が子と過ごす時間の違いと関係していない。つまり，研究されていたのは，ある特定のタイプの世話行動が子に与えた結果であり，単なる接触時間の違いではなかったのである。さらに，世話行動におけるこれらの個体差は，脳のある特定の部分のドーパミン（神経伝達物質）の変動と関係していた。この遺伝子発現への関連に関して最も印象的なのは，母の行動の変動が子の行動やストレス反応の個体差と関係しているのが観察されたことであった。

　引き続いて一連の研究課題を立てる必要があった。最初に立てられる必要があったのは，子の行動やストレス反応の個体差の起源が遺伝的かどうかであった。つまり，ラットの個体差が両親から受け継いだDNAの結果なのか，育て方の違いの結果なのかということだ。この問いは交叉養育研究，つまりよく舐めたり毛づくろいしたりする母の子を，あまり舐めたり毛づくろいしたりしない母が育てる，あるいはその逆をする研究によって取り組まれた。続いてなされた研究課題は，子の行動における神経内分泌系の反応が生物学的な家系の影響なのか社会的な育ちの影響なのかどうかを明確にすることであった。結果は，行動の個体差も内分泌系の個体差も，その効果は育て方の違いという環境によるものであり，それが生物学的な遺伝的影響によるものでないことがはっきりと示された。

マウスを使った同様の研究は、胎児期と出生後の影響を比較したものがある[13]。近交系マウスの赤ちゃんを2種類の里親マウスに養育させる（交叉養育）が、里親（母親）マウスはそのままでは自分が妊娠しないので、本能的に母にはならない。そこで、受精させて母親にさせ、その受精卵を取り除くことによって行われた。胎児期と出生後の環境的影響が合わさって、情動性を反映すると思われるような行動に顕著な相違を生むことが見いだされた。比較されたグループは遺伝的に同じであるから、影響は環境によってもたらされたはずである。胎児期と出生後の合わさった影響により、この発見は胎児期の環境が成長途中にあるの生き物の出生後の養育に対する反応に、ある特別な形で影響を与えているかもしれないことを示唆した。

ラット研究に戻ると、次の研究課題は、子どもの組織に大人になっても残るような結果を生みだして次世代に伝えられる行動的影響を確定することである。端的にいえば、研究が明らかにしたのは、母の行動が、遺伝子発現への組織固有の影響を通して、永続的にストレスへの内分泌系の反応の発達を変えたということであった。特にその効果は、**海馬**のもつ特定の**グルココルチコイド受容体遺伝子のプロモーター領域**にみられた（図10.1参照）。この例では、影響はタンパク質をつくる遺伝子にあるわけではなく、タンパク質生成に他の遺伝的影響によって間接的に影響するプロモーター領域にあるということが、注目すべきことだ。さらにこの影響は、脳の特定部位で起こっていることに特有のように思われた。この影響のプロモーター領域に関する結果は、セロトニンの活性への連鎖反応によってもたらされるようだった。ミーニーらは、母の世話がこの特定のプロモーター領域のDNAメチル化を変化させていること、そしてこれらの変化は成人まで安定して維持されること、さらにこのことが理由で、成熟したときでさえもストレスに対する内分泌反応の違いに関係しているという仮説を立てた。彼らの実験的研究は、この仮説が実際に正しいことを示した。しかし、興味深いことに、DNAメチル化におけるグループの差異は、ただ生後最初の第1週のあいだだけの母の行動の関数として生じていたという結果も示した。第1週を過ぎてから起こったことは、同じ結果をもたらさ

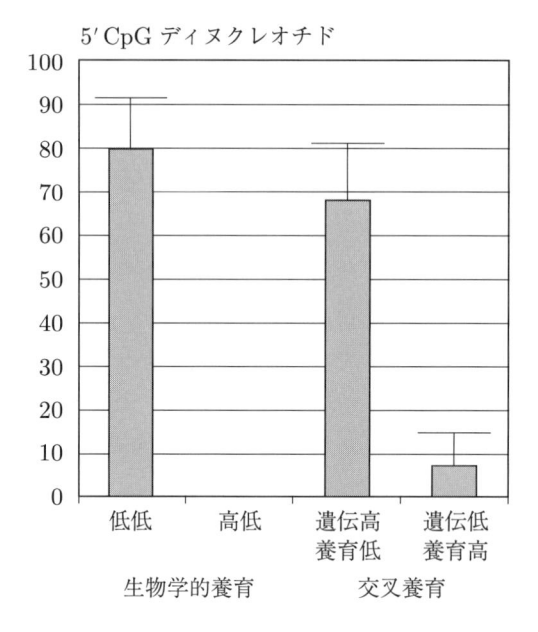

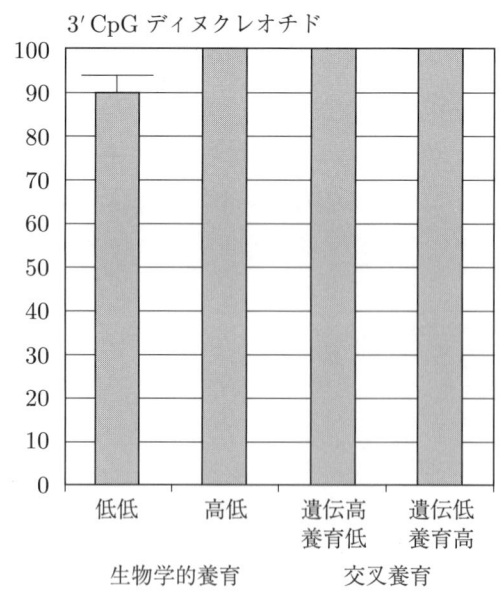

図 **10.1** 交叉養育研究から見いだされた遺伝子発現　［出典：Weaver et al., 2004］

ないようなのである。

　次の研究課題は，母によってもたらされるこのエピジェネティックな変化は，実際に不可逆的なのか，それとも後になって変えられるようなものであるのかどうかということである。トリコスタチン（ATSA）とよばれるある薬物による処置が，メチル化による母親の影響を逆転させる方向に働くということが見いだされた。詳細にはメチル化を打ち消す均衡を保たせる化学的プロセスの一種であるアセチル化への影響を通してなされるということが見いだされたのである。これまで刊行された論文で考察された次の研究課題は，早期のDNAメチル化の逆転が，実際に機能に何か違いをもたらすのかどうかということである。特に，ストレスへの内分泌反応を変えたのだろうか。実際にそうであった。メチル化の効果が本当に行動の違いの原因になったと確信できるエビデンスが出たのである。最終的に最近の研究では，これら初期の養育パターンの世代間効果は，子どもの性的反応に影響することを示している[14]。

　これらの発見は，一連の，特に厳密で独創的でよく統制された実験に基づいている点できわめて魅力的である。われわれが考える必要があるのは，この発見が人間の機能にまで広げられる含意をもつがどうかであり，もしそうなら，それはいったい何なのかということである。一見，ラットの母親によってなされる子を舐めたり毛づくろいしたりする行動と同等のものを人間において確かめることのようにみえるかもしれない。しかし本当のところ，それが最も適切な考え方とはいえない。この特定の形の養育行動の仕方と同じであるものが，人間にあるかどうかははっきりしない。むしろ問題は，ミーニーの研究が明らかにしたメカニズムが，より一般的な法則性をもつ見込みがあるかどうかである。もしこれが結局のところその研究のみの特殊なものであることが判明したら，実に驚くべきことだ。一般に生物学の歴史において，そして特に遺伝学では，ひとたび新しいメカニズムが明らかにされたら，それはほとんどいつも，広汎にあてはまるものであることがしっかり示されるものである。6章で議論されたトリヌクレオチドの反復の例は，そうした特徴の興味深い例をまさに提供してくれる。一度トリヌクレオチド反復が世代間に広がることがある疾患であると示さ

れると，次の研究でただちに，これがより広範囲の疾患にも適用できることを示した。これは，生物学と医学におけるメカニズム研究の歴史にはよくあることだ。さらに，植物から昆虫そして鳥に至るさまざまな種の子の個体差に及ぼす，基本的な母親の影響を示した研究がある[14]。ミーニーらは，まだ実証的に示されてはいないが，これらの広範囲にわたる現象が，おそらく遺伝子発現への同じメカニズムを反映している可能性があることを示唆している。

　この発見を人間にどれだけ一般化できるか考えてみよう。まずはじめに，最もありえそうな推定は，成人期まで持続する効果をもつ子宮内環境および早期の出生後の期間の効果である。これは，食物，毒素，薬物（アルコールを含む），そしておそらく性ホルモンの効果にあてはまるだろう[9]。

　人間への一般化が最もあてはめられそうに思われる領域は，いわゆる発達プログラミングの分野である[15]。発達プログラミングは，初期経験が永続的に後の発達に影響を及ぼすという現象のことである。例えば，生まれて最初の6か月くらいのあいだ，世界中の乳児は違う音を弁別する能力を同じように示す。だが1歳半ばくらいから変わり，特に乳児が育てられる言語と関連して変化する。最もよく知られているのは，日本人が"R"と"L"の発音の区別をするときに示す大きな困難である。この区別は日本語にはないが，英語や他の多くの言語にはある。つまり，言語環境に関する何かが，言語環境への反応を不変的な形で変えたことを意味している。他にもより広い医学領域での例がある[16]。例えば，生まれてから最初の1年の食べ物は，永続的に後の食べ物への人々の反応を変える。興味深いことに，それは成人期で発見されたものと逆の形でなされている。つまり，中年期に心臓動脈疾患や糖尿病，高血圧症のリスクとなるのは，乳児期の不十分な食事と貧しい成長である。ところがもちろん，成人期にリスクとなるのは過食や肥満である。正確なメカニズムはこれから詳細に記述されていかなければならないが，仮説としては，子ども時代の食事は栄養不足への対処にうまく適応するようにプログラムされるが，栄養が最適状態でないときにこの適切な適応がなされると，後の人生において栄養過多の処理に対して不適応になるということだ。

ミーニーら[14]が強調した二つの特徴は，第一に，環境効果がその環境のなかの健常な変異に対して適用されるのであり，異常な環境における病理的極値に対してだけでないということ，また第二に，その帰結について絶対的な意味でのよし悪しを合理的に判断することはできないということである。むしろ，その帰結は特定の環境状況に適応的なのである。こうした推論を正しいと確信するのは時期尚早だろう。しかし，現時点でのエビデンスは確かに，その妥当性が示されそうだということを示唆している。もし，それが本当なら，環境が実際に極端な場合だけはなく，健常な範囲内で影響をもつことに関して人間におけるエビデンスを支持することになるし，病的なダメージに関してだけでなく，より広い適応的変異の範囲内についてもその効果を考える必要性が指摘されることになる。

　このような目的で研究されているわけではないが，この発見は鳥類における刷り込み（インプリンティング）現象のずっと初期の発見とまったく同様である[17]。つまり，刷り込みへの効果は環境によって引き起こされ，驚くほど持続するが，特別な状況ではいくらか修正されうるものであった。刷り込みに少し似た生物学的メカニズムが関与していると考えてみるのはおもしろい。ガブリエル・ホーンら[18]による研究では，刷り込みを生じさせる神経系の基盤があることを示し，遺伝子発現に関する最近の研究は，おそらくどのように環境が神経系の基盤に影響を及ぼすかについて説明を与えてくれるかもしれない。

　この発見をどの程度人間における経験の影響にまで広げてあてはめるべきだろうか？　例えば，発達過程のかなり後になって起こる影響までに適用するべきだろうか？　原則的には，もし影響が本当に強く持続していれば，初期経験においてはより不確かとはいえ，エピジェネティックな影響を適用できる可能性はある（カンセダら[19]の研究によって示されたように）。また，どの年齢でも起こるより持続性の少ない影響にも適用できるだろうか？　おそらくこれはできないだろう。しかし検証しなければならないことが，まだたくさん残っている。

　この章で考察されてきた研究は，遺伝子発現への効果に集中していたが，他にも遺伝子に及ぼすやや異なった環境的影響があるかもしれない。エピ

ルら[20]は，人間における慢性的ストレスが**テロメア**（染色体の末端を覆い，染色体の安定性を促進させる DNA タンパク質複合体）の長さの減少に関係していることを発見した。テロメアが短くなることの効果は，生物学的加齢に関係していると考えられてきた。この発見の妥当性の評価をするのは時期尚早だが，遺伝子に及ぼす環境的影響のタイプが一つだけではないことを思いださせてくれる。

　われわれはまだ，エピジェネティックの効果の意味について理解し始めたばかりだが，得られた結果によれば，氏と育ち，あるいはもっと概念を広げて遺伝子と環境を明確に分けることがすでに誤ちであるということを示している。遺伝子は，（9章で論じたように）異なる形の環境を経験する傾向に影響を及ぼし，それが異なる環境への感受性に影響を与える。しかし，同じように環境も遺伝子発現に影響を与えるのである。

　人生の後になってから大きな影響をもたらす可能性をもつ遺伝子発現の人間にみられる一例は，喫煙にかかわるものである。遺伝子発現が関連のある組織において研究されなければならないという要件は，気管支鏡検査（主気道に下ろして使うチューブ）を用い，気道の細胞を採取するために気道の内側から接触するという方法により満たすことができる。三つの鍵となる疫学的な発見がこれに関係している[21]。第一に，喫煙は肺ガンと因果関係にあるという強いエビデンスがある。用量と反応の関係の一貫性と禁煙後に得られる利益の両方から，これは明らかだ。第二に，反応にかなりの個人間変動がある。たった10～20パーセントの喫煙者しか実際には肺ガンにならない。第三に，肺ガンのリスクは，禁煙をしてから驚くほど後になっても残る。

　スピラら[22]による興味深い研究は，喫煙者と非喫煙者の遺伝子発現を比較し，タバコの喫煙は，発ガン現象と気管支炎の調節にかかわる複数の遺伝子発現に影響を与えることを示した。かつて喫煙者だった人たちのこうした遺伝子発現レベルは，禁煙してから約2年後で非喫煙者のレベルにようやく近づき始めた。しかし，禁煙してから何年を経ても，非喫煙者と同じレベルに戻らない遺伝子がいくつか認められた。

■ 結　論

　遺伝子発現の領域は，環境的影響の重要性において，あるいは遺伝子発現に影響を及ぼす効果の範囲において，なんらかの確固とした結論を下すには，あまりにも新しすぎて，発見は散発的すぎる。それでもやはり，明らかなことは，環境効果のなかに，遺伝子発現への効果を通して作動するものがあるということである。ここでも，意味するところは，遺伝子と環境をその効果の上で完全に別ものとみなし，完全に別々のメカニズムを通して作用しているとみなすことには意味がないということである。そういう場合もときどきあるが，おそらくもっと多くの場合において（少なくとも長期的影響に関して），遺伝子と環境は，同じ生理学的，または病理生理学的な経路においてある種の共同作用をなして働いている。

　メチル化は環境的影響の持続性において鍵となるメカニズムとなるだけでなく，潜在的に，氏と育ちのあいだにある相互作用にかかわる過程においてもおそらく有益かもしれない[23]。ここでのポイントは，エピジェネティックな変化は遺伝子発現を変えること，そしてその変化が遺伝子特殊でありかつ組織特殊であるから，9章で考えられた遺伝子と環境の相互作用に関係する可能性がある。現時点では，この指摘は憶測にすぎないが，明らかなのは，氏と育ちのあいだの相互作用に関する因果過程の研究は，心理的レベルや社会的レベルだけでなく，有機体内の神経化学的レベルでも，そのメカニズムを調査する必要があるだろうということである。

Notes

　文献の詳細は巻末の引用文献を参照のこと。

1) James, 2003; Joseph, 2003
2) See, e.g., Abramson et al., 2002; Bretherton & Mulholland, 1999
3) Gunnar & Donzella, 2002; McEwen & Lasley, 2002
4) Bateson et al., 2004; Knudsen, 2004; Rutter, in press b
5) Waterland & Jirtle, 2003
6) Jaenisch & Bird, 2003
7) Cancedda et al., 2004
8) Petronis, 2001
9) Hines, 2004

10）Rutter, Caspi, & Moffitt, 2003
11）Baron-Cohen, 2002
12）Champagne et al., 2004; Cameron et al., 2005; Weaver et al., 2004
13）Francis et al., 2003
14）Cameron et al., 2005
15）Rutter, in press b; Rutter et al., 2004
16）Bateson et al., 2004
17）Bateson, 1966, 1990
18）Horn, 1990
19）Cancedda et al., 2004
20）Epel et al., 2004
21）Doll et al., 2004
22）Spira et al., 2004
23）Abdolmaleky et al., 2004

Further reading

Weaver, I. C. G., Cervoni, N., Champagne, F. A., D'Alessio, A. C., Charma, S., Seckl, J., Dymov, S., Szyf, M., & Meaney, M. J. (2004). Epigenetic programming by maternal behavior. *Nature Neuroscience, 7*, 847-854.

Jaenisch, R., & Bird, A. (2003). Epigenetic regulation of gene expression: How the genome integrates intrinsic and environmental signals. *Nature Genetics Supplement, 33*, 245-254.

Cameron, N. M., Parent, C., Champagne, F. A., Fish, E. W., Ozaki-Kuroda, K., & Meaney, M. J. (2005). The programming of individual differences in defensive responses and reproductive strategies in the rat through variations in maternal care. *Neuroscience and Biobehavioral Reviews, 29*, 843-865.

11章

結　論

　遺伝子と行動のあいだの結びつきを探究する，広範囲にわたる研究をめぐるこの旅は，われわれをどこに導いてきてくれたのだろうか。私は七つの大きな結論が際立っていることを指摘しよう。

　まず第一に，特性あるいは疾患を，環境由来のものと遺伝由来のものにざっくり分けて考えることはほとんど無意味だということである。もちろん，ごくまれに二分できるような例もある。レット症候群，あるいは常染色体優性の早発性アルツハイマー病，プラダー・ウィリー症候群などのような単一遺伝子のメンデル性疾患があり，その基本的異常にはいかなる環境からのインプットも必要ではなく，完全に遺伝由来である。しかしながら，これらのケースであっても，基本的異常が完全に遺伝由来とはいえ，環境的な事情が表現型の発現の一因となるような効果を（わずかであっても）もつことが，明らかにされ始めている。同じように，主として甚大な心理社会的トラウマ（PTSDのようなもの）によるもので，遺伝的な資質要因がまったく関与しないような疾患もある。だがこのような場合ですら，反応に顕著な異質性があり，遺伝的影響が個人間変動に部分的にではあるが関係している。

　しかしながら，ほとんど大部分の心理的特性と精神疾患は，もともと多因子性を示す。多因子性においては，遺伝的影響と環境的影響の両方が重要であることが明らかである。この両者の影響の割合を正確に定量化しようとするのはほとんど価値がない。なぜならば，これらは集団によっても時によっても異なるからである。さらに，遺伝的影響と環境的影響の強さ

を正確に調べることに，政策的・実践的意味はほとんどない。それでも，研究対象となっている集団でのリスクの個人差の多くを遺伝的要因が説明するような一握りの疾患に関連する差異の可能性は興味深い。

　第二に，第一のポイントから導きだされる点だが，遺伝的影響は，事実上すべての行動に，程度の差こそあれ，作用しているということである。これは疾患に対してあてはまるだけでなく，同時に一般母集団内でディメンショナルに作用する心理的特性にもあてはまる。さらに遺伝的影響は，態度や環境リスクに対する個人差にまで，個人が環境を形成し選択する影響があるかぎりにおいて，あてはめることができる。行動が社会的に定義され社会的な影響を受ける（反社会的行動のように）という事実が，この結論を変えることはない。もちろん，泥棒や離婚の遺伝子などというもの自体はないし，ありえないことで，ばかげた考えである。それにもかかわらず，盗みを働いたり，婚姻関係が壊れたりする傾向は，遺伝的（同時に環境的）影響を受けやすい気質的，認知的な特徴によるものであろう。心の働きは脳の機能に基礎づけられていることは間違いなく，脳の構造と発達（他の身体器官もそうだが）は，遺伝子と環境の両方の影響によって形づくられる。必要なことは，われわれが生物学的な基礎なしに体の外部から起こるなんらかの行動が存在するという考えをやめることである。遺伝的影響はすべての側面に行き渡っている。もちろんこのことは，遺伝効果が環境効果をしばしばしのぐというわけではない。

　第三に，正常な心理的差異と臨床的に重要な精神疾患とのあいだにはっきりとした質的な違いはないということである。これは統合失調症や自閉症，大うつ病性障害といった臨床診断が正当でないという意味ではない。反対に，診断はさまざまな形の介入の根拠となる苦痛や社会的機能障害のレベルに違いがあることを示している。正常と異常の区別があいまいである理由は，単に，多くの精神疾患がディメンショナルなリスク因子にかかわると同時に，正常まで連続して分布する機能不全の程度ともかかわっているからである。この状況は，医学の他の分野ともなんら違いはない。冠状動脈疾患は，コレステロールのレベル上昇と血液凝固傾向という，それ自体は病理的でないものが基礎となって起こるが，それでもそれらは冠状

動脈疾患の素因である。さらに，こうした疾患は，症状が現れる何年も前から存在する血管中のアテローム（粉瘤）が基盤となっている。しかしこうしたディメンショナルな考え方によって，心臓に栄養を与える冠状動脈のうちの一つが閉塞するために起こる心臓発作を診断し，治療する必要性がなくなるわけではない。同じく，血管の顕著な病理的変化に加えて，遺伝的要因がこの疾患の発症のしやすさに実質的な役割を果たしているというエビデンスは，われわれが喫煙や過食やストレスという環境的影響を無視すべきだということを意味しない。

第四に，ほとんどの多因子性の特性や疾患では，遺伝子は因果過程の複数の側面に中心的な役割をもってかかわっている。それらは，リスク環境や保護環境への曝露の個人差に対する影響力において一役買っており，リスク環境や保護環境への感受性や易罹患性の個人差に影響を与えており，大きな環境効果があるときに進行する有機体内部のメカニズムのなかで意味をもつ。実際には，大きな環境効果はすべてなんらかの遺伝的メカニズムに実質的にかかわっていると主張できるほど多くが判明しているわけではない。心理社会的な側面を中心に研究をしている人たちは，こうした遺伝効果を無視する危険を冒しているのである。心理社会的研究が特に必要としているものの一つは，有機体に及ぼす環境効果を特定することだ。研究結果は，重要なメカニズムの一つが遺伝子発現への効果とかかわっていることを示してきている。生化学的エピジェネティックな効果を通して，環境は遺伝子の機能に影響を及ぼすのである。

しかしながら同様に，遺伝学の研究者は多くの遺伝的影響がさまざまな形の遺伝と環境の共同作用のうちのどれが条件となるのかというエビデンスを見いだす必要がある。人がリスク環境にさらされる可能性を増減させる役割に作用する効果もあるし，危機的な環境への感受性に対する影響を通して作用するものもある。結果に最も近いメカニズムは環境的なものであっても，リスク環境に対する脆弱性は遺伝子による影響を受けるものである。

第五に，分子遺伝学的な発見は，個々の感受性遺伝子のふるまいを確かめることによって，病理生理学の基礎的な因果経路により必要とされる光

をあてる可能性がある。行動遺伝学の批判者たちは，このことが「責任」を社会から個人へと移行させ，個人のなかでも心の働きから細胞内の分子的な過程へと移行させることになるという懸念を表明している。しかし，そうした批判は時代遅れで，間違いなく誤解を招くであろう二元論への逆戻りである。生物学は個人と環境のあいだの交互作用に組み込まれており，また組み込まれなければならない。そのため，脳の過程と心の働きのあいだの機能的なつながりを理解しようとすることが，単に有意義であるだけでなく，本質的なのである。必然的に，これは遺伝子とかかわり，遺伝子がどう作用するかを理解することが必要となる。遺伝子・環境間交互作用の研究は，その結びつきのなかでとりわけ有益であると思われる。それは，この交互作用が遺伝子と環境がともに同じ因果経路に働いていることを意味するからである。したがって，このような交互作用の研究はどのように環境リスクや保護的メカニズムが作用しているかについてのよりよい理解を与える可能性をもたらすものである。

　第六に，感受性遺伝子の特定は疾患の因果関係に関連する基礎的な生物学的メカニズムの理解に向けての重要な第一歩ではあるが，それはしょせんはじめの一歩にしかすぎないということである。個々の遺伝子が実際に何をしているかを明らかにするためには，動物モデルが必要となるだろう。その次に，タンパク質が何をしているかを理解するために必要とされる研究に取り組むことが重要になるだろう。プロテオミクスの始まりである。しかしながら，それでもまだ話の途中の段階にすぎない。なぜなら，さまざまなタンパク質という生成物がうつ病や統合失調症，自閉症，その他どんな疾患にせよ，どのようにして結びつくかを理解することがさらなるチャレンジとなるからだ。多くの事例で，一つ以上の因果経路がかかわっていると思われる。

　うつ病の発症や反社会的行動，さらには統合失調症や自閉症のような深刻なハンディキャップを引き起こす傾向をもたらす遺伝子があるということは，遺伝子がそうした結果の「原因となる」という意味ではない。むしろそうしたエビデンスが示すのは，ほとんどの場合，遺伝子の生成物が，正常であれ異常であれ心理的結果を単に間接的に導くような，一つまたは

それ以上の生化学的経路を介して作用しているということである。その主要な影響は、鍵となる心理的機能をつかさどる脳の特定の部位、神経伝達物質の機能、なんらかの認知的側面や、神経内分泌系のなんらかの側面に作用していると考えられる。遺伝学研究の方略は、遺伝子の作用の様式を明らかにするために用いることが可能であり、今後もそうしていくだろうが、しかしそれが特定されるまでは、例えば統合失調症や知能「の」遺伝子が見つかったなどといった誤解を招きやすい短絡的な表現は避けなければならない。

　遺伝子絶対論者は、少なくとも正常範囲についての発言で、エビデンスが保証するよりもずっと直接的で決定論的な効果を遺伝子がもつと主張し、なおかつ環境的影響を早々と無視する点で問題であった。同様に、心理社会絶対論者も、遺伝的影響を無視し、脳の機能に注目することもなく心の働きについてのみ焦点をあてている点で問題である。幸い、両方の分野の第一人者はこのような視野の狭い見方はしない。過去のばかげた二局対立はそこまでであり、過去の一部であって将来のものではないといえそうである。

　第七に、遺伝子のなかで問題になるのはなんらかのタンパク質をコードしているものだけであると仮定するのが間違いであるということが、どんどん明らかになってきている。8章や9章、10章で示したように、重要な遺伝効果は、（遺伝子自体が特定のポリペプチドの生成を制御するRNAを特定し、それによってタンパク質を特定するというのではなく）他の遺伝子の翻訳や発現を制御している遺伝子の結果ではないだろうか。

　絶望的なほどあいまいで全体論的なアプローチへ回帰することなく、遺伝子がDNAで表現されるように、現実的な意味で一つひとつバラバラな要素として作用するものであっても、なお何か「の」遺伝子とよべるような単一の「小片」などないということを、われわれはきちんと理解する必要がある。なぜなら、複数の遺伝子（その多くはそれ自体タンパク質を生成しない）が決めているのは、タンパク質を生成する個々の単一遺伝子のどれもがもつ働きだからである。その上、遺伝子が（その複数の要素によって）その後に続くあらゆるものの基礎を与えているにもかかわらず、それ

は遺伝的影響だけでなく非遺伝的影響も受けるような複雑な階層システムを通じてのみ，ある表現型（特性や疾患のこと）をもたらすより複雑な経路につながっていく。こうした経路は，カオスではなく，真の意味で（経路が組織化され構造化されるという点で）決定論的であるが，必然的であるとか影響を絶対受けないとかというものではない。

　当分のあいだ，政策も実践も，遺伝子と環境のあいだの相互作用という現実を受け入れ，その相互作用がどのように作用するかについて現在わかっている特定の事柄を考慮し続ける必要があるのである。

訳者あとがき

　著者マイケル・ラター（1933〜）は，『母親剥奪理論の功罪——マターナル・デプリベーションの再検討』（北見芳雄・佐藤紀子・辻祥子 訳，誠信書房，1979），『続・母親剥奪理論の功罪』（北見芳雄・佐藤紀子・辻祥子 訳，誠信書房，1984），『自閉症と発達障害研究の進歩（Vol. 1〜Vol. 6）』（高木隆郎 編集，星和書店，1997〜2002），『子どもの精神医学』（久保紘章・門真一郎 訳，ルガール社，1983），『児童青年精神医学』（日本小児精神医学研究会，明石書店，2007）などの訳書でわが国でも知られる世界的に高名なイギリスの児童精神医学者である。児童心理学の父ともよばれ，マターナル・デプリベーション（母親剥奪）の精神発達に及ぼす影響の理論化や，本書でも紹介されるチャウシェスク政権下で虐待された子たちを追跡調査したルーマニア養子研究は，発達精神医学の偉大な業績である。1968年以来，キングスカレッジロンドンの精神医学研究所（Institute of Psychiatry）の教授を務め，彼の名を冠したマイケル・ラター児童青年センターが，モーズレー病院に併設されている。

　この学界のビッグ・ネームが，行動遺伝学のよき理解者として以前から学会や専門書の序文などにときどき顔や名前を見せてくれていたことは，会員数が数百人規模という，国際学会としては破格の小ささを誇り，本書でも紹介されるようにしばしば名指しで批判されることの多かった行動遺伝学会のメンバーの（しかも最近になるまで日本からはほとんどただ一人のアクティブ・メンバーだった）一人として，訳者がどれだけ心強かったかしれない。ラターがこの時期にこのような優れた啓蒙書の執筆に心を傾けてくれたのは，一般の読者だけでなく，われわれ行動遺伝学者にとっても，大きな意味がある。

ラターは，自身が行動遺伝学者というわけではない。序文にあるように，彼自身は行動遺伝学のユーザーであり，批判者にして翻訳家，いわば一種の科学インタープリタといえる。行動遺伝学のもつ問題点に対しては，歯に衣を着せぬ批判も辞さない。しかし本質的にその重要性を最大限評価していることは，本書全体に表明されている。かつてわが国で初めての行動遺伝学の入門書として翻訳した『遺伝と環境――人間行動遺伝学入門』（安藤寿康・大木秀一 訳，1994，培風館）の著者であるロバート・プロミンは，その序において，「将来なされるであろう最良の行動遺伝学研究は，行動遺伝学者によってなされるものではない」と予言し，「それを行うのは，この方法を自分たちの領域で生じた，理論に根ざした問題に対する答えを得るために用いる他の領域の研究者であろう」と述べている。行動遺伝学はコンテンツ・フリーである。提供できるのはただ遺伝子の行動に対する影響を環境との関係で浮き彫りにする方法論しかない。だから重要なのは，研究対象となる行動の理解のために，遺伝的要因を組み込むことが重要な理論的突破口となる，そういう理論を担った研究者がその方法を用いることである。その意味で人間の行動にかかわる学問は，すべて行動遺伝学を利用することができるが，今日それが有効に機能している（つまりその領域の専門家のほうから積極的に行動遺伝学の手法を用いている）のは，パーソナリティ心理学と一部の経済学，そしてここで扱われる精神医学ぐらいである。教育心理学，社会心理学，発達心理学，認知心理学，文化心理学など心理学の諸部門，そして政治学や倫理学，そして法学といった社会科学へのインパクトは潜在的に大きいはずだが，いまのところその領域の研究者からの積極的関与を得るには至っていない（理解者は増えつつある思われるが）。ラターはその意味でまさに精神医学からの理想的なユーザーであるといえる。そしてもちろんユーザーを越えて，行動遺伝学の専門家にも容易に書けないような優れた行動遺伝学の入門・啓蒙書を執筆してくれた。

　本書は遺伝子の時代にブレないための指南書である。そのための優れた見識を，この書はわれわれに雄弁に示してくれている。ヒトゲノム計画の終了宣言と，それに続く生命への分子的アプローチの諸成果は，脳神経科

訳者あとがき

学の発展と並んで，いま目を見張るほどの発達ぶりであり，時代はまさに新たな B.C.（Before Chromosome: 染色体以前）と A.D.（Anno DNA: DNA の御年）の境目をリアルタイムで経験している（ちなみに Before Computer と Anno Digital というもう一つの人類史上の大きな B.C./A.D. の転換点とも同期しているのが意味深い）。だが生命の営みは気の遠くなるほど複雑だ。こんなものが，ゲノムの配列が全部わかったところで，そう簡単にわかるはずのものではない。一方に，脳さえわかれば，遺伝子さえわかれば，生態系さえわかれば，進化の過程さえわかれば，生命はわかると思い込みたがる楽観主義者（当人たちはマジメに誠実にそう信じている，少なくとも端からはそうみえる）がいる反面で，生命はどんなに科学が進歩してもわからないと黙りを決め込む悲観主義者がいる。この楽観－悲観の軸のなかで，ラターは「堅実な楽観主義者」と位置づけられるだろう。こうした本を書く人は，基本的に軸が楽観主義のほうにかなり寄っていないと，とても何かを書ききることなどできないのだが，ラターはこのとてつもない生命の動的営みである行動や精神のはたらき，特にわれわれの認識が正常と異常と区別するものに対して，複雑なものを複雑なままにしながら，いまの時点で，どのようなスタンスでアプローチしていったらいいかを，ていねいに描いている。これなら悲観主義者もその重い腰を少し上げる気にさせてくれるだろうし，無謀な楽観主義者は自分が射程に入れ損ねていたことに気づかされて少しは謙虚になるだろう。長い道のりは，しかし到達不可能なのではない。ただ近道などない。

　本書で最も力を入れて書かれているのは 9 章であり，本書の原題である "Genes and Behavior: Nature−Nurture Interplay Explained" のなかにも表現されている遺伝子と環境の相互作用の解説である。それまでの 8 章は，まさにこの章を理解するための長い前奏であり，残る 2 章はコーダだといってもよいだろう（もちろん優れた楽曲同様，前奏にもコーダにも充実した内容が描かれている）。遺伝子と環境の相互作用（interplay）は，相関（correlation）と交互作用（interaction）とに区別して理解され，交互作用には生物学的（本書では増加的とよばれる）交互作用と統計学的交互作用とがあり，そして統計学的交互作用にはさらに相加的交互作用と相乗的交互

作用がある。行動遺伝学者がふつう区別するのは相関と交互作用であり，そこでいう交互作用は主として統計学的交互作用であり，相加的と相乗的は区別していない。統計的に両要因の加算で説明できないという意味で相加的交互作用も相乗的交互作用も同じだからだが，しかし実際の効果量という意味では大きく異なり，精神科医としてはそこを無視することはできなかったのであろう。ユーザーならではの精緻な概念化である。

「遺伝子と環境の相互作用」という表現はいまやcliché（クリシェ，陳腐な決まり文句）と化しているが，実のところ，遺伝子と環境をめぐる井戸端議論は，たいがいが「でも結局それは遺伝子（あるいは環境）」と，どちらか一方に落としどころをつけて納得したがるのが常である。なぜか。それはおそらく「相互作用」の中身がきちんと語られ，理解されていないからだ。そのためにはラターのような，やや専門的ではあるがていねいな読み解き方が必須なのだ。

遺伝子と環境との関係をどう読み解くかについては，近年，スティーブン・ピンカーの『人間の本性を考える——心は「空白の石版」か』（山下篤子訳, 2004, 日本放送出版協会），マット・リドレーの『やわらかな遺伝子』（中村桂子・齊藤隆央訳, 2004, 紀伊國屋書店），ゲアリー・マーカスの『心を生みだす遺伝子』（大隅典子訳, 2005, 岩波書店）のような優れた一般書が刊行されている。遺伝子と環境をめぐるイデオロギー闘争を強く意識して新しいスタンスを描こうとしたピンカーとリドレー，そしてイデオロギー闘争とはまったく無縁なスタンスで神経機構の遺伝子からの形成に関する仮説を理路整然と科学的に論じたマーカスと比較したとき，ラターの視点は，ある意味でその中間にあるといえる。熱烈な遺伝論者とそれに対するこれまた熱烈な批判者をともに牽制する記述が随所にみられる点では，マーカスがほとんど顧みなかった両陣営のイデオロギー論争を意識する視点をもちつつ，ピンカーやリドレーのようにそれと同じ土俵で搏闘し，あるいは両者間の行司役を務めるのではなく，一段上の高見に立って，遺伝子と環境の相互作用の様相を科学的に語っている。

これは憶測だが，この違いは世代の違い，つまりイデオロギーの渦に巻き込まれそのなかで必死に自己のスタンスを築かざるをえなかった中堅ど

訳者あとがき

ころのピンカーとリドレー，そんな喧噪を過去の遺物として遺伝子の発現過程そのものを見据えることのできる若手のマーカスと比べて，老賢のラターはイデオロギー論争をはるか彼方から眺めながら，バランスのよい立ち位置を自然に冷静に見極めることのできる世代だったからかもしれない。時代は遺伝子・環境というテーマをイデオロギー論争から解き放し，通常科学の枠のなかで精密にそのメカニズムを科学的に検討すべきときに突入しているのである（その意味で，同じく精神医学の視点から行動遺伝学の知見を紐解いた若きケリー・ジャンの『精神病理の行動遺伝学――何が遺伝するのか』（安藤寿康・大野裕 監訳，敷島千鶴・佐々木掌子・中嶋良子訳，2007，有斐閣）も手に取っていただきたい）。

　訳者のぎこちない訳を読みやすいものにするために，その一字一句の丁寧な吟味の労を執り，しばしば誤訳まで指摘をしてくれた培風館編集担当の小林弘昌氏の果たした功績は大きい。氏からの提案は随所に反映させていただいた。ここに深く謝意を表するものである。とはいえ当然のことながら本書の訳の正確さ・適切さの責任はすべて訳者に帰せられるものである。本書は2006年度に慶應義塾大学文学部の訳者のゼミで通読したことが，今回の訳出のきっかけとなった。個々の学生の名前をあげることはしないが，夏合宿の思い出とともに，彼らの貢献にも感謝する次第である。生命科学に関心のある人，人間のことを知りたい人，そのすべての人々に読んでいただきたい。

　　2009年6月

　　　　　　　　　　　　　　　　　　　　　　　　　安　藤　寿　康

用 語 解 説

アセチル化（acetylation）　転写過程で働く化学的プロセス。

アソータティブ・メイティング（assortative mating）　選択結婚ともいう。特徴の似たものどうしあるいは反対の性質をもつものどうしのあいだ，またはある疾患をもつ点では似ているがその疾患が二人のパートナーで異なるような人である傾向のため，ランダムではない婚姻をすること。

アデニン（adenine）　塩基対を構成する4種類の化学物質の一つ。

アミノ酸（amino acid）　タンパク質を形づくる構成要素の一つ。

RNA（ribonucleic acid）　リボ核酸（「メッセンジャーRNA」参照）。

アルツハイマー病（Alzheimer's disease）　ふつう高齢期に始まる特定のタイプの退行性脳障害。

アンジェルマン症候群（Angelman syndrome）　特異的な身体的特徴と認知障害を伴った，母親由来の第15染色体の断片の欠失による疾患。

一絨毛膜性（monochorionic）　一卵性双生児が生まれるときに二人の双生児が同じ胎盤と双生児を包み込む絨毛膜の袋を共有した状態。

一卵性（monozygotic）　遺伝的に同一の双生児ペア。

一致率（concordance）　家族のメンバーの二人が特定の特性や疾患をもつこと。ふつう双生児ペアの関係で用いられる。

遺伝子（gene）　遺伝の基本的単位。

遺伝子・環境間交互作用（gene-environment intaraction）　特定の環境への感受性の個人差に及ぼす遺伝的影響。

遺伝子・環境間相関（gene-environment correlation）　特定の環境への曝露における個人差への遺伝的影響。

遺伝子型（genotype）　ある個人の遺伝的組成。しかし，通常は特定の遺伝子座における対立遺伝子の組合せに限定した用語として用いられる。

遺伝子座（gene locus）　特定の遺伝子を含む染色体上の場所。

遺伝子発現（gene expression）　ある遺伝効果が機能的な効果をもつための過程。大部分の遺伝子は特定の身体組織でしか発現せず，また特定の発達段階でしか発現しないと考えられる。遺伝子発現は他の遺伝子や環境的要因の影響を受ける。

遺伝的関係（genetic relatedness）　血縁者が遺伝子を共通してもつ程度。発端者の第1度近親（両親，きょうだい，子ども）は50パーセント遺伝的に類似している。第2度近親（祖父母，おじおば）は25パーセント，第3度近親（いとこ）は12.5パーセント遺伝的に類似している。

遺伝的媒介（genetic mediation）　遺伝子の作用による因果メカニズム。

遺伝率（heritability）　遺伝的影響による特定の集団中の変異の割合。しかし気をつけなければならないのは，これは環境との共同活動を含むということである（3章参照）。広義の遺伝率は相加的効果と非相加的効果の両方を含むが，狭義の遺伝率は相加的効果のみにかかわる。

イントロン（intron）　翻訳の過程で切り取られるDNA配列。

うつ病（depressive disorder）　気分の落ち込み，罪悪感や無力感，睡眠や食欲の阻害，そしてしばしば動作の不安定あるいは緩慢さといった特徴をもつ。しばしば再発性の疾患。

エクソン（exon）　メッセンジャーRNAに転写され，続いてタンパク質をつくるために結合するポリペプチドに翻訳されるDNA配列。

X不活化（X inactivation）　女性がもつ二つのX染色体のうち一方が不活性になる過程。

X連鎖性特性（X-linked trait）　X染色体上の遺伝子座によって制御された表現型のこと。

エピジェネティック（epigenetic）　後生的ともいう。遺伝的だがDNA配列の変化にかかわらない変化。

エピスタシス（epistasis）　異なる遺伝子座の二つまたはそれ以上の遺伝子のあいだの相乗的交互作用。

塩基（base）　アデニン，シトシン，グアニン，チミンという四つの化学物質のそれぞれのこと。

塩基対（base pair）　四つの塩基のうち二つの結びつきからなるDNAの二重らせんの渦巻き階段の一段。

オリゴジェニック（oligogenic）　比較的少数で大きな効果をもつ遺伝子の累積的効果によって影響を受けた特性。

階層化（stratification）　「集団階層化」を参照。

海馬（hippocampus）　特に記憶機能にかかわる脳の特定部位。

家族性負荷（familial loading）　ある特性が家族の複数のメンバーに現れる傾向の程度。

環境による媒介（environmental mediation）　環境の影響の作用による因果メカニズム。

感受性遺伝子（susceptibility gene）　特定の特性や障害を発現する確率を増大させるが，それ自体は疾患を決定することはない遺伝子。

用語解説

関連研究法（association strategy）　ある特性や疾患と関連する特定の対立遺伝子が，適切な統制母集団と異なっているかどうかを検証するのに用いる方法。

偽遺伝子（pseudogene）　ポリペプチドをコードする遺伝子のコピーのし損ない。

気質（temperament）　就学前に初めてはっきりする基本的特徴で，行動傾向に関与し，しばしば環境への反応性とかかわって重要な生物学的基盤をもつ。

キャリア（carrier）　保因者ともいう。特定の対立遺伝子をヘテロ接合の形，つまり劣性の変異型と正常型でもつ人。当該の疾患は劣性遺伝するので，その人の表現型は正常になる。

きょうだい（siblings）　兄弟と姉妹。

共有環境効果（shared environmental effect）　きょうだいを似させる効果の総体をもたらす環境の影響。これはしばしば「共通の家庭環境」といわれるが，必ずしも家庭と関係がなく，あるいは家庭全体がもつ環境の影響かどうかとも関係がないので，家庭環境という表現は誤解をもたらしやすい。

グアニン（guanine）　塩基対を構成する4種類の化学物質のうちの一つ。

グルココルチコイド（glucocorticoid）　コルチゾール関連した機能にかかわるステロイドのタイプ。

系図（pedigree）　一家族の家系の歴史を表し，それによって特定の遺伝パターンを示す系統樹あるいはダイアグラム。

結節性硬化症（tuberous sclerosis）　二つの遺伝子のうちの一つ（第9染色体と第16染色体上にある）による常染色体優性遺伝をする疾患（しかし頻繁に自発的な新しい突然変異として表れる）。その症状は多様だが，最も特徴的なのは脳の発達で，それがこの疾患の名称の由来となっている。最も重篤な形では，精神遅滞やてんかんに結びつく。

ゲノム（genome）　各染色体の対の一方で表れるある有機体の全DNA。

ゲノムインプリンティング（genomic imprinting）　親性インプリンティング（parental imprinting）あるいは遺伝的インプリンティング（genetic imprinting）ともいう。特定の遺伝子座上の対立遺伝子が，母親由来か父親由来かによって異なって発現する過程。

コドン（codon）　特定のアミノ酸をコードする三つの塩基対からなる配列。

シトシン（cytosine）　塩基対を構成する4種類の化学物質のうちの一つ。

自閉症（autism）　就学前の早い段階で最初に表れる発達障害で，社会的やりとりやコミュニケーションの障害，常同行動の反復パターンによって特徴づけられる。

集団階層化（population stratification）　民族（または何か別の遺伝的影響を受けた特徴）と関連する対立遺伝子が，そのケース（その疾患をもつ個人）と統制群とがその対立遺伝子において異なるために，ある特性や疾患と研究の対象となっている対立遺伝子のあいだの人為的な関係をもたらすこと。その特性との

関係は，対立遺伝子の差は研究がなされている集団の遺伝的組成から生じ，特性や疾患から生じたものでないために疑わしい。

受容体遺伝子（receptor gene）　伝達される性質への反応を制御するタンパク質を特定する遺伝子。

常染色体（autosome）　X染色体とY染色体以外の染色体。ヒトは22対の常染色体と1対の性染色体をもつ。

神経内分泌系（neuroendocrine system）　脳の機能に影響を及ぼすホルモンにかかわるもの。

浸透（penetrance）　特定の遺伝子型をもち，それがもたらす表現型を示している人の割合。

性染色体（sex chromosome）　遺伝的な性（女性ならXX，男性ならXY）を特定する二つの性染色体（XとY）。

全きょうだい（full sibling）　生物学的に同じ母親と同じ父親から生まれたきょうだい。

染色体（chromosome）　細胞核のなかにあり，DNAを構成する主としてクロマチンからできあがった構造体。ヒトは23対の染色体からなる。

選択的スプライシング（alternative splicing）　一つの遺伝子から一つ以上のタンパク質を生成させるように働くスプライシング結合の配列の異なる組で，自然生起のもの。

相加的遺伝効果（additive genetic effects）　複数の遺伝子の非相乗的で累積的な効果（これと対照的なものとして非相加的遺伝効果を参照のこと）。

相関（correlation）　関連や類似性の統計的指標で，+1.0（完全な関連をさす）から0.0（関連なし）を経て−1.0（完全な不一致または負の関連を意味する）に及ぶ。

双極性障害（bipolar disorder）　躁や軽躁のエピソードをもつ再発性の疾患で，通常うつのエピソードも伴う。かつては躁うつ病とよばれていた。

相対リスク（relative risk）　その要因があることによってある結果のリスクをそれがないときと比べて増加させる程度のこと。

対立遺伝子（allele）　アレルともいう。特定の遺伝子座にある遺伝子がとりうる形。例えば，ABO式の血液型のマーカーにおけるA, B, Oなど。

対立遺伝子のヘテロ接合（allelic heterogeneity）　ある一つの遺伝子座にたくさんの異なった疾患にかかわる対立遺伝子が存在すること。

ダウン症（Down syndrome）　第21染色体のトリソミー（1本余計な染色体をもつ）から生じるさまざまな身体的特徴や認知障害を伴う症候群。

多型性（polymorphism）　二つ，ないしはそれ以上の対立遺伝子をもつ遺伝子座のこと。

多面発現（pleiotropy）　複数の異なる遺伝効果。

用 語 解 説　　　293

タンパク質（protein）　遺伝子の最終産物で，ポリペプチドからなる。
チミン（thymine）　塩基対を構成する4種類の化学物質のうちの一つ。
注意欠陥／多動性障害（attention deficit disorder with hyperactivity; ADHD）　通常は就学前に表れ，不注意，活動性の過多，そして衝動性によって特徴づけられる疾患。
DNA（deoxyribonucleic acid）　デオキシリボ核酸。二重の渦巻き状の分子であり，遺伝情報をコードする二重らせんの形をとる。
DNA配列（DNA sequence）　何が遺伝されるかを特定する塩基配列の順番。
ディスレクシア（dyslexia）　読字障害ともいう。その人の一般的認知レベルと食い違った読みスキルにみられる特殊障害（ふつう，特殊読み遅滞とよばれる）。
テロメア（telomere）　染色体の末端に被さったDNAとタンパク質からなる特殊な構造。
転写（trascription）　DNAがRNAを特定する過程。
等環境仮説（equal environments assumption）　双生児研究法の基礎をなす仮説で，一卵性と二卵性の双生児ペアの環境分散が研究の対象となっている特性や疾患に影響を与える環境に関して同じであるというもの。
統合失調症（schizophrenia）　重篤で，ふつう慢性的な精神疾患。児童期に精神異常の症状（妄想，幻覚，思考障害を含む）を伴う前兆があるが，通常は青年期後期か成人期になって初めて発症する。
動物モデル（animal models）　ヒトにおける特定の表現型を引き起こすのと同じ遺伝的変異をもつ有機体をつくるために操作された，あるいはヒトにおけるなんらかの表現型を模倣していると考えられる行動の形態を表すように操作された人間以外の動物を用いたモデル。このようなモデルは遺伝研究で用いられると遺伝子の働きを解明するのに重要な手段を提供することになる。
特異的言語障害（specific language impairment; SLI）　言語発達における特殊障害（かつてはしばしば発達性言語障害，あるいは発達性ディスレクシアとよばれていた）。
特性（trait）　形質あるいは表現型で，ディメンショナルな属性，もしくはカテゴリカルな症状の形をとる。
突然変異（mutation）　ある遺伝子のDNA塩基配列の変化で，この変化は遺伝する。
トリヌクレオチド（trinucleotide）　DNAの反復配列。不安定な変動が重要で，それは世代から世代への伝達のなかで拡大する過程を経ることで疾患をもたらすダイナミックな突然変異をつくるからである。
ニューロン（neurone）　情報伝達にかかわる神経細胞（支持体の供給とは別である）。
二卵性（dizygotic）　一卵性ではない（あるいはきょうだい同様の）双生児ペアであり，したがってきょうだい間の類似性と遺伝的には同等である。

ヌクレオチド（nucleotide）　DNA および RNA をつくるブロックの一つで，塩基と糖分子一つ，そしてリン酸の一つからなる。

パーソナリティ（personality）　気質に基づきながら，素質としての性質にとどまらず，態度にみられる特徴や思考パターンや動機づけの考え方の一貫性をもった高次の概念。

発現量多様性（variable expression）　単一遺伝子の効果がその発現の仕方の個人差にさまざまな様相をもたらすこと。

ハプロタイプ（haplotype）　遺伝子の組換えのあいだに分かれずに一緒に伝達する傾向のある近接して連鎖する遺伝マーカーのセット。

半きょうだい（half siblings）　一方の生物学的親だけが共通であるきょうだいのこと。

反社会的行動（antisocial behavior）　さまざまな社会的に是認されない，あるいは社会的に破壊的な行動の総称。明らかな非行・犯罪から過度な反抗的・挑戦的行動まで含む。

ハンチントン病（Huntington's disease）　常染色体優性の疾患。ふつう中年期またはそれ以降に発病し，認知症や死に至る。

非共有環境効果（non-shared environmental effect）　きょうだいを似なくさせる効果の相対をもたらす環境の影響。共有環境効果と対照的。

非相加的遺伝効果（non-additive genetic effects）　同じ遺伝子座上の異なる対立遺伝子間の相乗効果（優性），あるいは別のどこかの遺伝子座の異なる遺伝子のあいだの相乗効果（エピスタシス）を含むもの。

表現型（phenotype）　遺伝的影響を受けてもたらされた特性や疾患の表れ。環境的影響を伴う場合も伴わない場合もある。

表現促進現象（anticipation）　世代を経るごとに疾患の重篤度がより大きく，発症年齢がより早くなる状況のこと。この現象の原因として確認されているのは，不安定なトリヌクレオチドの繰り返しの世代間発現がダイナミックな突然変異を生むことである。

フェニルケトン尿症（Phenylketonuria; PKU）　常染色体の劣性代謝障害で，あらゆる正常な人の食事に含まれるフェニルアラニンの処理が不能になる。もし治療がなされなければ，精神遅滞の症状に陥る。

物質使用障害（substance use disorder）　気晴らしのため，あるいは医療目的で服用し，有害な効果をもたらす物質（薬物）の使用によって起こる社会的，心理的，身体的機能不全をもつ疾患。機能不全には依存も含むがそれに限定されない。かつては薬物依存とよばれることが多かった。

プラダー・ウィリー症候群（Prader-Willi syndrome）　さまざまな身体的特徴や肥満につながる過剰な食欲，そして相当程度の認知障害を伴う症候群。これは父親由来の第 15 染色体のある部分が欠失したことにより生じる。

用語解説 295

プロテオミクス（proteomics）　タンパク質の発現，構造，そして相互作用の分析。この比較的新しい科学はタンパク質がどのようにその効果を発揮し，それによって遺伝子がもたらすそうした結果がどのように人間行動に影響を及ぼすかを理解する上で必須である。

プロモーター領域（promoter region）　転写にかかわる要因のいくつかを含む調整領域。

ヘテロ接合体（heterozygote）　染色体の対の二つの要因において，ある遺伝子座に異なる対立遺伝子をもつ人。

発端者（proband）　ある特定の特性や疾患をもつ人を含む家族の同定に用いられる指標となる個人。

ポリジーン性（polygenic）　小さな効果しかもたない数多くの遺伝子の累積的効果によって影響を受ける特性。

ポリペプチド（polypeptide）　タンパク質をつくるのに作用するアミノ酸からなる構造。

ポリメラーゼ連鎖反応（polymerase chain reaction; PCR）　特定の DNA 配列を増幅するのに用いられる方法。

翻訳（translation）　メッセンジャー RNA が特定のポリペプチドの産物を特定する過程。

ミトコンドリア遺伝（mitochondrial inheritaice）　ミトコンドリアを通じた遺伝で，細胞質（細胞の核の外の部分）で起こる。ミトコンドリア遺伝は完全に母親由来である。

メチル化（methylation）　エピジェネティックなメカニズムに決定的にかかわる化学的過程。

メッセンジャー RNA（messnger RNA; mRNA）　細胞の核を離れ，細胞体のなかでポリペプチドを合成するときの鋳型の役目を果たすように処理された RNA のこと。

メンデル性（Mendelian）　因果過程に特定の環境的影響を必要とせず，特定の遺伝パターンに従う単一遺伝子条件による遺伝。

優性遺伝（dominant inheritance）　一つの特定の変異対立遺伝子をもつだけで疾患をもたらすのに十分な遺伝のパターン。

優生学（eugenics）　個人または集団の遺伝的な質を改善し，異なるカテゴリーの人々の生殖能力を改変する可能性まで含む要因にかかわる。

養子研究（adoption studies）　ある特性や疾患の母分散に対する遺伝と環境の相対的効果を調べるため，養子縁組によってもたらされた生みの親と育ての親の分離を用いた一連の方法。

ラムダ（lambda）　特定の遺伝的関係（典型的にはきょうだい）が一般母集団と比較してある疾患のリスクの増加と関連している程度を数量化した統計量。

卵性（zygosity）　双生児ペアが一卵性か二卵性かということ。

罹患きょうだいペアの連鎖研究（affected sib-pair（ASP）linkage design）　特性や疾患がある特定の遺伝子座と伴って遺伝している可能性を確かめるために，研究対象となっている特性や疾患をともにもつたくさんの組のきょうだいの調査を用いる連鎖研究法。

罹患率（incidence）　特定の時期，特定の母集団に生じるある疾患の新たなケースの割合。

リスク因子（risk factor）　人が特定の特性や疾患を発現させる確率を増加させる原因となる何かであるが，それ自体はその疾患や特性を決定しない。

リスク指標（risk indicator）　人が特定の特性や疾患を発現させる確率の増加に統計的にかかわる何かであるが，それ自体は因果過程に直接かかわっていない。

リボソーム（ribosome）　翻訳時に関与する細胞質（核の外の部分）のなかの巨大な RNA とタンパク質との合成体。

量的形質遺伝子座（quantitative trait loci; QTL）　（他の遺伝子や環境の影響とともに）ディメンショナルな特性における量的な変異に寄与する遺伝子。

レット症候群（Rett syndrome）　ほとんど女子だけにしか生じず，ふつう6か月から 18 か月のあいだに最初に表れ，精神遅滞，意図的な手の動きの喪失，頭部の成長不全を伴うまれな優性伴性疾患。

ロッドスコア（LOD score）　確率の対数（Log of the odds）。二つの遺伝子座が連鎖する（相伴って遺伝するの意）確率を数量化した統計用語。慣習的にはロッドスコアが少なくとも +3 あると有意な連鎖の確率を示すものとして受け入れられる。

引用文献

Abdolmaleky, H. M., Smith, C. L., Faraone, S. V., Shafa, R., Stone, W., Glatt, S. J., & Tsuang, M. T. (2004). Methylomics in psychiatry: Modulation of gene-environment interactions may be through DNA methylation. *American Journal of Medical Genetics (Neuropsychiatric Genetics)*, *1273*, 51-59.

Abramson, L. Y., Alloy, L. B., Hankin, B. L., Haeffel, G. J., MacCoon, D. G., & Gibb, B. E. (2002). Cognitive vulnerability-stress models of depression in a self-regulatory and psychobiological context. In I. H. Gotlib & C. K. Hammen (Eds.), *Handbook of depression*. New York: The Guilford Press. pp. 268-294.

Achenbach, T. M. (1985). *Assessment and taxonomy of child and adolescent psychopathology*. Beverly Hills, CA: Sage Publications.

Achenbach, T. M. (1988). Integrating assessment and taxonomy. In M. Rutter, A. H. Tuma & I. S. Lann (Eds.), *Assessment and diagnosis in child psychopathology*. New York: The Guilford Press. pp. 300-343.

Aidoo, M., Terlouw, D. T., Kolczak, M. S., McElroy, P. D., ter Kuile, F. O., Kariuki, S., Nahlen, B. L., Lal, A. A., & Udhayakumar, V. (2002). Protective effects of the sickle cell gene against malaria morbidity and mortality. *The Lancet*, *359*, 1311-1312.

Aitchison, K. J., & Gill, M. (2003). Pharmacogenetics in the postgenomic era. In R. Plomin, J. C. DeFries, I. W. Craig, & P. McGuffin (Eds.), *Behavioral genetics in the postgenomic era*. Washington, DC: American Psychological Association. pp. 335-361.

Aitken, D. A., Crossley, J. A., & Spencer, K. (2002). Prenatal screening for neural tube defects and aneuploidy. In D. L. Rimoin, J. M. Connor, R. E. Pyeritz, & B. R. Korf (Eds.), *Emery and Rimoin's principles and practice of medical genetics*, 4th ed., vol. 1. London: Churchill Livingstone. pp. 763-801.

Allanson, J. E., & Graham, G. E. (2002). Sex chromosome abnormalities. In D. L. Rimoin, J. M. Connor, R. E. Pyeritz, & B. R. Korf (Eds.), *Emery and Rimoin's principles and practice of medical genetics*, vol. 2. London & New York: Churchill Livingstone. pp. 1184-1201.

American Psychiatric Association. (2000). *Diagnostic and statistical manual of mental disorders (DSM-IV) - 4th ed*. Washington, DC: American Psychiatric Association. ［高橋三郎・大野 裕・染矢俊幸 訳 (2004). DSM-IV-TR 精神疾患の診断・統計マニュアル（新訂版）医学書院］

Amir, R. E., van den Veyver, I. B., Wan, M., Tran, C. Q., Francke, U., & Zoghbi, H. Y. (1999). Rett syndrome is caused by mutations in X-linked MECP2, encoding methyl-CpG-binding protein 2. *Nature Genetics*, *23*, 185-188.

Angst, J. (2000). Course and prognosis of mood disorders. In M. G. Gelder, J. L. López-Ibor, & N. Andreasen (Eds.), *New Oxford textbook of psychiatry, vol. 1*. Oxford: Oxford University Press. pp. 719-724.

Angst, J., Gamma, A., Benazzi, F., Ajdacic, V., Eich, S., & Rössler, W. (2003). Toward a re-definition of subthreshold bipolarity: Epidemiology and proposed criteria for bipolar-II, minor bipolar disorders and hypomania. *Journal of Affective Disorders*, *73*, 133-146.

Antonuccio, D. O., Danton, W. G., & McClanahan, T. M. (2003). Psychology in the prescription era: Building a firewall between marketing and science. *American Psychologist*, *58*, 1028-1043.

Ardlie, K. G., Lunetta, K. L., & Seielstad, M. (2002). Testing for population subdivision and association in four case control studies. *American Journal of Human Genetics*, *71*, 304-311.

Aro, M., & Wimmer, H. (2003). Learning to read: English in comparison to six more regular orthographies. *Applied Psycholinguistics, 24*, 621−635.
Arseneault, L., Cannon, M., Witton, J., & Murray, R. (2004). Causal association between cannabis and psychosis: Examination of the evidence. *British Journal of Psychiatry, 184*, 110−117.
Asherson, P., & the IMAGE Consortium. (2004). Attention−Deficit Hyperactivity Disorder in the post−genomic era. *European Child and Adolescent Psychiatry, 13*, Supp 1, 50−70.
Badner, J. A., & Gershon, E. S. (2002). Meta−analysis of whole−genome linkage scans of bipolar disorder and schizophrenia. *Molecular Psychiatry, 7*, 405−411.
Bailey, A., Le Couteur, A., Gottesman, I., Bolton, P., Simonoff, E., Yuzda, E., & Rutter, M. (1995). Autism as a strongly genetic disorder: Evidence from a British twin study. *Psychological Medicine, 25*, 63−77.
Bailey, A., Luthert, P., Dean, A., Harding, B., Janota, I., Montgomery, M., Rutter, M., & Lantos, P. (1998). A clinicopathological study of autism. *Brain, 121*, 889−905.
Bailey, A., Palferman, S., Heavey, L., & Le Couteur, A. (1998). Autism: The phenotype in relatives. *Journal of Autism and Developmental Disorders, 28*, 381−404.
Bakermans−Kranenburg, M. J., & IJzendoorn, M. (2004). No association of the dopamine D4 receptor (DRD4) and −521 C/T promoter polymorphisms with infant attachment disorganization. *Attachment and Human Development, 6*, 211−218.
Bakker, S. C., van der Meulen, E. M., Buitelaar, J. K., Sandkuijl, L. A., Pauls, D. L., Monsuur, A. J., van 't Slot, R., Minderaa, R. B., Gunning, W. B., Pearson, P. L., & Sinke, R. J. (2003). A whole−genome scan in 164 Dutch sib pairs with Attention−Dificit/Hyperactivity Disorder: Suggestive evidence for linkage on chromosomes 7p and 15q. *American Journal of Human Genetics, 72*, 1251−1260.
Ball, D., & Collier, D. (2002). Substance misuse. In P. McGuffin, M. J. Owen, & I. I. Gottesman (Eds.), *Psychiatric genetics and genomics*. Oxford: Oxford University Press. pp. 267−302.
Bank, L., Dishion, T. J., Skinner, M. L., & Patterson, G. R. (1990). Method variance in structural equation modeling: Living with "glop". In G. R. Patterson (Ed.), *Depression and aggression in family interaction*. Hillsdale, NJ: Erlbaum. pp. 247−279.
Barcellos, L. F., Klitz, W., Field, L. L., Tobias, R., Bowcock, A. M., Wilson, R., et al. (1997). Association mapping of disease loci, by use of a pooled DNA genomic screen. *American Journal of Human Genetics, 61*, 734−747.
Barkley, R. A., & 20 Co-endorsers. (2004). Critique or misrepresentation? A reply to Timimi et al. *Clinical Child and Family Psychology Review, 7*, 65−70.
Baron−Cohen, S. (2002). The extreme male brain theory of autism. *Trends in Cognitive Sciences, 6*, 248−254.
Bateson, P. (1966). The characteristics and context of imprinting. *Biological Reviews, 41*, 177−211.
Bateson, P. (1990). Is imprinting such a special case? *Philosophical Transactions of the Royal Society of London, 329*, 125−131.
Bateson, P., Barker, D., Clutton−Brock, T., Deb, D., D'Udine, B., Foley, R. A., Gluckman, P., Godfrey, K., Kirkwood, T., Lahr, M. M., McNamara, J., Metcalfe, N. B., Monaghan, P., Spencer, H. G., & Sultan, S. E. (2004). Developmental plasticity and human health. *Nature, 430*, 419−421.
Bateson, P., & Martin, P. (1999). *Design for a life: How behaviour develops*. London: Jonathan Cape.
Baumrind, D. (1993). The average expectable environment is not good enough: A response to Scarr. *Child Development, 64*, 1299−1317.
Baxter, L. R. Jr., Schwartz, J. M., Bergman, K. S., Szuba, M. P., Guze, B. H., Maziotta, J. C., Alazraki, A., Selin, C. E., Ferng, H. K., & Munford, P. (1992). Caudate glucose metabolic rate changes with both drug and behavior therapy for obsessive−compulsive disorder. *Archives of General Psychiatry, 49*, 681−689.
Bekelman, J. E., Li, Y., & Gross, C. P. (2003). Scope and impact of financial conflicts of interest in biomedical research: A systematic review. *Journal of the American Medical Association, 289*, 454−465.

Bennett, A. J., Lesch, K. P., Heils, A., Long, J. D., Lorenz, J. G., Shoaf, S. E., Champoux, M., Suomi, S. J., Linnoila, M. V., & Higley, J. D. (2002). Early experience and serotonin transporter gene variation interact to influence primate CNS function. *Molecular Psychiatry, 7*, 118-122.

Berger, M., Yule, W., & Rutter, M. (1975). Attainment and adjustment in two geographical areas: II. The prevalence of specific reading retardation. *British Journal of Psychiatry, 126*, 510-519.

Berk, R. A. (1983). An introduction to sample selection bias in sociological data. *American Sociological Review, 48*, 386-398.

Berkson, J. (1946). Limitations of the application of four-fold table analysis to hospital data. *Biometrics, 2*, 47-53.

Bishop, D. V. M. (2001). Genetic and environmental risks for specific language impairment in children. *Philosophical Transactions of the Royal Society, Series B, 356*, 369-380.

Bishop, D. V. M. (2002a). The role of genes in the etiology of specific language impairment. *Journal of Communication Disorders, 35*, 311-328.

Bishop, D. V. M. (2002b). Speech and language difficulties. In M. Rutter & E. Taylor (Eds.), *Child and adolescent psychiatry*, 4th ed. Oxford: Blackwell Science. pp. 664-681. ［長尾圭造・宮本信也 監訳 （2007). 児童青年精神医学 明石書店に所収］

Bishop, D. V. M. (2003). Genetic and environmental risks for specific language impairment in children. *International Journal of Pediatric Otorhinolaryngology, 67S1*, S143-S157.

Bishop, D. V. M., Bishop, S. J., Bright, P., James, C., Delaney, T., & Tallal, P. (1999). Different origin of auditory and phonological processing problems in children with language impairment: Evidence from a twin study. *Journal of Speech, Language, and Hearing Research, 42*, 155-168.

Bishop, D. V. M., North, T., & Donlan, C. (1995). Genetic basis of specific language impairment: Evidence from a twin study. *Developmental Medicine and Child Neurology, 37*, 56-71.

Black, E. (2003). *War against the weak: Eugenics and America's campaign to create a master race*. New York: Thunder Mount Press.

Blair, R. J. R., Jones, L., Clark, F., & Smith, M. (1997). The psychopathic individual: A lack of responsiveness to distress cues? *Psychophysiology, 34* 192-198.

Blair, R. J. R., Mitchell, D. G., Richell, R. A., Kelly, S., Leonard, A., Newman, C., & Scott, S. K. (2002). Turning a deaf ear to fear: Impaired recognition of vocal affect in psychopathic individuals. *Journal of Abnormal Psychology, 11*, 682-686.

Blumenthal, D. (2003). Academic-industrial relationships in the life sciences. *The New England Journal of Medicine, 349*, 2452-2459.

Bock, G., & Goode, J. A. (Eds.). (1998). *The limits of reductionism in biology*. Novartis Foundation Symposium 213. Chichester, West Sussex: Joun Wiley & Sons Ltd.

Bock, G., & Goode, J. A. (2003). *Autism: Neural basis and treatment possibilities*. Novartis Foundation Symposium 251. Chichester, West Sussex: John Wiley & Sons Ltd.

Bolton, P., Macdonald, H., Pickles, A., Rios, P., Goode, S., Crowson, M., et al. (1994). A case-control family history study of autism. *Journal of Child and Adolescent Psychiatry, 35*, 877-900.

Bolton, P. F., Park, R. J., Higgins, J. N., Griffiths, P. D., & Pickles, A. (2002). Neuroepileptic determinants of autism spectrum disorders in tuberous sclerosis complex. *Brain, 125*, 1247-1255.

Boomsma, D. I., & Martin, N. G. (2002). Gene-environment interactions. In H. D'haenen, J. A. den Boer, & P. Willner (Eds.), *Biological psychiatry*. New York: Wiley. pp. 181-187.

Booth, A. Shelley, G., Mazur, A., Tharp, G., & Kittok, R. (1989). Testosterone, and winning and losing in human competition. *Hormones and Behavior, 23*, 556-571.

Borge, A. I. H., Rutter, M., Côté, S., & Tremblay, R. E. (2004). Early childcare and physical aggression: Differentiating social selection and social causation. *Journal of Child Psychology and Psychiatry, 45*, 367-376.

Bouchard, T. J. (1997). IQ similarity in twins reared apart: Findings and responses to critics. In R. J. Sternberg & E. Grigorenko (Eds.), *Intelligence, heredity and environment*. New York: Cambridge University Press. pp. 126-160.

Bouchard, T. J. Jr., & Loehlin, R. C. (2001). Genes, evolution, and personality. *Behavior Genetics*, *31*, 243-273.
Boydell, J., van Os, J., & Murray, R. (2004). Is there a role for social factors in a comprehensive development model for schizophrenia? In M. S. Keshavan, J. L. Kennedy, & R. M. Murray (Eds.), *Neurodevelopment and schizophrenia*. London & New York: Cambridge University Press. pp. 224-247.
Bremner, J. D. (1999). Does stress damage the brain? *Biological Psychiatry*, *45*, 797-805.
Brent, D. A., Gaynor, S. T., & Weersing, V. R. (2002). Cognitive behavioural approaches to the treatment of depression and anxiety. In M. Rutter & E. Taylor (Eds.), *Child and adolescent psychiatry, 4th ed*. Oxford: Blackwell Scientific. pp. 921-937. ［長尾圭造・宮本信也 監訳 (2007). 児童青年精神医学　明石書店に所収］
Bretherton, I., & Mulholland, K. A. (1999). Internal working models in attachment relationships: A construct revisited. In J. Cassidy & P. R. Shaver (Eds.), *Handbook of attachment: Theory, research and critical applications*. New York & London: The Guilford Press. pp. 89-111.
Bretsky, P., Guralnik, J. M., Launer, L., Albert, M., & Seeman, T. E. (2003). The role of APOE-E4 in longitudinal cognitive decline. *Neurology*, *60*, 1077-1081.
Brody, G. H., Murry, V. M., Gerrard, M., Gibbons, F. X., Molgaard, V., McNair, L., Brown, A. C., Wills, T. A., Spoth, R. L., Luo, Z., Chen, Y-f., & Neubaum-Carlan, E. (2004). The Strong African American Families Program: Translating research into prevention programming. *Child Development*, *75*, 900-917.
Brown, G. W. (1996). Genetics of depression: A social science perspective. *International Review of Psychiatry*, *8*, 387-401.
Brown, G. W., & Harris, T. O. (1978). *The social origins of depression: A study of psychiatric disorder in women*. London: Tavistock.
Brown, G. W., Harris, T. O., & Eales, M. J. (1996). Social factors and comorbidity of depressive and anxiety disorders. *British Journal of Psychiatry*, *168*, Supp. 30, 50-57.
Brown, G. W., Harris, T. O., & Lemyre, L. (1991). Now you see it, now you don't — some considerations on multiple regression. In D. Magnusson, L. R. Bergman, G. Rudinger, & B. Törestad (Eds.), *Problems and methods in longitudinal research: Stability and change*. Cambridge: Cambridge University Press. pp. 67-94.
Brown, G. W., & Rutter, M. (1966). The measurement of family activities and relationships: A methodological study. *Human Relations*, *19*, 241-263.
Bryant, P. (1990). Empirical evidence for causes in development. In G. Butterworth & P. Bryant (Eds.), *Causes of development: Interdisciplinary perspectives*. Hemel Hempstead: Harvester Wheatsheaf. pp. 33-45.
Bryson, B. (2003). *A short history of nearly everything*. London: Transworld/Doubleday. ［楡井浩一 訳 (2006). 人類が知っていることすべての短い歴史　日本放送出版協会］
Buss, A. H., & Plomin, R. (1984). *Temperament: Early developing personality traits*. Hillsdale, NJ: Erlbaum.
Button, T. M. M., Scourfield, J., Martin, N., Purcell, S., & McGuffin, P. (2005). Family dysfunction interacts with genes in the causation of antisocial symptoms. *Behavior Genetics*, *35*, 115-120.
Cabib, S., Orsini, C., Le Moal, M., & Piazza, P. V. (2000). Abolition and reversal of strain differences in behavioral responses to drugs of abuse after a brief experience. *Science*, *289*, 463-465.
Cadoret, R., & Cain, R. A. (1981). Environmental and genetic factors in predicting antisocial behavior in adoptees. *Psychiatric Journal of the University of Ottawa*, *6*, 220-225.
Cadoret, R. J., Yates, W. R., Troughton, E., Woodworth, G., & Stewart, M. A. (1995a). Adoption study demonstrating two genetic pathways to drug abuse. *Archives of General Psychiatry*, *52*, 42-52.
Cadoret, R. J., Yates, W. R., Troughton, E., Woodworth, G., & Stewart, M. A. S. (1995b). Genetic-environmental interaction in the genesis of aggressivity and conduct disorders. *Archives of General Psychiatry*, *52*, 916-924.
Cameron, N. M., Parent, C., Champagne, F. A., Fish, E. W., Ozaki-Kuroda, K., & Meaney, M. J. (2005). The programming of individual differences in defensive responses and reproduc-

tive strategies in the rat through variations in maternal care. *Neuroscience and Biobehavioral Review, 29*, 843−865.
Cancedda, L., Putignano, E., Sale, A., Viegi, A., Berardi, N., & Maffei, L. (2004). Acceleration of visual system development by environmental enrichment. *Journal of Neuroscience, 24*, 4840−4848.
Cannon, M., Caspi, A., Moffitt, T. E., Harrington, H. L., Taylor, A., Murray, R. M., & Poulton, R., (2002). Evidence for early−childhood, pan−developmental impairment specific to schizophreniform disorder. *Archives of General Psychiatry, 59*, 449−456.
Cannon, M., Dean, K., & Jones, P. B. (2004). Early environmental risk factors for schizophrenia. In M. S. Keshavan, J. L. Kennedy, & R. M. Murray (Eds.), *Neurodevelopment and schizophrenia*. London & New York: Cambridge University Press. pp. 191−209.
Cannon, T. D., Kaprio, J., Lonnqvist, J., Huttunen, M., & Koskenvuo, M. (1998). The genetic epidemiology of schizophrenia in a Finnish twin cohort: A population−based modeling study. *Archives of General Psychiatry, 55*, 67−74.
Cardno, A. G., & Gottesman, I. I. (2000). Twin studies of schizophrenia: From bow−and−arrow concordances to star wars Mx and functional genomics. *American Journal of Medical Genetics, 97*, 12−17.
Cardno, A. G., Marshall, E. J., Coid, B., Macdonald, A. M., Ribchester, T. R., Davies, N. J., Venturi, P., Jones, L. A., Lewis, S. W., Sham, P. C., Gettesman, I. I., Farmer, A. E., McGuffin, P., Reveley, A. M., & Murray, R. M. (1999). Heritability estimates for psychotic disorders: The Maudsley twin psychosis series. *Archives of General Psychiatry, 56*, 162−168.
Cardno, A. G., Rijsdijk, F. V., Sham, P. C., Murray, R. M., & McGuffin, P. (2002). A twin study of genetic relationships between psychotic symptoms. *American Journal of Psychiatry, 159*, 539−545.
Cardon, L. R. (2003). Practical barriers to identifying complex trait loci. In R. Plomin, J. C. DeFries, I. Craig, & P. McGuffin (Eds.), *Behavioural genetics in the postgenomic era*. Washington, DC: American Psychological Association. pp. 55−69.
Cardon, L. R., & Palmer, L. J. (2003). Population stratification and spurious allelic association. *The Lancet, 361*, 598−604.
Carter, J. W., Schulsinger, F., Parnas, J., Cannon, T., & Mednick, S. A. (2002). A multivariate prediction model of schizophrenia. *Schizophrenia Bulletin, 28*, 649−682.
Caspi, A., McClay, J., Moffitt, T. E., Mill, J., Martin, J., Craig, I. W., Taylor, A., & Poulton, R. (2002). Role of genotype in the cycle of violence in maltreated children. *Science, 297*, 851−854.
Caspi, A., Moffitt, T. E., Cannon, M., McClay, J., Murray, R., Harrington, H., Taylor, A., Arseneault, L., Williams, B., Braithwaite, A., Poulton, R., & Craig, I. W. (2005b). Moderation of the effect of adolescent−onset cannabis use on adult psychosis by a functional polymorphism in the COMT gene: Longitudinal evidence of a gene X environment interaction. *Biological Psychiatry, 57*, 1117−1127.
Caspi, A., Moffitt, T. E., Morgan, J., et al. (2004). Maternal expressed emotion predicts children's externalizing behavior problems: Using MZ−twin differences to identity environmental effects on behavioral development. *Developmental Psychology, 40*, 149−161.
Caspi, A., Roberts, B. W., & Shiner, R. L. (2005a). Personality development: Stability and change. *Annual Review of Psychology, 56*, 17.1−17.32.
Caspi, A., Sugden, K., Moffitt, T. E., et al. (2003). Influence of life stress on depression: Moderation by a polymorphism in the 5−HTT gene. *Science, 301*, 386−389.
Caspi, A., Taylor, A., Moffitt, T. E., & Plomin, R. (2000). Neighborhood deprivation affects children's mental health: Environmental risks identified in a genetic design. *Psychological Science, 11*, 338−342.
Castellanos, F. X., & Tannock, R. (2002). Neuroscience of attention−deficit/hyperactivity disorder: The search for endophenotypes. *Nature Reviews: Neuroscience, 3*, 617−628.
Ceci, S. J., & Papierno, P. B. (2005). Psychoeconomic consequences of resource allocation: What happens when an intervention works for those it was intended for, but works even better for

others? *American Psychologist, 60*, 140-160.
Champagne, F., Chretien, P., Stevenson, C. W., Zhang, T. Y., Gratton, A., & Meaney, M. J. (2004). Variations in nucleus accumbens dopamine associated with individual differences in maternal behavior in the rat. *Journal of Neuroscience, 24*, 4113-4123.
Champion, L. A., Goodall, G. M., & Rutter, M. (1995). Behaviour problems in childhood and stressors in early adult life: I. A 20 year follow-up of London school children. *Psychological Medicine, 25*, 231-246.
Champoux, M., Bennett, A., Shannon, C., Higley, J. D., Lesch, K. P., & Suomi, S. J. (2002). Serotonin transporter gene polymorphism, differential early rearing, and behavior in rhesus monkey neonates. *Molecular Psychiatry, 7*, 1058-1063.
Chang, E. F., & Merzenich, M. M. (2003). Environmental noise retards auditory cortical development. *Science, 300*, 498-502.
Cherny, S. S., Fulker, D. W., & Hewitt, J. K. (1997). Cognitive development from infancy to middle childhood. In R. J. Sternberg & E. L. Grigorenko (Eds.), *Intelligence, heredity and environment*. Cambridge: Cambridge University Press. pp. 463-482.
Cleckley, H. C. (1941). *The mask of sanity: An attempt to reinterpret the so-called psychopathic personality*. St Louis, MO: Mosby.
Clegg, J., Hollis, C., Mawhood, L., & Rutter, M. (2005). Developmental language disorder — a follow-up in later adult life: Cognitive, language, and psychosocial outcomes. *Journal of Child Psychology and Psychiatry, 46*, 128-149.
Cohen, S., Tyrrell, D. A. J., & Smith, A. P. (1991). Psychological stress and susceptibility to the common cold. *New England Journal of Medicine, 325*, 606-612.
Collins, F. S. (1996). BRCA1: Lots of mutations, lots of dilemmas. *New England Journal of Medicine, 334*, 186-188.
Collishaw, S., Maughan, B., Goodman, R., & Pickles, A. (2004). Time trends in adolescent mental health. *Journal of Child Psychology and Psychiatry, 45*, 1350-1362.
Compas, B. E., Benson, M., Boyer, M., Hicks, T. V., & Konik, B. (2002). Problem-solving and problem-solving therapies. In M. Rutter & E. Taylor (Eds.), *Child and adolescent psychiatry, 4th ed*. Oxford: Blackwell Science. pp. 938-948. [長尾圭造・宮本信也 監訳 (2007). 児童青年精神医学 明石書店に所収]
Conger, R. D., Rueter, M. A., & Elder, G. H. (1999). Couple resilience to economic pressure. *Journal of Personality and Social Psychology, 76*, 54-71.
Conger, R., Ge, X., Elder, G. H., Lorenz, F. O., & Simons, R. (1994). Economic stress, coercive family processes and developmental problems of adolescents. *Child Development, 65*, 541-561.
Cordell, H. J. (2002). Epistasis: What it means, what it doesn't mean, and statistical methods to detect it in humans. *Human Molecular Genetics, 11*, 2463-2468.
Costello, E. J., Compton, F. N., Keeler, G., & Angold, A. (2003). Relationships between poverty and psychopathology: A natural experiment. *Journal of American Medical Association, 290*, 2023-2029.
Côté, S., Borge, A. I. H., Rutter, M., & Tremblay, R. (submitted). *Associations between nonmaternal care in infancy and emotional/behavioral difficulties at school entry: Moderation by family and infant characteristics*.
Courchesne, E., Carper, R., & Akshoomoff, N. (2003). Evidence of brain overgrowth in the first year of life in autism. *Journal of the American Medical Association, 290*, 337-344.
Cox, A., Rutter, M., Yule, B., & Quinton, D. (1977). Bias resulting from missing information: Some epidemiological findings. *British Journal of Preventive and Social Medicine, 31*, 131-136.
Crabbe, J. C. (2003). Finding genes for complex behaviors: Progress in mouse models of the addictions. In R. Plomin, J. C. DeFries, I. W. Craig, & P. McGuffin (Eds.), *Behavioral genetics in the postgenomic era*. Washington, DC: American Psychological Association. pp. 291-308.
Crabbe, J. C., Wahlsten, D., & Dudek, B. C. (1999). Genetics of mouse behavior: Interactions with laboratory environment. *Science, 284*, 1670-1672.
Curtis, W. J., & Nelson, C. A. (2003). Toward building a better brain: Neurobehavioral outcomes, mechanisms, and processes of environmental enrichment. In S. S. Luthar (Ed.), *Resilience*

and vulnerability: Adaptation in the context of childhood adversities. Cambridge: Cambridge University Press. pp. 463-488.
Cutting, G. R. (2002). Cystic fibrosis. In D. L. Rimoin, J. M. Connor, R. E. Pyeritz, & B. R. Korf (Eds.), *Emery and Rimoin's principles and practice of medical genetics, vol. 2.* London & New York: Churchill Livingstone. pp. 1561-1606.
Dale, P. S., Simonoff, E., Bishop, D. V. M., Eley, T. C., Oliver, B., Price, T. S., et al. (1998). Genetic influence on language delay in two-year-old children. *Nature Neuroscience, 1*, 324-328.
Daniels, J., Holmans, J., Williams, N., Turic, D., McGuffin, P., Plomin, R., & Owen, M. J. (1998). A simple method for analyzing microsatellite allele image patterns generated from DNA pools and its application to allelic association studies. *American Journal of Human Genetics, 62*, 1189-1197.
Davis, S., Schroeder, M., Goldin, L. R., & Weeks, D. E. (1996). Nonparametric simulation-based statistics for detecting linkage in general pedigrees. *American Journal of Human Genetics, 58*, 867-880.
DeFries, J. C., & Fulker, D. W. (1988). Multiple regression analysis of twin data: Aetiology of deviant scores versus individual differences. *Acta Geneticae Medicae et Gemellogiae, 37*, 205-216.
DeFries, J. C., Plomin, R., & Fulker, D. W. (1994). *Nature and nurture during middle childhood.* Oxford: Blackwell.
Démonet, J. F., Taylor, M. J., & Chaix, Y. (2004). Developmental dyslexia. *Lancet, 363*, 1451-1460.
Dennett, D. C. (2003). *Freedom evolves.* London: Allen Lane, The Penguin Press. ［山形浩生 訳 (2005). 自由は進化する NTT 出版］
Devlin, B., Fienberg, S., Resnick, D., & Roeder, K. (Eds.). (1997). *Intelligence, genes and success: Scientists respond to The Bell Curve.* New York: Copernicus.
Diamond, M. J., Miner, J. N., Yoshinaga, S. K., & Yamamoto, K. R. (1990). Transcription factor interactions: Selectors of positive or negative regulation from a single DNA element. *Science, 249*, 1266-1272.
Dickens, W. T., & Flynn, J. R. (2001). Heritability estimates vs. large environmental effects: The IQ paradox resolved. *Psychological Review, 108*, 346-369.
Dodge, K. A., Bates, J. E., & Pettit, G. S. (1990). Mechanisms in the cycle of violence. *Science, 250*, 1678-1683.
Dodge, K. A., Pettit, G. S., Bates, J. E., & Valente, E. (1995). Social information-processing patterns partially mediate the effect of early physical abuse on later conduct problems. *Journal of Abnormal Psychology, 104*, 632-643.
Doll, R., Peto, R., Boreham, J., & Sutherland, I. (2004). Mortality in relation to smoking: 50 years' observations on male British doctors. *British Medical Journal, 328*, 1519.
Doll, R., & Crofton, J. (1999). *Tobacco and health.* London: British Council/Royal Society of Medicine Press.
D'Onofrio, B., Turkheimer, E., Eaves, L., Corey, L. A., Berg, K., Solaas, M. H., & Emery, R. E. (2003). The role of the children of twins design in elucidating causal relations between parent characteristics and child outcomes. *Journal of Child Psychology and Psychiatry, 44*, 1130-1144.
Duyme, M., Arseneault, L., & Dumaret, A-C. (2004). Environmental influences on intellectual abilities in childhood: Findings from a longitudinal adoption study. In P. L. Chase-Lansdale, K. Kiernan, & R. Friedman (Eds.), *Human development across lives and generations: The potential for change.* New York & Cambridge: Cambridge University Press. pp. 278-292.
Duyme, M., Dumaret, A-C., & Tomkiewicz, S. (1999). How can we boost IQs of "dull children"? A late adoption study. *Proceedings of the National Academy of Sciences of the United States of America, 96*, 8790-8794.
Eaves, L. J., Last, K. S., Martin, N. G., & Jinks, J. L. (1977). A progressive approach to non-additivity and genotype-environmental covariacne in the analysis of human differences. *British Journal of Mathematical and Statistical Psychology, 30*, 1-42.
Eaves, L. J., & Meyer, J. (1994). Locating human quantitative trait loci: Guidelines for the selection

of sibling pairs for genotyping. *Behavior Genetics*, *24*, 443-455.
Eaves, L., Silberg, J., & Erkanli, A. (2003). Resolving multiple epigenetic pathways to adolescent depression. *Journal of Child Psychology and Psychiatry*, *44*, 1006-1014.
Eaves, L. J., Silberg, J. L., Meyer, J. M., Maes, H. H., Simonoff, E., Pickles, A., Rutter, M., Neale, M. C., Reynolds, C. A., Erikson, M. T., Heath, A. C., Loeber, R., Truett, T. R., & Hewitt, J. K. (1997). Genetics and developmental psychopathology: 2. The main effects of genes and environment on behavioral problems in the Virginia Twin Study of Adolescent Behavioral Development. *Journal of Child Psychology and Psychiatry*, *38*, 965-980.
Ebstein, R. P., Benjamin, J., & Belmaker, R. H. (2003). Behavioral genetics, genomics, and personality. In R. Plomin, J. C. DeFries, I. W. Craig, & P. McGuffin (Eds.), *Behavioral genetics in the postgenomic era*. Washington, DC: American Psychological Association. pp. 365-388.
Eddy, S. R. (2001). Non-coding RNA genes and the modern RNA world. *Nature Reviews: Genetics*, *2*, 919-929.
Ehrlich, P., & Feldman, M. (2003). Genes and culture: What creates our behavioral phenome? *Current Anthropology*, *44*, 87-107.
Elder, Jr. G. H. (1986). Military times and turning points in men's lives. *Developmental Psychology*, *22*, 233-245.
Eley, T., & Stevenson, J. (1999). Exploring the covariation between anxiety and depression symptoms: A genetic analysis of the effects of age and sex. *Journal of Child Psychology and Psychiatry*, *40*, 1273-1282.
Eley, T. C., & Stevenson, J. (2000). Specific life events and chronic experiences differentially associated with depression and anxiety in young twins. *Journal of Abnormal Child Psychology*, *28*, 383-394.
Eley, T. C., Sugden, K., Corsico, A., Gregory, A. M., Sham, P., McGuffin, P., Plomin, R., & Craig, I. W. (2004). Gene-environment interaction analysis of serotonin system markers with adolescent depression. *Molecular Psychiatry*, *9*, 908-915.
Elkin, A., Kalidindi, S., & McGuffin, P. (2004). Have schizophrenia genes been found? *Current Opinion in Psychiatry*, *17*, 107-113.
Epel, E. S., Blackburn, E. H., Lin, J., Dhabhar, F. S., Adler, N. E., Morrow, J. D., & Cawthon, R. M. (2004). Accelerated telomere shortening in response to life stress. *Proceedings of the National Academy of Science*, *101*, 17312-17315.
Eysenck, H. J. (1965). *Smoking, health and personality*. London: Weidenfield.
Eysenck, H. J. (1971). *The IQ argument: Race, intelligence, and education*. New York: Library Press.
Eysenck, H. J., with contributions by Eaves, L. J. (1980). *The causes and effects of smoking*. London: Temple Smith. ［上里一郎 監訳 (1988). スモーキング：健康とパーソナリティをめぐって 同朋社］
Falconer, D. S., & Mackay, T. F. C. (1996). *Introduction to quantitative genetics*. Longman: Harlow.
Falk, C. T., & Rubinstein, P. (1987). Haplotype relative risks: An easy reliable way to construct a proper control sample for risk calculations. *Annals of Human Genetics*, *1*, 227-233.
Faraone, S. V., Biederman, J., Mennin, D., Russell, R., & Tsuang, M. T. (1998). Familial subtypes of attention deficit hyperactivity disorder: A 4-year follow-up study of children from antisocial-ADHD families. *Journal of Child Psychology and Psychiatry*, *39*, 1045-1053.
Faraone, S. V., Doyle, A. E., Mick, E., & Biederman, J. (2001). Meta-analysis of the association between the 7-repeat allele of the Dopamine D4 receptor gene and Attention Deficit Hyperactivity Disorder. *American Journal of Psychiatry*, *158*, 1052-1057.
Farrer, L. A., Cupples, L. A., Haines, J. L., Hyman, B., Kukull, W. A., Mayeux, R., Myers, R. H., Pericak-Vance, M. A., Risch, N., & van Duijn, C. M. (1997). Effects of age, sex, and ethnicity on the association between apolipoprotein E genotype and Alzheimer disease: A meta-analysis. APOE and Alzheimer Disease Meta Analysis Consortium. *Journal of the American Medical Association*, *278*, 1349-1356.
Felsenfeld, G., & Groudine, M. (2003). Controlling the double helix. *Nature*, *421*, 448-453.
Fergusson, D. M., Horwood, L. J., & Lynskey, M. T. (1992). Family change, parental discord and

early offending. *Journal of Child Psychology and Psychiatry, 33*, 1059-1075.
Fergusson, D. M., Horwood, L. J., Caspi, A., Moffitt, T. E., & Silva, P. A. (1996). The (artefactual) remission of reading disability: Psychometric lessons in the study of stability and change in behavioral development. *Developmental Psychology, 32*, 132-140.
Finlay-Jones, R., & Brown, G. W. (1981). Types of stressful life event and the onset of anxiety and depressive disorders. *Psychological Medicine, 11*, 803-815.
Firkowska-Mankiewicz, A. (2002). *Intelligence and success in life*. Warsaw: IFiS Publishers.
Fisher, R. E. (1918). The correlation between relatives under the supposition of mendelian inheritance. *Transactions of the Royal Society, 52*, 399-433.
Fisher, S. E. (2003). Isolation of the genetic factors underlying speech and language disorders. In R. Plomin, J. C. DeFries, I. W. Craig, & P. McGuffin (Eds.), *Behavioral genetics in the postgenomic era*. Washington, DC: American Psychological Association. pp. 205-226.
Fisher, S. E., & DeFries, J. C. (2002). Developmental dyslexia: Genetic dissection of a complex cognitive trait. *Nature Reviews Neuroscience, 3*, 767-780.
Fisher, S. E., Francks, C., McCracken, J. T., et al. (2002). A genomewide scan for loci involved in attention-deficit/hyperactivity disorder. *American Journal of Human Genetics, 70*, 1183-1196.
Flynn, J. R. (1987). Massive IQ gains in 14 nations: What IQ tests really measure. *Psychological Bulletin, 101*, 171-191.
Flynn, J. R. (2000). IQ gains, WISC subtests and fluid g: g theory and the relevance of Spearman's hypothesis to race. In G. R. Bock, J. A. Goode, & K. Webb (Eds.), *The nature of intelligence. Novartis Foundation Symposium 233*. Chichester: Wiley. pp. 202-216.
Foley, D. L., Eaves, L. J., Wormley, B., Silberg, J. L., Maes, H. H., Kuhn, J., & Riley, B. (2004). Childhood adversity, monoamine oxidase A genotype, and risk for conduct disorder. *Archives of General Psychiatry, 61*, 738-744.
Folstein, S., & Rutter, M. (1977a). Genetic influences and infantile autism. *Nature, 265*, 726-728.
Folstein, S., & Rutter, M. (1977b). Infantile autism: A genetic study of 21 twin pairs. *Journal of Child Psychology and Psychiatry, 18*, 297-321.
Folstein, S. E., & Rosen-Sheidley, B. (2001). Genetics of autism: Complex aetiology for a heterogeneous disorder. *Nature Reviews: Genetics, 2*, 943-955.
Fombonne, E., Bolton, P., Prior, J., Jordan, H., & Rutter, M. (1997). A family study of autism: Cognitive patterns and levels in parents and siblings. *Journal of Child Psychology and Psychiatry, 38*, 667-683.
Francis, D., Insel, T., Szegda, K., Campbell, G., & Martin, W. D. (2003). Epigenetic sources of behavioural differences in mice. *Nature Neuroscience, 6*, 445-446.
Francks, C., Paracchini, S., Smith, S. D., Richardson, A. J., Scerri, T. S., Cardon, L. R., Marlow, A. J., MacPhie, I. L., Walter, J., Pennington, B. F., Fisher, S. E., Olson, R. K., DeFries, J. C., Stein, J. F., & Monaco, A. P. (2004). A 77-kilobase region of chromosome 6p22.2 associated with dyslexia in families from the United Kingdom and from the United Staes. *American Journal of Human Genetics, 75*, 1046-1058.
Freimer, N., & Sabatti, C. (2004). The use of pedigree, sib-pair and association studies of common diseases for genetic mapping and epidemiology. *Nature Genetics, 36*, 1045-1051.
Frith, C., (2003). What do imaging studies tell us about the neural basis of autism? In G. Bock & J. Goode (Eds.), *Autism: Neural basis and treatment possiblities*. Chichester: John Wiley & Sons Ltd. pp. 149-176.
Frith, U. (2003). *Autism: Explaining the enigma, 2nd ed*. Oxford: Blackwell. ［富田真紀・清水康夫・鈴木玲子 訳　(2009)．自閉症の謎を解き明かす（新訂）　東京書籍］
Fulker, D. W., & Cherny, S. S. (1996). An improved multipoint sib-pair analysis of quantitative traits. *Behavior Genetics, 26*, 527-532.
Furmark, T., Tillfors, M., Marteinsdottir, I., Fischer, H., Pissiota, A., Langstrom B., & Fredrikson, M. (2002). Common changes in cerebral blood flow in patients with social phobia treated with citalopram or cognitive-behavioral therapy. *Archives of General Psychiatry, 59*, 425-433.
Ge, X., Conger, R. D., Cadoret, R. J., Neiderhiser, J. M., Yates, W., Troughton, E., & Stewart, M. A.

(1996). The developmental interface between nature and nurture: A mutual influence model of child antisocial behavior and parent behaviors. *Developmental Psychology, 32*, 574-589.

Gerlai, R. (1996). Gene-targeting studies of mammalian behavior: Is it the mutation or the background genotype? *Trends in Neuroscience, 19*, 177-181.

Gervai, J., Nemoda, Z., Lakatos, K., Ronai, Z., Toth, I., Ney, K., & Sasvari-Szekely, M. (2005). Transmission disequilibrium tests confirm the link between DRD4 gene polymorphism and infant attachment. *American Journal of Medical Genetics B: Neuropsychiatric Genetics, 132*, 126-130.

Gharani, N., Benayed, R., Mancuso, V., Brzustowicz, L. M., & Milonig, J. H. (2004). Association of the homeobox transcription factor, *ENGRAILED 2*, with autism spectrum disorder. *Molecular Psychiatry, 9*, 474-484.

Gibbs, W. W. (2003a). The unseen genome: Beyond DNA. *American Scientist, 289*, 78-85.

Gibbs, W. W. (2003b). The unseen genome: Gems among the junk. *American Scientist, 289*, 27-33.

Gillespie, N. A., Whitfield, J. B., Williams, B., Heath, A. C., & Martin, N. (2005). The relationship between stressful life events, the serotonin transporter (5-HTTLPR) genotype and major depression. *Psychological Medicine, 35*, 101-111.

Glantz, S. A., Barnes, D. E., Bero, L., Hanauer, P., & Slade, J. (1995). Looking through a keyhole at the tobacco industry. The Brown and Williamson documents. *Journal of the American Medical Assciation, 274*, 219-224.

Glatt, S. J., Faraone, S. V., & Tsuang, M. T. (2003). Association between a functional catechol O-methyltransferase gene polymorphism and schizophrenia: Meta-analysis of case-control and family-based studies. *American Journal of Psychiatry, 160*, 469-476.

Goldapple, K., Segal, Z., Garson, C., Lau, M., Bieling, P., Kennedy, S., & Mayberg, H. (2004). Treatment-specific effects of Cognitive Behavior Therapy. *Archives of General Psychiatry, 61*, 34-41.

Goodman, R., & Stevenson, J. (1989). A twin study of hyperactivity: II. The aetiological role of genes, family relationships and perinatal adversity. *Journal of Child Psychology and Psychiatry, 30*, 691-709.

Gottesman, I. I. (1991). *Schizophrenia genesis: The origins of madness*. New York: W. H. Freeman & Company. ［内沼幸雄・南光進一郎 監訳 (1992). 分裂病の起源 日本評論社］

Gottesman, I. I., & Gould, T. D. (2003). The endophenotype concept in psychiatry: Etymology and strategic intentions. *American Journal of Psychiatry, 160*, 636-645.

Gottlieb, G., Wahlsten, D., & Lickliter, R. (1998). The significance of biology for human development: A developmental psychobiological systems view. In W. Damon & R. M. Lerner (Eds.), *Handbook of child psychology*. Toronto: Wiley. pp. 233-273.

Gottlieb, G. (2003). On making behavioral genetics truly developmental. *Human Development, 46*, 337-355.

Greenland, S., & Rothman, K. J. (1998). Concepts of interaction. In R. Winters & E. O'Connor (Eds.), *Modern epidemiology, 2nd ed*. Philadelphia: Lippincott-Raven. pp. 329-342.

Greenough, W. T., Black, J. E., & Wallace, C. S. (1987). Experience and brain development. *Child Development, 58*, 539-559.

Greenough, W. T., & Black, J. E. (1992). Induction of brain structure by experience: Substrates for cognitive development. In M. R. Gunnar & C. A. Nelson (Eds.), *Developmental behavior neuroscience*. Hillsdale, NJ: Erlbaum. pp. 155-200.

Grigorenko, E. L. (2003). Epistasis and the genetics of complex traits. In R. Plomin, J. C. DeFries, I. W. Craig, & P. McGuffin (Eds.), *Behavioral genetics in the postgenomic era*. Washington, DC: American Psychological Association.

Gunnar, M. R., & Donzella, B. (2002). Social regulation of the cortisol levels in early human development. *Psychoneuroendocrinology, 27*, 199-220.

Guttmacher, A. E., & Collins, F. S. (2003). Welcome to the genomic era. *The New England Journal of Medicine, 349*, 996-998.

Guy, J., Hendrich, B., Holmes, M., Martin, J. E., & Bird, A. (2001). A mouse Mecp2-null mutation causes neurological symptoms that mimic Rett syndrome. *Nature Genetics, 27*, 322-326.

Hagberg, B., Aicardi, J., Dias, K., & Ramos, O. (1983). A progressive syndrome of autism, dementia, ataxia and loss of purposeful hand use in girls: Rett's syndrome: Report of 35 cases. *Annals of Neurology, 14*, 471–479.
Hariri, A. R., Mattay, V. S., Tessitore, A., Kolachana, B., Fera, F., Goldman, D., Egan, M. F., & Weinberger, D. (2002). Serotonin transporter genetic variation and the response of the human amygdala. *Science, 297*, 400–403.
Hariri, A. R., Drabant, E. M., Munoz, K. E., Kolachana, B. S., Mattay, V. S., Egan, M. F., & Weinberger, D. R. (2005). A susceptibility gene for affective disorders and the response of the human amygdala. *Archives of General Psychiatry, 62*, 146–152.
Harper, P. S. (1998). *Practical genetic counselling*. London: Butterworth Heinemann.
Harper, P. S. (2001). *Practical genetic counselling*. London: Hodder Arnold. ［松井一郎ほか 訳 (1989). 遺伝相談の実際　医学書院（原書第2版の翻訳）］
Harris, J. R. (1998). *The nurture assumption: Why children turn out the way they do*. London: Bloomsbury. ［石田理恵 訳　(2000). 子育ての大誤解：子どもの性格を決定するものは何か　早川書房］
Harris, T. (Ed.). (2000). *Where inner and outer worlds meet: Psychosocial research in the tradition of George W. Brown*. London: Routledge/Taylor & Francis.
Harris, T., Brown, G. W., & Bifulco, A. (1986). Loss of parent in childhood and adult psychiatric disorder: The role of lack of adequate parental care. *Psychological Medicine, 16*, 641–659.
Harrison, J. E., & Bolton, P. F. (1997). Annotation: Tuberous sclerosis. *Journal of Child Psychology and Psychiatry, 38*, 603–614.
Harrison, P., & Owen, M. (2003). Genes for schizophrenia: Recent findings and their pathophysiological implications. *The Lancet, 361*, 417–419.
Hart, J., Gunnar, M., & Cicchetti, D. (1996). Altered neuroendocrine activity in maltreated children related to symptoms of depression. *Development and Psychopathology, 8*, 201–214.
Hattori, E., Liu, C., Badner, J. A., Bonner, T. I., Christian, S. L., Maheshwari, M., Detera-Wadleigh, S. D., Gibbs, R. A., & Gershon, E. S. (2003). Polymorphisms at the G72/G30 gene locus on 13q33, are associated with bipolar disorder in two independent pedigree series. *American Journal of Human Genetics, 72*, 1131–1140.
Heath, A. C., Madden, P. A. F., Bucholz, K. K., Nelson, E. C., Todorov, A., Price, R. K., Whitfield, J. B., & Martin, N. G. (2003). Genetic and environmental risks of dependence on alcohol, tobacco, and other drugs. In R. Plomin, J. C. DeFries, G. E. McClearn, & P. McGuffin (Eds.), (2001), *Behavioral genetics, 4th ed*. New York: Worth. pp. 309–334.
Heath, A. C., & Nelson, E. C. (2002). Effects of the interaction between genotype and environment: Research into the genetic epidemiology of alcohol dependence. *Alcohol Research and Health, 26*, 193–201.
Heinz, A., Braus, D. F., Smolka, M. N., Wrase, J., Puls, I., Hermann, D., Klein, S., Grüsser, S. N., Flor, H., Schumann, G., Mann, K., & Bücher, C. (2005). Amygdala–prefrontal coupling depends on a genetic variation of the serotonin transporter. *Nature Neuroscience, 8*, 20–21.
Hennessey, J. W., & Levine, S. (1979). Stress, arousal, and the pituitary–adrenal system: A psychoendocrine hypothesis. In J. M. Sprague & A. N. Epstein (Eds.), *Progress in psychobiology and physiological psychology*. New York: Academic Press. pp. 133–178.
Henquet, C., Krabbendam, L., Spauwen, J., Kaplan, C., Lieb, R., Wittchen, H-U., & van Os, J. (2005). Prospective cohort study of cannabis use, predisposition for psychosis, and psychotic symptoms in young people. *British Medical Journal, 330*, 11–15.
Herrnstein, R. J., & Murray, C. (1994). *The bell curve: Intelligence and class structure in American life*. New York: Free Press.
Hetherington, E. M., Reiss, D., & Plomin, R. (1994). *Separate social worlds of siblings: Impact of nonshared environment on development*. Hillsdale, NJ: Lawrence Erlbaum.
Hettema, J. M., Neale, M. C., & Kendler, K. S. (1995). Physical similarity and the equal–environment assumption in twin studies of psychiatric disorders. *Behavior Genetics, 25*, 327–335.
Hewison, J., & Tizard, J. (1980). Parental involvement and reading attainment. *British Journal of*

Educational Psychology, 50, 209-215.
Higley, J. D., & Suomi, S. J. (1989). Temperamental reactivity in non-human primates. In G. A. Kohnstamm, J. E. Bates, & M. K. Rothbart (Eds.), *Temperament in childhood*. Chichester: John Wiley & Sons. pp. 153-167.
Hill, A. V. S. (1998a). Genetics and genomics of infectious disease susceptibility. *British Medical Bulletin, 55*, 401-413.
Hill, A. V. S. (1998b). The immunogenetics of human infectious diseases. *Annual Review of Immunology, 16*, 593-617.
Hilts, P. J. (1996). *Smokescreen: The truth behind the tobacco industry cover-up*. Reading, MA: Addison-Wesley. ［小林薫訳（1998）．タバコ・ウォーズ：米タバコ帝国の栄光と崩壊　早川書房］
Hines, M. (2004). *Brain gender*. New York: Oxford University Press.
Hirotsune, S., Yoshida, N., Chen, A., Garrett, L., Sugiyama, F., Takahashi, S., et al. (2003). An expressed pseudogene regulates the messenger-RNA stability of its homologous coding gene. *Nature, 423*, 91-96.
Hirschorn, J. N., & Daly, M. J. (2005). Genome-wide association studies for common diseases and complex traits. *Nature Reviews — Genetics, 6* 95-118.
Honda, H., Shimizu, Y., & Rutter, M. (2005). No effect of MMR withdrawal on the incidence of autism: A total population study. *Journal of Child Psychology and Psychiatry, 46*, 572-579.
Horn, G. (1990). Neural bases of recognition memory investigated through an analysis of imprinting. *Philosophical Transactions of the Royal Society of London, 329*, 133-142.
Hornig, M., Chian, D., & Lipkin, W. I. (2004). Neurotoxic effects of postnatal thimerosal are mouse strain-dependent. *Molecular Psychiatry, 9*, 833-845.
Howlin, P., Mawhood, L., & Rutter, M. (2000). Autism and developmental receptive language disorder — a follow-up comparison in early adult life. II: Social, behavioural, and psychiatric outcomes. *Journal of Child Psychology and Psychiatry, 41*, 561-578.
Humphries, S. E., Talmud, P. J., Hawe, E., Bolla, M., Day, I. N. M., & Miller, G. J. (2001). Apolipoprotein E4 and coronary heart disease in middle-aged men who smoke: A prospective study. *Lancet, 358*, 115-119.
Huson, S. M., & Korf, B. (2002). The phakomatoses. In D. L. Rimoin, J. M. Connor, R. E. Pyeritz, & B. R. Korf (Eds.), *Emery and Rimoin's principles and practice of medical genetics, vol. 3*. London & New York: Churchill Livingstone. pp. 3162-3202.
Huttenlocher, P. R. (2002). *Neural plasticity: The effects of environment on the development of the cerebral cortex*. Cambridge, MA: Harvard University Press.
Insel, T. R., & Young, L. J. (2001). The neurobiology of attachment. *Nature Reviews: Neuroscience, 2*, 129-136.
International Human Genome Sequencing Consortium. (2001). Initial sequencing and analysis of the human genome. *Nature, 409*, 860-921.
International Human Genome Sequencing Consortium. (2004). Finishing the euchromatic sequence of the human genome. *Nature, 431*, 931-945.
Jablensky, A. (2000). Epidemiology of schizophrenia. In M. G. Gelder, J. L. López-Ibor, & N. Andreasen (Eds.), *New Oxford Textbook of psychiatry, vol. 1*. Oxford: Oxford University Press. pp. 585-599.
Jackson, J. F. (1993). Human behavioral genetics, Scarr's theory, and her views on interventions: A critical review and commentary on their implications for African American Children. *Child Development, 64*, 1318-1332.
Jacob, T., Waterman, B., Heath, A., True, W., Bucholz, K. K., Haber, R., Scherrer, J., & Fu, Q. (2003). Genetic and environmental effects on offspring alcoholism. *Archives of General Psychiatry, 60*, 1265-1272.
Jaenisch, R., & Bird, A. (2003). Epigenetic regulation of gene expression: How the genome integrates intrinsic and environmental signals. *Nature Genetics Supplement, 33*, 245-254.
Jaffee, S. R., Caspi, A., Moffitt, T. E., Dodge, K. A., Rutter, M., Taylor, A., & Tully, L. (2005). Nature x nurture: Genetic vulnerabilities interact with child maltreatment to promote behavior

problems. *Development and Psychopathology, 17,* 67-84.
James, O. (2003). *They f*** you up: How to survive family life.* London: Bloomsbury.
Jensen, A. R. (1969). How much can we boost IQ and scholastic achievement? *Harvard Educational Review, 39,* 1-123.
Jensen, A. R. (1998). *The g factor: The science of mental abilities.* Westport, CN: Praeger.
Johnston, T. D., & Edwards, L. (2002). Genes, interaction, and the development of behavior. *Psychological Review, 109,* 26-34.
Johnstone, E. C., Ebmeier, K. P., Miller, P., Owens, D. G. C., & Lawrie, S. M. (2005). Predicting schizophrenia: Findings from the Edinburgh High-Risk study. *British Journal of Psychiatry, 186,* 18-25.
Johnstone, E. C., Lawrie, S. M., & Cosway, R. (2002). What does the Edinburgh High-Risk Study tell us about schizophrenia? *American Journal of Medical Genetics, 114,* 906-912.
Jones, I., Kent, L., & Craddock, N. (2002). Genetics of affective disorders. In P. McGuffin, M. J. Owen, & I. I. Gottesman (Eds.), *Psychiatric genetics and genomics.* Oxford: Oxford University Press. pp. 211-245.
Jones, P. B., & Fung, W. L. A. (2005). Ethnicity and mental health: The example of schizophrenia in the African-Caribbean population in Europe. In M. Rutter & M. Tienda (Eds.), *Ethnicity and causal mechanisms.* New York: Cambridge University Press. pp. 227-261.
Joseph, J. (2003). *The gene illusion: Genetic research in psychiatry and psychology under the microscope.* Ross on Wye: PCCS Books.
Kagan, J. (1994). *Galen's prophecy.* London: Free Association Books Ltd.
Kagan, J., & Snidman, N. (2004). *The long shadow of temperament.* Cambridge, MA: The Belknap Press.
Kamin, L. J. (1974). *The science and politics of IQ.* Potomac: Erlbaum. ［岩井勇児 訳 （1977). IQの科学と政治 黎明書房］
Kamin, L. J., & Goldberger, A. S. (2002). Twin studies in behavioral research: A skeptical view. *Theoretical Population Biology, 61,* 83-95.
Kendell, R. E. (1975). *The role of diagnosis in psychiatry.* Oxford: Blackwell Scientific.
Kendler, K. S. (1996). Major depression and generalised anxiety disorder: Same genes, (partly) different environments — revisited. *British Journal of Psychiatry, 168*(suppl. 30), 68-75.
Kendler, K. S. (1998). Major depression and the environment: A psychiatric genetic perspective. *Pharmacopsychiatry, 31,* 5-9.
Kendler, K. S. (2005a). Psychiatric genetics: A methodological critique. *American Journal of Psychiatry, 162,* 3-11.
Kendler, K. S. (2005b). Towards a philosophical structure for psychiatry. *American Journal of Psychiatry, 162,* 433-440.
Kendler, K. S. (2005c). "A gene for...." The nature of gene action in psychiatric disorders. *American Journal of Psychiatry, 162,* 1243-1252.
Kendler, K. S., Gardner, C. O., & Prescott, C. A. (2002). Toward a comprehensive developmental model for major depression in women. *American Journal of Psychiatry, 159,* 1133-1145.
Kendler, K. S., Gruenberg, A. M., & Kinney, D. K. (1994). Independent diagnoses of adoptees and relatives as defined by DSM-III in the provincial and national samples of the Danish Adoption Study of Schizophrenia. *Archives of General Psychiatry, 51,* 436-468.
Kendler, K. S., Karkowski, L. M., & Prescott, C. A. (1999). Causal relationship between stressful life events and the onset of major depression. *American Journal of Psychiatry, 156,* 837-841.
Kendler, K. S., Kuhn, J. W., Vittum, J., Prescott, C. A., & Riley, B. (in press). The interaction of stressful life events and a serotonin transporter polymorphism in the prediction of episodes of major depression: A replication. *Arvhives of General Psychiatry.*
Kendler, K. S., Myers, J. M., & Neale, M. C. (2000a). A multidimensional twin study of mental health in women. *American Journal of Psychiatry, 157,* 506-513.
Kendler, K. S., Neale, M. C., Kessler, R. C., Heath, A. C., & Eaves, L. J. (1993a). The lifetime history of major depression in women: Reliability of diagnosis and heritability. *Archives of General Psychiatry, 50,* 863-870.

Kendler, K. S., Neale, M., Kessler, R., Heath, A., & Eaves, L. (1993b). A twin study of recent life events and difficulties. *Archives of General Psychiatry, 50*, 789-796.
Kendler, K. S., Neale, M. C., Kessler, R. C., Heath, A. C., & Eaves, L. J. (1994). Parental treatment and the equal environment assumption in twin studies of psychiatric illness. *Psychological Medicine, 24*, 579-590.
Kendler, K. S., Neale, M. C., Prescott, C. A., Heath, A. C., Corey, L. A., & Eaves, L. J. (1996). Childhood parental loss and alcoholism in women: A causal analysis using a twin-family design. *Psychological Medicine, 26*, 79-95.
Kendler, K. S., Neale, M. C., & Walsh, D. (1995). Evaluating the spectrum concept of schizophrenia in the Roscommon Family Study. *American Journal of Psychiatry, 152*, 749-754.
Kendler, K. S., Thornton, L. M., & Gardner, C. O. (2000b). Stressful life events and previous episodes in the etiology of major depression in women: An evaluation of the "kindling" hypothesis. *American Journal of Psychiatry, 157*, 1243-1251.
Kendler, K. S., Thornton, L. M., & Gardner, C. O. (2001). Genetic risk, number of previous depressive episodes, and stressful life events in predicting onset of major depression. *American Journal of Psychiatry, 158*, 582-586.
Kerwin, R. W., & Arranz, M. J. (2002). Psychopharmacogenetics. In P. McGuffin, M. J. Owen, & I. I. Gottesman (Eds.), *Psychiatric genetics and genomics*. Oxford: Oxford University Press. pp. 397-413.
Keshavan, M. S., Kennedy, J. L., & Murray, R. M. (Eds.). (2004). *Neurodevelopment and schizophrenia*. London & New York: Cambridge University Press.
Kidd, K. K., Castiglione, C. M., Kidd, J. R., Speed, W. C., Goldman, D., Knowler, W. C., Lu, R. B., & Bonne-Tamir, B. (1996). DRD2 halotypes containing the TaqI A1 allele: Implications for alcoholism research. *Alcoholism, Clinical and Experimental Research, 20*, 697-705.
Kimmelman, J. (2005). Recent developments in gene transfer: Risk and ethics. *British Medical Journal, 330*, 79-82.
Knapp, M., & Becker, T. (2004). Impact of genotyping errors on type I error rate of the haplotype-sharing transmission/disequilibrium test (HS-TDT). *American Journal of Human Genetics, 74*, 589-591; author reply 591-593.
Knopik, V. S., Smith, S. D., Cardon, L., Pennington, B., Gayan, J., Olson, R. K., & DeFries, J. C. (2002). Differential genetic etiology of reading component processes as a function of IQ. *Behavior Genetics, 32*, 181-198.
Knudsen, E. I. (2004). Sensitive periods on the development of the brain and behavior. *Journal of Cognitive Neuroscience, 16*, 1412-1425.
Koeppen-Schomerus, G., Eley, T. C., Wolke, D., Gringras, P., & Plomin, R. (2000). The interaction of prematurity with genetic and environmental influences on cognitive developmetn in twins. *Journal of Pediatrics, 137*, 527-533.
Kohnstamm, G. A., Bates, J. E., & Rothbart, M. K. (Eds.). (1989). *Temperament in childhood*. Chichester: John Wiley & Sons.
Kotb, M., Norrby-Teglund, A., McGeer, A., El-Sherbini, H., Dorak, M. T., Khurshid, A., Green, K., Peeples, J., Wade, J., Thomson, G., Schwartz, B., & Low, D. E. (2002). An immunogenetic and molecular basis for differences in outcomes of invasive group A streptococcal infections. *Nature Medicine, 8*, 1398-1404.
Kotimaa, A. J., Moilanen, I., Taanila, A., et al. (2003). Maternal smoking and hyperactivity in 8-year-old children. *Journal of the American Academy of Child and Adolescent Psychiatry, 42*, 826-833.
Kraemer, H. C. (2003). Current concepts of risk in psychiatric disorders. *Current Opinion in Psychiatry, 16*, 421-430.
Kramer, D. A. (2005). Commentary: Gene-environment interplay in the context of genetics, epigenetics, and gene expression. *Journal of the American Academy of Child and Adolescent Psychiatry, 44*, 19-27.
Kuntsi, J., Eley, T. C., Taylor, A., Hughes, C., Asherson, P., Caspi, A., & Moffitt, T. E. (2004). Co-occurrence of ADHD and low IQ has genetic origins. *American Journal of Medical Ge-*

引用文献

netics B (Neuropsychiatric Genetics), 124B, 41-47.
Kupfer, D. J., First, M. B., & Regier, D. A. (2002). *A research agenda for DSM-V.* Washington, DC: American Psychiatric Association. ［黒木俊秀・松尾信一郎・中井久夫 訳 (2008). DSM-V 研究行動計画 みすず書房］
Lakatos, K., Nemoda, Z., Toth, I., Ronai, Z., Ney, K., Sasvari-Szekely, M., & Gervai, J. (2002). Further evidence for the role of the dopamine D4 receptor (DRD4) gene in attachment disorganization: Interaction of the exon III 48-bp repeat and the -521 C/T promoter polymorphisms. *Molecular Psychiatry, 7,* 27-31.
Laub, J. H., Nagin, D. S., & Sampson, R. J. (1998). Trajectories of change in criminal offending: Good marriages and the desistance process. *American Sociological Review, 63,* 225-238.
Laub, J. H., & Sampson, R. J. (2003). *Shared beginnings, divergent lives: Delinquent boys to age 70.* Cambridge, Massachusetts: Harvard University Press.
Leckman, J. F., & Cohen, D. J. (2002). Tic disorders. In M. Rutter & E. Taylor (Eds.), *Child and adolescent psychiatry, 4th ed.* Oxford: Blackwell Scientific. pp. 593-611. ［長尾圭造・宮本信也 監訳 (2007). 児童青年精神医学 明石書店に所収］
Lee, A. S., & Murray, R. M. (1988). The long-term outcome of Maudsley depressives. *British Journal of Psychiatry, 153,* 741-751.
Le Fanu, J. (1999). *The rise and fall of modern medicine.* London: Abacus.
Lesch, K. P., Bengel, D., Heils, A., et al. (1996). A gene regulatory region polymorphism alters serotonin transporter expression and is associated with anxiety-related personality traits. *Science, 274,* 1527-1531.
Levine, S. (1982). Comparative and psychobiological perspectives on development. In W. A. Collins (Ed.), *Minnesota Symposia on Child Psychology: Vol. 15. The concept of development.* Hillsdale, NJ: Lawrence Erlbaum Associates. pp. 29-53.
Levinson, D. F., Levinson, M. D., Segurado, R., & Lewis, C. M. (2003). Genome scan meta-analysis of schizophrenia and bipolar disorder, part I: Methods and power analysis. *American Journal of Human Genetics, 73,* 17-33.
Levy, F., & Hay, D. (Eds.). (2001). *Attention, genes and ADHD.* Hove, Sussex: Brunner-Routledge.
Lewin, B. (2004). *Genes VIII.* Upper Saddle River, NJ: Pearson Prentice Hall. ［菊池韶彦・榊佳之・水野 猛・伊庭英夫 訳 (2006). 遺伝子（第8版） 東京化学同人］
Lewontin, R. (2000). *The triple helix: Gene, organism and environment.* Cambridge, MA & London: Harvard University Press.
Liddell, M. B., Williams, J., & Owen, M. J. (2002). The dementias. In P. McGuffin, M. J. Owen, & I. I. Gottesman (Eds.), *Psychiatric genetics and genomics.* Oxford: Oxford University Press. pp. 341-393.
Liddle, P. F. (2000). Descriptive clinical features of schizophrenia. In M. G. Gelder, J. L. López-Ibor, & N. Andreasen (Eds.), *New Oxford textbook of psychiatry, vol. 1.* Oxford: Oxford University Press. pp. 571-576.
Liu, D., Diorio, J., Tannenbaum, B., Caldji, C., Francis, D., Freedman, A., Sharma, S., Pearson, D., Plotsky, P., & Meaney, M. J. (1997). Maternal care, hippocampal glucocorticoid receptors, and hypothalamic-pituitary-adrenal responses to stress. *Science, 277,* 1659-1662.
Loehlin, J. C. (1989). Partitioning environmental and genetic contributions to behavioral development. *The American Psychologist, 44,* 1285-1292.
Lord, C., & Bailey, A. (2002). Autism spectrum disorders. In M. Rutter & E. Taylor (Eds.), *Child and adolescent psychiatry, 4th ed.* Oxford: Blackwell Scientific. pp. 636-663. ［長尾圭造・宮本信也 監訳 (2007). 児童青年精神医学 明石書店に所収］
Lyytinen, H., Ahonen, T., Eklund, K., Guttorm, T., Kulju, P., Laakso, M-L., Leiwo, M., Leppänen, P., Lyytinen, P., Poikkeus, A-M., Richardson, U., Torppa, M., & Viholainen, H. (2004). Early development of children at familial risk for dyslexia — follow-up from birth to school age. *Dyslexia, 10,* 146-178.
Mackintosh, N. J. (1995). *Cyril Burt: Fraud or framed?* Oxford: Oxford University Press.
Maes, H. H., Woodard, C. E., Murrelle, L., Meyer, J. M., Silberg, J. L., Hewitt, J. K., Rutter, M., Simonoff, E., Pickles, A., Carbonneau, R., Neale, M. C., & Eaves, L. J. (1999). Tobacco, alco-

hol and drug use in eight- to sixteen-year-old twins: The Virginia Twin Study of Adolescent Bahavioral Development. *Journal of Studies on Alcohol, 60*, 293-305.

Marcus, G. (2004). *The birth of the mind: How a tiny number of genes creates the complexities of human thought.* New York: Basic Books. ［大隅典子 訳 （2005）. 心を生みだす遺伝子 岩波書店］

Margolis, R. L., McInnis, M. G., Rosenblatt, A., & Ross, C. A. (1999). Trinucleotide repeat expansion and neuropsychiatric disease. *Archives of General Psychiatry, 56*, 1019-1031.

Marks, J. (2002). *What it means to be 98% chimpanzee: Apes, people, and their genes.* Berkeley & Los Angeles: University of California Press. ［長野 敬・赤松眞紀 訳 （2006）. 98％チンパンジー：分子人類学から見た現代遺伝学 青土社］

Marlow, N. (2004). Neurocognitive outcome after very preterm birth. *Archives of Disease in Childhood, 89*, F224-F228.

Marlow, N., Wolke, D., Bracewell, M. A., & Samara, M., for the EPICure Study Group. (2005). Neurologic and developmental disability at six years of age after extremely preterm birth. *New England Journal of Medicine, 352*, 9-19.

Marmot, M., & Wilkinson, R. G. (1999). *Social determinants of health.* Oxford: Oxford University Press. ［西 三郎 総監修 （2002）. 21世紀の健康づくり10の提言：社会環境と健康問題 日本医療企画］

Marshall, E. (1995a). Less hype, more biology needed for gene therapy. *Science, 270*, 1751.

Marshall, E. (1995b). Gene therapy's growing pains. *Science, 269*, 1050-1055.

Maughan, B., Collishaw, S., & Pickles, A. (1998). School achievement and adult qualifications among adoptees: A longitudinal study. *Journal of Child Psychology and Psychiatry, 39*, 669-685.

Maughan, B., & Pickles, A. (1990). Adopted and illegitimate children growing up. In L. Robins, & M. Rutter (Eds.), *Straight and devious pathways from childhood to adulthood.* New York: Cambridge University Press. pp. 36-61.

Maughan, B., Pickles, A., Collishaw, S., Messer, J., Shearer, C., & Rutter, M. (to be submitted). *Age at onset and recurrence of depression: Developmental variations in risk.*

Maughan, B., Taylor, A., Caspi, A., & Moffitt, T. E. (2004). Prenatal smoking and child antisocial behavior: Testing genetic and environmental confounds. *Archives of General Psychiatry, 61*, 836-843.

Mayes, L. C. (1999). Developing brain and in-utero cocaine exposure: Effects on neural ontogeny. *Development and Psychopathology, 11*, 685-714.

Mayeux, R. M., Ottman, R. P., Maestre, G. M., Ngai, C. B., Tang, M.-X. P., & Ginsberg, H. M. (1995). Synergistic effects of traumatic head injury and apolipoprotein-epsilon4 in patients with Alzheimer's disease. *Neurology, 45*, 555-557.

Mazur, A., Booth, A., & Dabbs, J. M. (1992). Testosterone and chess competition. *Social Psychology Quarterly, 55*, 70-77.

McClelland, G. H., & Judd, C. M. (1993). Statistical difficulties of detecting interactions and moderator effects. *Psychological Bulletin, 114*, 376-390.

McDonald, C., Bullmore, E. T., Sham, P. C., Chitnis, X., Wickham, H., Bramon, E., & Murray, R. M. (2004). Association of genetic risks for schizophrenia and bipolar disorder with specific and generic brain structural endophenotypes. *Archives of General Psychiatry, 61*, 974-984.

McEwen, B., & Lasley, E. N. (2002). *The end of stress.* Washington, DC: Joseph Henry Press. ［桜内篤子 訳 （2004）. ストレスに負けない脳：心と体を癒すしくみを探る 早川書房］

McGuffin, P., Asherson, P., Owen, M., & Farmer, A. (1994). The strength of the genetic effect: Is there room for an environmental influence in the aetiology of schizophrenia? *British Journal of Psychiatry, 164*, 593-599.

McGuffin, P., Katz, R., Watkins, S., & Rutherford, J. (1996). A hospital-based twin register of the heritability of DSM-IV unipolar depression. *Archives of General Psychiatry, 53*, 129-136.

McGuffin, P., Owen, M. J., & Gottesman, I. I. (Eds.). (2002). *Psychiatric genetics and genomics.* Oxford: Oxford University Press.

McGuffin, P., & Rutter, M. (2002). Genetics of normal and abnormal development. In M. Rutter

& E. Taylor (Eds.), *Child and adolescent psychiatry, 4th ed*. Oxford: Blackwell Science. pp. 185-204. ［長尾圭造・宮本信也 監訳 (2007). 児童青年精神医学 明石書店に所収］
McKeown, T. (1976). *The role of medicine: Dream, mirage or nemesis?* London: Nuffield Provincial Hospitals Trust.
McKusick, V. A. (2002). History of medical genetics. In D. L. Rimoin, J. M. Connor, R. E. Pyeritz, & B. E. Korf (Eds.), *Emery and Rimoin's principles of medical genetics, 4th ed*. London & New York: Churchill Livingstone. pp. 3-36.
Meaney, M. J. (2001). Maternal care, gene expression, and the transmission of individual differences in stress reactivity across generations. *Annual Review of Neuroscience, 24*, 1161-1192.
Mednick, S. A. (1978). Berkson's fallacy and high-risk research. In L. C. Wynne & S. S. Matthysee (Eds.), *The nature of schizophrenia: New approaches to research and treatment*. New York: Wiley. pp. 442-452.
Meisel, P., Siegemund, A., Dombrowa, S., Sawaf, H., Fanghaenel, J., & Kocher, T. (2002). Smoking and polymorphisms of the interleukin-1 gene cluster (IL − 1α, IL − 1β, and IL − 1RN) in patients with periodontal disease. *Journal of Periodontology, 73*, 27-32.
Meisel, P., Schwahn, C., Gesch, D., Bernhardt, O., John, U., & Kocher, T. (2004). Dose-effect relation of smoking and the interleukin-1 gene polymorphism in periodontal disease. *Journal of Periodontology, 75*, 236-242.
Meyer, J. M., Rutter, M., Silberg, J. L., Maes, H. H., Simonoff, E., Shillady, L. L., Pickles, A., Hewitt, J. K., & Eaves, L. J. (2000). Familial aggregation for conduct disorder symptomatology: The role of genes, martial discord and family adaptability. *Psychological Medicine, 30*, 759-774.
Miele, F. (2002). *Intelligence, race and genetics: Conversations with Arthur R. Jensen*. Cambridge, MA: Westview Press.
Moffitt, T. E. (2005). The new look of behavioral genetics in developmental psychopathology: Gene-environment interplay in antisocial behaviors. *Psychological Bulletin, 131*, 533-554.
Moffitt, T. E., Caspi, A., & Rutter, M. (2005). Interaction between measured genes and measured environments: A research strategy. *Archives of General Psychiatry, 62*, 473-481.
Moffitt, T. E., Caspi, A., & Rutter, M. (in press). Measured gene-environment interactions in psychopathology: Concepts, research strategies, and implications for research, intervention, and public understanding of genetics. *Perspectives on Psychological Science*.
Moffitt, T. E., Caspi, A., Rutter, M., & Silva, P. A. (2001). *Sex differences in antisocial behaviour: Conduct disorder, delinquency, and violence in the Dunedin Longitudinal Study*. Cambridge: Cambridge University Press.
Moffitt, T. E., & the E-Risk Study Team. (2002). Teen-aged mothers in contemporary Britain. *Journal of Child Psychology and Psychiatry, 43*, 727-742.
Molenaar, P. C. M., Boomsma, D. I., & Dolan, C. V. (1993). A third source of developmental differences. *Behavior Genetics, 23*, 519-524.
Morange, M. (2001). *The misunderstood gene*. Cambridge, MA & London: Harvard University Press.
MTA Cooperative Group. (1999a). A 14-month randomized clinical trial of treatment strategies for attention-deficit/hyperactivity disorder. *Archives of General Psychiatry, 56*, 1073-1086.
MTA Cooperative Group. (1999b). Moderators and mediators of treatment response for children with attention-deficit/hyperactivity disorder. *Archives of General Psychiatry, 56*, 1088-1096.
MTA Cooperative Group. (2004a). National Institute of Mental Health Multimodal Treatment Study of ADHD follow-up: 24-month outcomes of treatment strategies for attention-deficit/hyperactivity disorder. *Pediatrics, 113*, 754-761.
MTA Cooperative Group. (2004b). National Institute of Mental Health Multimodal Treatment Study of ADHD follow-up: Changes in effectiveness and growth after the end of treatment. *Pediatrics, 113*, 762-769.
Müller-Hill, B. (1993). The shadow of genetic injustice. *Nature, 362*, 491-492.
Munafò, M. R., Clark, T. G., Moore, L. R., Payne, E., & Flint, J. (2003). Genetic polymorphisms and personality in healthy adults: A systematic review and meta-analysis. *Molecular Psychiatry*,

8, 471-484.
Murphy, D. L., Li, Q., Wichems, C., Andrews, A., Lesch, K-P., & Uhi, G. (2001). Genetic perspectives on the serotonin transporter. *Brain Research Bulletin*, *56*, 487-494.
Nadder, T. S., Silberg, J. L., Rutter, M., Maes, H. H., & Eaves, L. J. (2001). Comparison of multiple measures of adhd symptomatology: A multivariate genetic analysis. *Journal of Child Psychology and Psychiatry*, *42*, 475-486.
Nadder, T. S., Silberg, J. L., Rutter, M., Maes, H. H., & Eaves, L. J. (2002). Genetic effects on the variation and covariation of attention deficit-hyperactivity disorder (ADHD) and oppositional-defiant/conduct disorder (ODD/CD) symptomatologies across informant and occasion of measurement. *Psychological Medicine*, *32*, 39-53.
Nance, W. E., & Corey, L. A. (1976). Genetic models for the analysis of data from families of identical twins. *Genetics*, *83*, 811-826.
Nicholl, J. A. R., Roberts, G. W., & Graham, D. I. (1995). Apolipoprotein E e4 allele is associated with deposition of amyloid-B protein following head injury. *Nature Medicine*, *1*, 135-137.
Nigg, J. T., & Goldsmith, H. H. (1998). Developmental psychopathology, personality, and temperament: Reflections on recent behavioral genetics research. *Human Biology*, *70*, 387-412.
Nnadi, C. U., Goldberg, J. F., & Malhotra, A. K. (2005). Pharmacogenetics in mood disorder. *Current Opinion in Psychiatry*, *18*, 33-39
Nòbrega, M. A., Zhu, Y., Plajzer-Frick, I., Afzal, V., & Rubin, E. M. (2004). Megabase deletions of gene deserts result in viable mice. *Nature*, *431*, 988-993.
Nuffield Council on Bioethics. (2002). *Genetics and human behaviour: The ethical context*. London: Nuffield Council on Bioethics.
O'Brien, J. T. (1997). The "glucocorticoid cascade" hypothesis in man: Prolonged stress may cause permanent brain damage. *British Journal of Psychiatry*, *170*, 199-201.
O'Connor, T. G., Bredenkamp, D., Rutter, M., & the English and Romanian Adoptees (ERA) Study Team. (1999). Attachment disturbances and disorders in children exposed to early severe deprivation. *Infant Mental Health Journal*, *20*, 10-29.
O'Connor, T. G., Deater-Deckard, K., Fulker, D., Rutter, M., & Plomin, R. (1998). Genotype-environment correlations in late childhood and early adolescence: Antisocial behavioral problems and coercive parenting. *Developmental Psychology*, *34*, 970-981.
O'Connor, T. G., Marvin, R. S., Rutter, M., Olrick, J. T., Britner, P. A., & the English and Romanian Adoptees Study Team. (2003). Child-parent attachment following early institutional deprivation. *Development and Psychopathology*, *15*, 19-38.
O'Connor, T., Rutter, M., Beckett, C., Keaveney, L., Kreppner, J. M., & the English and Romanian Adoptees (ERA) Study Team. (2000). The effects of global severe privation on cognitive competence: Extension and longitudinal follow-up. *Child Development*, *71*, 376-390.
O'Donovan, M. C., Williams, N. M., & Owen, M. J. (2003). Recent advances in the genetics of schizophrenia. *Human Molecular Genetics*, *12*, R125-R133.
Office for National Statistics. (2002). *Social Trends 32*. London: Her Majesty's Stationery Office.
Ogdie, M. N., Macphie, I. L., Minassian, S. L., Yang, M., Fisher, S. E., Francks, C., Cantor, R. M., McCracken, J. T., McGough, J, J., Nelson, S. F., Monaco, A. P., & Smalley, S. L. (2003). A genomewide scan for Attention-Deficit/Hyperactivity disorder in an extended sample: Suggestive linkage on 17p11. *American Journal of Human Genetics*, *72*, 1268-1279.
Ong, E. K., & Glantz, S. A. (2000). Tobacco industry efforts subverting International Agency for Research on Cancer's second-hand smoke study. *Lancet*, *355*, 1253-1259.
Ordovas, J. M., Corella, D., Demissie, S., Cupples, L. A., Couture, P., Coltell, O., Wilson, P. W. F., Schaefer, E. J., & Tucker, K. L. (2002). Dietary fat intake determines the effect of a common polymorphism in the hepatic lipase gene promoter on high-density lipoprotein metabolism: Evidence of a strong dose effect in this gene-nutrient interaction in the Framingham study. *Circulation*, *106*, 2315-2321.
Passarge, E. (2002). Gastrointestinal tract and hepatobiliary duct system. In D. L. Rimoin, J. M. Connor, R. E. Pyeritz, & B. R. Korf (Eds.), *Emery and Rimoin's principles and practice of medical genetics, vol. 2*. London & New York: Churchill Livingstone. pp. 1747-1759.

Patrick, C. J., Zempolich, K. A., & Levenston, G. K. (1997). Emotionality and violent behavior in psychopaths: A biosocial analysis. In A. Raine, P. Brennan, D. P. Farrington, & S. A. Mednick (Eds.), *Biosocial bases of violence*. New York: Plenum. pp. 145-163.
Paulesu, E., Démonet, J., Fazio, F., McCrory, E., Chanoine, V., Brunswick, N., Cappa, S., Cossu, G., Habib, M., Frith, C., & Frith, U. (2001). Dyslexia: Cultural diversity and biological unity. *Science, 291*, 2165-2167.
Pedersen, N. L., Ripatti, S., Berg, S., Reynolds, C., Hofer, S. M., Finkel, D., Gatz, M., & Palmgren, J. (2003). The influence of mortality on twin models of change: Addressing missingness through multiple imputation. *Behavior Genetics, 33*, 161-169.
Pelosi, A. J., & Appleby, L. (1992). Psychological influences on cancer and ischaemic heart disease. *British Medical Journal, 304*, 1295-1298.
Petitto, J. M., & Evans, D. L. (1999). Clinical neuroimmunology: Understanding the development and pathogenesis of neuropsyciatric and psychosomatic illnesses. In D. S. Charney, E. J., Nestler, & B. S. Bunney (Eds.), *Neurobiology of mental illness*. New York & Oxford: Oxford University Press. pp. 162-169.
Petronis, A. (2001). Human morbid genetics revisited: Relevance of epigenetics. *Trends in Genetics, 17*, 142-146.
Petronis, A., Gottesman, I. I., Kan, P., Kennedy, J. C., Basile, V. S., Paterson, A. D., & Popendikyte, V. (2003). Monozygotic twins exhibit numerous epigenetic differences: Clues to twin discordance? *Schizophrenia Bulletin, 29*, 169-178.
Pickles, A. (1993). Stages, precursors and causes in development. In D. F. Hay & A. Angold (Eds.), *Precursors and causes in development and psychopathology*. Chichester: Wiley. pp. 23-49.
Pickles, A., & Angold, A. (2003). Natural categories or fundamental dimensions: On carving nature at the joints and the re-articulation of psychopathology. *Development and Psychopathology, 15*, 529-551.
Pickles, A., Bolton, P., Macdonald, H., Bailey, A., Le Couteur, A., Sim, L., & Rutter, M. (1995). Latent class analysis of recurrence risk for complex phenotypes with selection and measurement error: A twin and family history study of autism. *American Journal of Human Genetics, 57*, 717-726.
Pickles, A., Starr, E., Kazak, S., Bolton, P., Papanikolau, K., Bailey, A. J., Goodman, R., & Rutter, M. (2000). Variable expression of the autism broader phenotype: Findings from extended pedigrees. *Journal of Child Psychology and Psychiatry, 41*, 491-502.
Pike, A., McGuire, S., Hetherington, E. M., Reiss, D., & Pomin, R. (1996). Family environment and adolescent depression and antisocial behavior: A multivariate genetic analysis. *Developmental Psychology, 32*, 590-603.
Pinker, S. (2002). *The blank slate: The modern denial of human nature*. New York: Viking Penguin. 〔山下篤子 訳 (2004). 人間の本性を考える：心は「空白の石板」か 日本放送出版協会〕
Plomin, R. (1994). *Genetics and experience: The interplay between nature and nurture*. Thousand Oaks, CA: Sage Publications.
Plomin, R., & Crabbe, J. (2000). DNA. *Psychological Bulletin, 126*, 806-828.
Plomin, R., & Daniels, D. (1987). Why are children in the same family so different from one another? *The Behavioral and Brain Sciences, 10*, 1-15.
Plomin, R., DeFries, J. C., Craig, I. W., & McGuffin, P. (Eds.). (2003). *Behavioral genetics in the postgenomic era*. Washington, DC: American Psychological Association.
Plomin, R., DeFries, J. C., & Fulker, D. W. (1988). *Nature and nurture during infancy and early childhood*. New York: Cambridge University Press.
Plomin, R., DeFries, J. C., & Loehlin, J. C. (1977). Genotype-environment interaction and correlation in the analysis of human behavior. *Psychological Bulletin, 84*, 309-322.
Plomin, R., DeFries, J., McClearn, G. E., & McGuffin, P. (Eds.). (2001). *Behavioral genetics, 4th ed*. New York: Worth Publishers.
Plomin, R., & Kovas, Y. (2005). Generalist genes and learning disabilities. *Psychological Bulletin, 131*, 592-617.

Plomin, R., Owen, M. J., & McGuffin, P. (1994). The genetic basis of complex human behaviours. *Science*, *264*, 1733–1739.
Poeggel, G., Helmeke, C., Abraham, A., Schwabe, T., Friedrich, P., & Braun, K. (2003). Juvenile emotional experience alters synaptic composition in the rodent cortex, hippocampus, and lateral amygdala. *Proceedings of the National Academy of Sciences*, *100*, 16137–16142.
Poulton, R. P., Caspi, A., Moffitt, T. E., Cannon, M., Murray, R., & Harrington, H. L. (2000). Children's self-reported psychotic symptoms predict adult schizophreniform disorders: A 15-year longitudinal study. *Archives of General Psychiatry*, *57*, 1053–1058.
Quinton, D., Pickles, A., Maughan, B., & Rutter, M. (1993). Partners, peers, and pathways: Assortative pairing and continuities in conduct disorder. *Development and Psychopathology*, *5*, 763–783.
Quinton, D., & Rutter, M. (1976). Early hospital admissions and later dusturbances of behaviour: An attempted replication of Douglas' findings. *Developmental Medicine and Child Neurology*, *18*, 447–459.
Radke-Yarrow, M. (1998). *Children of depressed mothers*. New York: Cambridge University Press.
Ramoz, N., Reichert, J. G., Smith, C. J., Silverman, J. M., Bespalova, I. N., Davis, K. L., et al. (2004). Linkage and association of the mitochondrial aspartate/glutamate carrier SLC25A12 gene with autism. *American Journal of Psychiatry*, *161*, 662–669.
Rapoport, J., & Swedo, S. (2002). Obsessive-compulsive disorder. In M. Rutter & E. Taylor (Eds.), *Child and adolescent psychiatry*, *4th ed*. Oxford: Blackwell Science. pp. 571–592. ［長尾圭造・宮本信也 監訳 （2007）. 児童青年精神医学 明石書店に所収］
Reif, A., & Lesch, K-P. (2003). Toward a molecular architecture of personality. *Behavioural Brain Research*, *139*, 1–20.
Relph, K., Harrington, K., & Pandha, H. (2004). Recent developments and current status of gene therapy using viral vectors in the United Kingdom. *British Medical Journal*, *329*, 839–842.
Rhee, S. H., & Waldman, I. D. (2002). Genetic and environmental influences on antisocial behavior: A meta-analysis of twin and adoption studies. *Psychological Bulletin*, *128*, 490–529.
Ridley, M. (2003). *Nature via nurture: Genes, experience and what makes us human*. London: Fourth Estate. ［中村桂子・斉藤隆央 訳 （2004）. やわらかな遺伝子 紀伊國屋書店］
Riggins-Caspers, K. M., Cadoret, R. J., Knutson, J. F., & Langbehn, D. (2003). Biology-environment interaction and evocative biology-environment correlation: Contributions of harsh discipline and parental psychopathology to problem adolescent behaviors. *Behavior Genetics*, *33*, 205–220.
Rimoin, D. L., Connor, J. M., Pyeritz, R. E., & Korf, B. R. (Eds.). (2002). *Emery and Rimoin's principles and practice of medical genetics, 4th ed., vols. 1–3*. London: Churchill Livingstone.
Risch, N., & Merikangas, K. (1996). The future of genetic studies of complex human diseases. *Science*, *273*, 1516–1517.
Risch, N., & Zhang, H. (1995). Extreme discordant sib pairs for mapping quantitative trait loci in humans. *Science*, *268*, 1584–1589.
Robins, L. (1966). *Deviant children grown up: A sociological and psychiatric study of sociopathic personality*. Baltimore: Williams & Wilkins.
Rose, R. J., Viken, R. J., Dick, D. M., Bates, J. E., Pulkkinen, L., & Kaprio, J. (2003). It *does* take a village: Non-familial environments and children's behavior. *Psychological Science*, *14*, 273–277.
Rose, S. (1995). The rise of neurogenetic determinism. *Nature*, *373*, 380–382.
Rose, S. (1998). *Lifelines: Biology, freedom, determinism*. Harmondsworth: The Penguin Press.
Rose, S., Lewontin, R. C., & Kamin, L. J. (1984). *Not in our genes: Biology, ideology and human nature*. London: Penguin.
Rosenweig, M. R., & Bennett, E. L. (1996). Psychobiology of plasticity: Effects of training and experience on brain and behavior. *Behavioural Brain Research*, *78*, 57–65.
Rothman, K. J. (1981). Induction and latent periods. *American Journal of Epidemiology*, *104*, 587–592.
Rothman, K. J., & Greenland, S. (1998). Causation and causal inference. In K. J. Rothman & S.

Greenland (Eds.), *Modern epidemiology*. Philadelphia, PA: Lippcott-Raven. pp. 7-28.
Rotter, J. I., & Diamond, J. M. (1987). What maintains the frequencies of human genetic diseases? *Nature, 329*, 289-290.
Rowe, D. C. (1994). *The limits of family influence: Genes, experiences, and behavior*. New York: The Guilford Press.
Rowe, D. C., Jacobson, K. C., & van den Oord, E. J. C. G. (1999). Genetic and environmental influences on vocabulary IQ: Parental education level as moderator. *Child Development, 70*, 1151-1162.
Rowe, R., Maughan, B., Worthman, C. M., Costello, E. J., & Angold, A. (2004). Testosterone, antisocial behavior, and social dominance in boys: Pubertal development and biosocial interaction. *Biological Psychiatry, 55*, 546-552.
Royal College of Psychiatrists' Working Party. (2001). *Guidelines for researchers and for research ethics committees on psychiatric research involving human participants* (Council Report No: CR82). London: Gaskell.
Rutter, M. (1965). Classification and categorization in child psychiatry. *Journal of Child Psychology and Psychiatry, 6*, 71-83.
Rutter, M. (1971). Parent-child separation: Psychological effects on the children. *Journal of Child Psychology and Psychiatry, 12*, 233-260.
Rutter, M. (1972). *Maternal deprivation reassessed*. Harmondsworth, Middlesex: Penguin. ［北見芳雄・佐藤紀子・辻 祥子 訳 (1984). 母親剥奪理論の功罪（続） 誠信書房］
Rutter, M. (1978). Diagnostic validity in child psychiatry. *Advances in Biological Psychiatry, 2*, 2-22.
Rutter, M. (1983). Statistical and personal interactions: Facets and perspectives. In D. Magnusson & V. Allen (Eds.), *Human development: An interactional perspective*. New York: Academic Press. pp. 295-319.
Rutter, M. (1987). Continuities and discontinuities from infancy. In J. Osofsky (Ed.), *Handbook of infant development, 2nd ed.* New York: Wiley. pp. 1256-1296.
Rutter, M. (1989). Pathways from childhood to adult life. *Journal of Child Psychology and Psychiatry, 30*, 23-51.
Rutter, M. (1994). Psychiatric genetics: Research challenges and pathways forward. *American Journal of Medical Genetics (Neuropsychiatric Genetics). 54*, 185-198.
Rutter, M. (1997). Comorbidity: Concepts, claims and choices. *Criminal Behaviour and Mental Health, 7*, 265-286.
Rutter, M. (1999a). Genes and behaviour: Health potential and ethical concerns. in A. Carroll, & C. Skidmore (Eds.), *Inventing heaven? Quakers confront the challenges of genetic engineering*. Reading, Berks: Sowle Press. pp. 66-88.
Rutter, M. (1999b). Social context: Meanings, measures and mechanisms. *European Review, 7*, 139-149.
Rutter, M. (2000a). Genetic studies of autism: From the 1970s into the millennium. *Journal of Abnormal Child Psychology, 28*, 3-14.
Rutter, M. (2000b). Negative life events and family negativity: Accomplishments and challenges. In T. Harris (Ed.), *Where inner and outer worlds meet: Psychosocial research in the tradition of George W. Brown*. London: Routledge/Taylor & Francis. pp. 123-149.
Rutter, M. (2000c). Resilience reconsidered: Conceptual considerations, empirical findings, and policy implications. In J. P. Shonkoff & S. J. Meisels (Eds.), *Handbook of early childhood intervention, 2nd ed.* New York: Cambridge University Press. pp. 651-682.
Rutter, M. (2002a). Maternal deprivation. In M. H. Bornstein (Ed.), *Handbook of parenting: vol. 4. Social conditions and applied parenting, 2nd ed.* Mahwah, NJ: Lawrence Erlbaum. pp. 181-202.
Rutter, M. (2002b). Nature, nurture, and development: From evangelism through science toward policy and practice. *Child Development, 73*, 1-21.
Rutter, M. (2002c). Substance use and abuse: Causal pathways considerations. In M. Rutter & E. Taylor (Eds.), *Child and adolescent psychiatry, 4th ed.* Oxford: Blackwell Scientific. pp.

455-462. [長尾圭造・宮本信也 監訳 (2007). 児童青年精神医学 明石書店に所収]
Rutter, M. (2003a). Categories, dimensions, and the mental health of children and adolescents. In J. A. King, C. F. Ferris, & I. I. Lederhendler (Eds.), *Roots of mental illness in children*. New York: The New York Academy of Sciences. pp. 11-21.
Rutter, M. (2003b). Crucial paths from risk indicator to causal mechanism. In B. Lahey, T. Moffitt, & A. Caspi (Eds.), *The causes of conduct disorder and serious juvenile delinquency*. New York: The Guilford Press. pp. 3-24.
Rutter, M. (2003c). Genetic influences on risk and protection: Implications for understanding resilience. In S. Luthar (Ed.), *Resilience and vulnerability: Adaptation in the context of childhood adversities*. New York: Cambridge University Press. pp. 489-509.
Rutter, M. (2004). Pathways of genetic influences on psychopathology. *European Review*, *12*, 19-33.
Rutter, M. (2005a). Incidence of autism spectrum disorders: Changes over time and their meaning. *Acta Paediatrica*, *94*, 2-15.
Rutter, M. (2005b). Environmentally mediated risks for psychopathology: Research strategies and findings. *Journal of the American Academy of Child and Adolescent Psychiatry*, *44*, 3-18.
Rutter, M. (2005c). Adverse pre-adoption experiences and psychological outcomes. In D. M. Brodzinsky & J. Palacios (Eds.), *Psychological issues in adoption: Theory, research, and application*. Westport, CT: Greenwood Publishing. pp. 67-92.
Rutter, M. (2005d). Genetic influences in autism. In F. Volkmar, R. Paul, A. Klin, & D. Cohen (Eds.), *Handbook of autism and pervasive developmental disorders*, 3rd ed. New York: Wiley. pp. 425-452.
Rutter, M. (2005e). Autism research: Lessons from the past and prospects for the future. *Journal of Autism and Developmental Disorders*, *35*, 241-257.
Rutter, M. (2005f). What is the meaning and utility of the psychopathy concept? *Journal of Abnormal Child Psychology*, *33*, 499-503.
Rutter, M. (in press a). Multiple meanings of a developmental perspective in psychopathology. *European Journal of Developmental Psychology*.
Rutter, M. (in press b). The psychological effects of institutional rearing. In P. Marshall & N. Fox (Eds.), *The development of social engagement*. New York: Oxford University Press.
Rutter, M. (in press c). The promotion of resilience in the face of adversity. In A. Clarke-Stewart & J. Dunn (Eds.), *Families count: Effects on child and adolescent development*. New York & Cambridge: Cambridge University Press.
Rutter, M., Bolton, P., Harrington, R., Le Couteur, A., Macdonald, H., & Simonoff, E. (1990a). Genetic factors in child psychiatric disorders — I. A review of research strategies. *Journal of Child Psychology and Psychiatry*, *31*, 3-37.
Rutter, M., & Brown, G. W. (1966). The reliability and validity of measures of family life and relationships in families containing a psychiatric patient. *Social Psychiatry*, *1*, 38-53.
Rutter, M., Caspi, A., Fergusson, D., Horwood, L. J., Goodman, R., Maughan, B., Moffitt, T. E., Meltzer, H., & Carroll, J. (2004). Sex differences in developmental reading disability: New findings from 4 epidemiological studies. *Journal of American Medical Association*, *291*, 2007-2012.
Rutter, M., Caspi, A., & Moffitt, T. E. (2003). Using sex differences in psychopathology to study causal mechanisms: Unifying issues and research strategies. *Journal of Child Psychology and Psychiatry*, *44*, 1092-1115.
Rutter, M., Champion, L., Quinton, D., Maughan, B., & Pickles, A. (1995). Understanding individual differences in environmental risk exposure. In P. Moen, G. H. Elder, Jr., & K. Lüscher (Eds.), *Examining lives in context: Perspectives on the ecology of human development*. Washington, DC: American Psychological Association. pp. 61-93.
Rutter, M., Cox, A., Tupling, C., Berger, M., & Yule, W. (1975a). Attainment and adjustment in two geographical areas: I. The prevalence of psychiatric disorder. *British Journal of Psychiatry*, *126*, 493-509.
Rutter, M., Dunn, J., Plomin, R., Simonoff, E., Pickles, A., Maughan, B., Ormel, J., Meyer, J., &

Eaves, L. (1997). Integrating nature and nurture: Implications of person-environment correlations and interactions for developmental psychology. *Development and Psychopathology, 9*, 335-364.
Rutter, M., & the English and Romanian Adoptees (E.R.A.) Study Team. (1998a). Developmental catch-up, and deficit, following adoption after severe global early privation. *Journal of Child Psychology and Psychiatry, 39*, 465-476.
Rutter, M., Giller, H., & Hagell, A. (1998). *Antisocial behavior by young people*. New York: Cambridge University Press.
Rutter, M., Kreppner, J., O'Connor, T. G., & the English and Romaninan Adoptees (ERA) Study Team. (2001). Specificity and heterogeneity in children's responses to profound institutional privation. *British Journal of Psychiatry, 179*, 97-103.
Rutter, M., Macdonald, H., Le Couteur, A., Harrington, R., Bolton, P., & Bailey, A. (1990). Genetic factors in child psychiatric disorders. II. Empirical findings. *Journal of Child Psychology and Psychiatry, 31*, 39-83.
Rutter, M., & Madge, N. (1976). *Cycles of disadvantage: A review of research*. London: Heinemann Educational.
Rutter, M., & Maughan, B. (2002). School effectiveness findings 1979-2002. *Journal of School Psychology, 40*, 451-475.
Rutter, M., Maughan, B., Mortimore, P., Ouston, J., & Smith, A. (1979). *Fifteen thousand hours: Secondary schools and their effects on children*. London: Open Books.
Rutter, M., & McGuffin, P. (2004). The Social, Genetic Developmental Psychiatry Research Centre: Its origins, conception, and initial accomplishments. *Psychological Medicine, 34*, 933-947.
Rutter, M., Moffitt, T. E., & Caspi, A. (in press). Gene-environment interplay and psychopathology: Multiple varieties but real effects. *Journal of Child Psychology and Psychiatry*.
Rutter, M., O'Connor, T., Beckett, C., et al. (2000). Recovery and deficit following profound early deprivation. In P. Selman (Ed.), *Intercountry adoption: Developments, trends and perspectives*. London: British Association for Adoption and Fostering. pp. 107-125.
Rutter, M., O'Connor, T., & the English and Romanian Adoptees Research Team. (2004). Are there biological programming effects for psychological development? Findings from a study of Romanian adoptees. *Developmental Psychology, 40*, 81-94.
Rutter, M., & Pickles, A. (1991). Person-environment interactions: Concepts, mechanisms, and implications for data analysis. In T. D. Wachs & R. Plomin (Eds.), *Conceptualization and measurement of organism-environment interaction*. Washington, DC: American Psychological Association. pp. 105-141.
Rutter, M., Pickles, A., Murray, R., & Eaves, L. (2001a). Testing hypotheses on specific environmental causal effects on behavior. *Psychological Bulletin, 127*, 291-324.
Rutter, M., & Plomin, R. (1997). Opportunities for psychiatry from genetic findings. *British Journal of Psychiatry, 171*, 209-219.
Rutter, M., & Quinton, D. (1977). Psychiatric disorder — ecological factors and concepts of causation. In H. McGurk (Ed.), *Ecological factors in human development*. Amsterdam: North-Holland. pp. 173-187.
Rutter, M., & Quinton, D. (1984). Parental psychiatric disorder: Effects on children. *Psychological Medicine, 14*, 853-880.
Rutter, M., & Quinton, D. (1987). Parental mental illness as a risk factor for psychiatric disorders in childhood. In D. Magnusson & A. Ohman (Eds.), *Psychopathology: An interactional perspective*. New York: Academic Press. pp. 199-219.
Rutter, M., & Redshaw, J. (1991). Annotation: Growing up as a twin: Twin-singleton differences in psychological development. *Journal of Child Psychology and Psychiatry, 32*, 885-895.
Rutter, M., & Silberg, J. (2002). Gene-environment interplay in relation to emotional and behavioral disturbance. *Annual Review of Psychology, 53*, 463-490.
Rutter, M., Silberg, J., O'Connor, T., & Simonoff, E. (1999a). Genetics and child psychiatry: I. Advances in quantitative and molecular genetics. *Journal of Child Psychology and Psychiatry, 40*, 3-18.

Rutter, M., Silberg, J., & Simonoff, E. (1993). Whither behavioral genetics? A developmental psychopathological perspective. In R. Plomin & G. E. McClearn (Eds.), *Nature, nurture, and psychology*. Washington, DC: APA Books. pp. 433-456.
Rutter, M., & Smith, D. (1995). *Psychosocial disorders in young people: Time trends and their causes*. Chichester: Wiley.
Rutter, M., Thorpe, K., Greenwood, R., Northstone, K., & Golding, J. (2003). Twins as a natural experiment to study the causes of mild language delay: I. Design; twin-singleton differences in language, and obstetric risks. *Journal of Child Psychology and Psychiatry, 44*, 326-334.
Rutter, M., & Tienda, M. (2005). The multiple facets of ethnicity. In M. Rutter & M. Tienda (Eds.), *Ethnicity and causal mechanisims*. New York: Cambridge Unversity Press. pp. 50-79.
Rutter, M., Yule, B., Quinton, D., Rowlands, O., Yule, W., & Berger, M. (1975b). Attainment and adjustment in two geographical areas: III Some factors accounting for area differences. *British Journal of Psychiatry, 126*, 520-533.
Sampson, R. J., & Laub, J. H. (1993). *Crime in the making: Pathways and turning points through life*. Cambridge, MA: Harvard University Press.
Sampson, R. J., & Laub, J. H. (1996). Socioeconomic achievement in the life course of disadvantaged men: Military service as a turning point, circa 1940-1965. *American Sociological Review, 61*, 347-367.
Sampson, R. J., Raudenbush, S. W., & Earls, F. (1997). Neighborhoods and violent crime: A multilevel study of collective efficacy. *Science, 277*, 918-924.
Sandberg, S., McGuinness, D., Hillary, C., & Rutter, M. (1998). Independence of childhood life events and chronic adversities: A comparison of two patient groups and controls. *Journal of the American Academy of Child and Adolescent Psychiatry, 37*, 728-735.
Sapolsky, R. M. (1993). Endocrinology alfresco: Psychoendocrine studies of wild baboons. *Recent Progress in Hormone Research, 48*, 437-468.
Sapolsky, R. M. (1998). *Why zebras don't get ulcers: An updated guide to stress, stress-related diseases, and coping*. New York: W. H. Freeman, & Co.［森平慶司 監訳 （1998）．なぜシマウマは胃潰瘍にならないか：ストレスと上手につきあう方法　シュプリンガー・フェアラーク東京］
Sargant, W., & Slater, E. (1954). *An introduction to physical methods of treatment in psychiatry, 3rd ed.* Edinburgh: Livingstone.
Saunders, A. M. (2000). Apolipoprotein E and Alzheimer disease: An update on genetic and functional analyses. *Journal of Neuropathology and Experimental Neurology, 59*, 751-758.
Scarr, S. (1992). Developmental theories for the 1990s: Development and individual differences. *Child Development, 63*, 1-19.
Scarr, S., & McCartney, K. (1983). How people make their own environment: A theory of genotype-environmental effects. *Child Development, 54*, 424-435.
Schachar, R., & Tannock, R. (2002). Syndromes of hyperactivity and attention deficit. In M. Rutter & E. Taylor (Eds.), *Child and adolescent psychiatry, 4th ed.* Oxford: Blackwell Scientific. pp. 399-418. ［長尾圭造・宮本信也 監訳　（2007）．児童青年精神医学　明石書店に所収］
Scourfield, J., & Owen, M. J. (2002). Genetic counseling. In P. McGuffin, M. J. Owen, & I. I. Gottesman (Eds.), *Psychiatric genetics and genomics*. Oxford: Oxford University Press. pp. 415-423.
Segal, N. L. (1999). *Entwined lives: Twins and what they tell us about human behavior*. New York: Dutton.
Seglow, J., Pringle, M. K., & Wedge, L. (1972). *Growing up adopted*. Windsor, UK: National Foundation for Educational Research.
Shahbazian, M. D., Young, J. I., Yuva-Paylor, L. A., Spencer, C. M., Antalffy, B. A., Noebels, J. L., Armstrong, D. L., Paylor, R., & Zoghbi, H. Y. (2002). Mice with truncated MeCP2 recapitulate many Rett syndrome features and display hyper-acetylation of histone H3. *Neuron, 35*, 243-254.
Shahbazian, M. D., & Zoghbi, H. Y. (2001). Molecular genetics of Rett syndrome and clinical spectrum of MECP2 mutations. *Current Opinion in Neurology, 14*, 171-176.

Sham, P. (2003). Recent developments in quantitative trait loci analysis. In R. Plomin, J. C. DeFries, I. Craig, & P. McGuffin (Eds.), *Behavioural genetics in the postgenomic era*. Washington, DC: American Psychological Association. pp. 41-54.
Shaywitz, S. E. Shaywitz, B. A., Fulbright, R. K., Skudlarski, P., Mencl, W. E., Constable, R. T., Pugh, K. R., Holahan, J. M., Marchione, K. E., Fletcher, J. M., Lyon, G. R., & Gore, J. C. (2003). Neural systems for compensation and persistence: Young adult outcome of childhood reading disability. *Biological Psychiatry*, 54, 25-33.
Shields, J. (1962). *Monozygotic twins brought up apart and brought up together*. London: Oxford University Press.
Shiner, R., & Caspi, A. (2003). Personality differences in childhood and adolescence: Measurement, development, and consequences. *Journal of Child Psychology and Psychiatry*, 44, 2-32.
Shonkoff, J. P., & Phillips, D. A. (2000). *From neurons to neighborhoods: The science of early childhood development*. Washington, DC: National Academy Press.
Siever, K. J., Kalus, O. F., & Keefe, R. S. (1993). The boundaries of schizophrenia. *Psychiatric Clinics of North America*, 16, 217-244.
Silberg, J. L., & Eaves, L. J. (2004). Analysing the contributions of genes and parent-child interaction to childhood behavioural and emotional problems: A model for the children of twins. *Psychological Medicine*, 34, 347-356.
Silberg, J. L., Parr, T., Neale, M. C., Rutter, M., Angold, A., & Eaves, L. J. (2003). Maternal smoking during pregnancy and risk to boys' conduct disturbance: An examination of the causal hypothesis. *Biological Psychiatry*, 53, 130-135.
Silberg, J., Pickles, A., Rutter, M., Hewitt, J., Simonoff, E., Maes, H., et al. (1999). The influence of genetic factors and life stress on depression among adolescent girls. *Archives of General Psychiatry*, 56, 225-232.
Silberg, J., Rutter, M., D'Onofrio, B., & Eaves, L. (2003). Genetic and environmental risk factors in adolescent substance use. *Journal of Child Psychology and Psychiatry*, 44, 664-676.
Silberg, J. L., Rutter, M., & Eaves, L. (2001a). Genetic and environmental influences on the temporal association between earlier anxiety and later depression in girls. *Biological Psychiatry*, 49, 1040-1049.
Silberg, J., Rutter, M., Neale, M., & Eaves, L. (2001b). Genetic moderation of environmental risk for depression and anxiety in adolescent girls. *British Journal of Psychiatry*, 179, 116-121.
Simonoff, E., Pickles, A., Hervas, A., Silberg, J. L., Rutter, M., & Eaves, L. (1998a). Genetic influences on childhood hyperactivity: Contrast effects imply parental rating bias, not sibling interaction. *Psychological Medicine*, 28, 825-837.
Simonoff, E., Pickles, A., Meyer, J., Silberg, J., & Maes, H. (1998b). Genetic and environmental influences on subtypes of conduct disorder behavior in boys. *Journal of Abnormal Child Psychology*, 27, 497-511.
Skuse, D., & Kuntsi, J. (2002). Molecular genetic and chromosomal anomalies: Cognitive and behavioural consequences. In M. Rutter & E. Taylor (Eds.), *Child and adolescent psychiatry, 4th ed*. Oxford: Blackwell Scientific. pp. 205-240. ［長尾圭造・宮本信也 監訳 (2007). 児童青年精神医学 明石書店に所収］
SLI Consortium. (2004). Highly significant linkage to the SLI1 locus in an expanded sample of individuals affected by Specific Language Impairment. *American Journal of Human Genetics*, 74, 1225-1238.
Slutske, W. S., Heath, A. C., Dinwiddie, S. H., Madden, P. A. F., Bucholz, K. K., Dunne, M. P., Statham, D. J., & Martin, N. G. (1997). Modeling genetic and environmental influences in the etiology of conduct disorder: A study of 2,682 adult twin pairs. *Journal of Abnormal Psychology*, 106, 266-279.
Small, G. W., Ercoli, L., Silverman, D. H. S., Huang, S-C., Komo, S., Bookheimer, S. Y., Lavretsky, H., Miller, K., Siddharth, P., Rasgon, N. L., Mazziotta, J. C., Saxena, S., Wu, H. M., Mega, M. S., Cummings, J. L., Saunders, A. M., Perciak-Vance, M. A., Roses, A. D., Barrio, J. R., & Phelps, M. E. (2000). Cerebral metabolic and cognitive decline in persons at genetic risk for Alzheimer's disease. *Proceedings of the National Academy of Sciences of the USA, 11*,

6037-6042.
Smalley, S. L. (1998). Autism and tuberous sclerosis. *Journal of Autism and Developmental Disorders, 28,* 419-426.
Smith, S. D., Kimberling, W. J., Pennington, B. F., & Lubs, H. A. (1983). Specific reading disability: Identification of an inherited form through linkage analysis. *Science, 219,* 1345.
Snowling, M. J., Gallagher, A., & Frith, U. (2003). Family risk of dyslexia is continuous: Individual differences in the precursors of reading skill. *Child Development, 74,* 358-373.
Snyder, J., Reid, J., & Patterson, G. (2003). A social learning model of child and adolescent antisocial behavior. In B. B. Lahey, T. E. Moffitt, & A. Caspi (Eds.), *Causes of conduct disorder and juvenile delinquency*. New York & London: The Guilford Press. pp. 27-48.
Sonuga-Barke, E. J. S. (1998). Categorical models of childhood disorder: A conceptual and empirical analysis. *Journal of Child Psychology and Psychiatry, 39,* 115-133.
Spence, M. A., Greenberg, D. A., Hodge, S. E., & Vieland, V. J. (2003). The Emperor's new methods. *American Journal of Human Genetics, 72,* 1084-1087.
Spielman, R. S., & Ewens, W. J. (1996). Invited Editorial: The TDT and other family-based tests for linkage disequilibrium and association. *American Journal of Human Genetics, 59,* 983-989.
Spira, A., Beane, J., Shah, V., Liu, G., Schembri, F., Yang, X., Palma, J., & Brody, J. S. (2004). Effects of cigarette smoke on the human airway epithelial cell transcriptome. *Proceedings of the National Academy of Sciences of the United States of America, 101,* 10143-10148.
Starfield, B. (1998). *Primary care: Balancing health needs, services, and technology*. Oxford: Oxford University Press.
Steffenburg, S., Gillberg, C., Hellgren, L., Andersson, L., Gillberg, I., Jakobsson, G., & Bohman, M, (1989). A twin study of autism in Denmark, Finland, Iceland, Norway and Sweden. *Journal of Child Psychology and Psychiatry, 30,* 405-416.
Stehr-Green, P., Tull, P., Stellfeld, M., Mortenson, P-B., & Simpson, D. (2003). Autism and Thimerosal-containing vaccines: Lack of consistent evidence for an association. *American Journal of Preventive Medicine, 25,* 101-106.
Stevenson, J. (2001). Comorbidity of reading/spelling diability and ADHD. In F. Levy & D. Hay (Eds.), *Attention, genes and ADHD*. Hove, Sussex: Brunner-Routledge. pp. 9-114.
Stevenson, L., Graham, P., Fredman, G., & McLoughlin, V. (1987). A twin study of genetic influences on reading and spelling ability and disability. *Journal of Child Psychology and Psychiatry, 28,* 229-247.
Stone, A. A., Bovbjerg, D. H., Neale, J. M., Napoli, A., Valdimarsdottir, H., Cox, D., Hayden, F. G., & Gwaltney, J. M. Jr. (1992). Development of common cold symptoms following experimental rhinovirus infection is related to prior stressful life events. *Behavioral Medicine, 18,* 115-120.
Stoolmiller, M. (1999). Implications of the restricted range of family environments for estimates of heritability and nonshared environment in behavior-genetic adoption studies. *Psychological Bulletin, 125,* 392-409.
Storms, L. H., & Sigal, J. J. (1958). Eysenck's personality theory with special reference to 'The Dynamics of Anxiety and Hysteria'. *British Journal of Medical Psychology, 31,* 228-246.
Strachan, T., & Read, A. P. (2004). *Human molecular genetics 3*. New York & Abingdon, Oxon: Garland Science, Taylor & Francis. ［村松正實ほか 監訳 (2005). ヒトの分子遺伝学 メディカル・サイエンス・インターナショナル］
Stratton, K., Howe, C., & Battaglia, F. (1996). *Fetal alcohol syndrome: Diagnosis, epidemiology, prevention, and treatment*. Washington, DC: National Academy Press.
Streissguth, A. P., Barr, H. M., Bookstein, F. L., Sampson, P. D., & Olson, H. C. (1999). The long term neurocognitive consequences of prenatal alcohol exposure: A 14 year study. *Psychological Science, 10,* 186-190.
Strittmatter, W. J., Saunders, A. M., Schmechel, D., Pericak-Vance, M., Enghild, J., Salvesen, G. S., & Roses, A. D. (1993). Apolipoprotein E: High-avidity binding to beta-amyloid and increased frequency of type 4 allele in late-onset familial Alzheimer disease. *Proceedings of the National Academy of Sciences of the USA, 90,* 1977-1981.

Suarez, B. K., Hampe, C. L., & Van Eerdewegh, P. (1994). Problems of replicating linkage claims in psychiatry. In E. S. Gershon, D. R. Cloninger, & J. E. Barrett (Eds.), *Genetic approaches to mental disorders.* Washington, DC: American Psychiatric Press. pp. 23-46.
Sutherland, G. R., Gecz, J., & Mulley, J. C. (2002). Fragile X syndrome and other causes of X-linked mental handicap. In D. L. Rimoin, J. M. Connor, R. E. Pyeritz & B. R. Korf (Eds.), *Emery and Rimoin's principles and practice of medical genetics, vol. 3.* London & New York: Churchill Livingstone. pp. 2801-2826.
Sullivan, P. F., & Eaves, L. J. (2002). Evaluation of analyses of univariate discrete twin data. *Behavior Genetics, 32,* 221-227.
Sullivan, P. F., Neale, M. C., & Kendler, K. S. (2000). Genetic epidemiology of major depression: Review and meta-analysis. *American Journal of Psychiatry, 157,* 1552-1562.
Sulston, J., & Ferry, G. (2002). *The common thread: A story of science, politics, ethics and the Human Genome.* London & New York: Bantam. ［中村桂子 監訳 （2003）. ヒトゲノムの ゆくえ 秀和システム］
Tai, E. S., Corella, D., Deurenberg-Yap, M., Cutter, J., Chew, S. K., Tan, C. E., & Ordovas, J. M. (2003). Dietary fat interacts with the -514C>T polymorphism in the hepatic lipase gene promoter on plasma lipid profiles in multiethnic Asian population: The 1998 Singapore National Health Survey. *The Journal of Nutrition, 133,* 3399-3408.
Talmud, P. J., Bujac, S., & Hall, S. (2000). Substitution of asparagine for aspartic acid at residue 9 (D9N) of lipoprotein lipase markedly augments risk of coronary heart disease in male smokers. *Atherosclerosis, 149,* 75-81.
Talmud, P. J. (2004). How to identity gene-environment interactions in a multi-factorial disease: CHD as an example. *Proceedings of the Nutrition Society, 63,* 5-10.
Tawney, R. H. (1952). *Equality.* London: Allen and Unwin. ［岡田藤太郎・木下建司 訳 （1994）. 平等論 相川書房］
Taylor, A. (2004). The consequences of selective participation on behaviour-genetic findings: Evidence from simulated and real data. *Twin Research, 7,* 485-504.
Taylor, E., & Rutter, M. (2002). Classification: Conceptual issues and substantive findings. In M. Rutter & E. Taylor (Eds.), *Child and adolescent psychiatry, 4th ed.* Oxford: Blackwell Scientific. pp. 3-17. ［長尾圭造・宮本信也 監訳 （2007）. 児童青年精神医学 明石書店に所収］
Tennant, C., & Bebbington, P. (1978). The social causation of depression: A critique of the work of Brown and his colleagues. *Psychological Medicine, 8,* 565-576.
Teasdale, J. D., & Barnard, P. J. (1993). *Affect, cognition, and change: Re-modelling depressive thought.* Hove, England: Erlbaum.
Thapar, A. (2002). Attention Deficit Hyperactivity Disorder: New genetic findings, new directions. In R. Plomin, J. C. DeFries, I. Craig, & P. McGuffin (Eds.), *Behavioural genetics in the postgenomic era.* Washington, DC: American Psychological Association. pp. 445-462.
Thapar, A., Fowler, T., Rice, F., et al. (2003). Maternal smoking during pregnancy and Attention Deficit/Hyperactivity Disorder symptoms in offspring. *American Journal of Psychiatry, 160,* 1985-1989.
Thapar, A., Hervas, A., & McGuffin, P. (1995). Childhood hyperactivity scores are highly heritable and show sibling competition effects: Twin study evidence. *Behavior Genetics, 25,* 537-544.
Thapar, A., & McGuffin, P. (1994). A twin study of depressive symptoms in childhood. *British Journal of Psychiatry, 165,* 259-265.
Thapar, A., & McGuffin, P. (1996). A twin study of antisocial and neurotic symptoms in childhood. *Psychological Medicine, 26,* 1111-1118.
Thomas, A., & Chess, S. (1977). *Temperament and development.* New York: Brunner Mazel.
Thomas, A., Chess, S., & Birch, H. (1968). *Temperament and behavior disorders in childhood.* New York: New York University Press.
Thomas, A., Chess, S., Birch, H., Hertzig, M., & Korn, S. (1963). *Behavioral individuality in early childhood.* New York: New York University Press.
Thomas, L. (1979). *The Medusa and the Snail: More notes of a biology watcher.* New York: Viking

Press.

Thorpe, K., Rutter, M., & Greenwood, R. (2003). Twins as a natural experiment to study the causes of mild language delay: II. Family interaction risk factors. *Journal of Child Psychology and Psychiatry*, *44*, 342-355.

Tienari, P. (1999). Genotype-environment interactions and schizophrenia. *Acta Neuropsychiatrica*, *11*, 48-49.

Tienari, P. (1991). Interaction between genetic vulnerability and family environment: The Finnish adoptive family study of schizophrenia. *Acta Psychiatrica Scandinavica*, *84*, 460-465.

Tienari, P., Wynne, L. C., Moring, J., Läsky, K., Nieminen, P., Sorri, A., Lahti, I., Wahlberg, K-E., Naarala, M., Kurki-Suonio, K., Saarento, O., Koistinen, P., Tarvainen, T., Hakko, H., & Miettunen, J. (2000). Finnish adoptive family study: Sample selection and adoptee DSM-III-R diagnoses. *Acta Psychiatrica Scandinavica*, *101*, 433-443.

Tienari, P., Wynne, L. C. Sorri, A., Lahti, I., Laksy, K., Moring, J., Naarala, M., Nieminen, P., & Wahlberg, K. E. (2004). Genotype-environment interaction in schizophrenia-spectrum disorder: Long-term follow-up study of Finnish adoptees. *British Journal of Psychiatry*, *184*, 216-222.

Tizard, J. (1964). *Community services for the mentally handicapped*. Oxford: Oxford University Press.

Tizard, J. (1975). Race and IQ: The limits of probability. *New Behaviour*, *1*, 6-9.

Townsend, P., Phillimore, P., & Beattie, A. (1988). *Health and deprivation: Inequality and the North*. London: Croom Helm.

Tsuang, M. T., Bar, J. L., Stone, W. S., & Faraone, S. V. (2004). Gene-environment interactions in mental disorders. *World Psychiatry*, *3*, 73-83.

Turkeltaub, P. E., Gareau, L., Flowers, D. L., Zeffiro, T. A., & Eden, G. F. (2003). Development of neural mechanisms for reading. *Nature Neuroscience*, *6*, 767-773.

Turkheimer, E., Haley, A., Waldron, M., D'Onofrio, B., & Gottesman, I. I. (2003). Socioeconomic status modifies heritability of IQ in young children. *Psychological Science*, *14*, 623-628.

Uchiyama, T., Kurosawa, M., & Inaba, Y. (in press). Does MMR vaccine cause so-called "regressive autism"? *Journal of Autism and Developmental Disorders*.

Valentine, G. H. (1986). *The chromosomes and their disorders: An introduction for clinicians*. London: Heinemann.

van den Oord, E. J. C. G., Pickles, A., & Waldman, I. D. (2003). Normal variation and abnormality: An empirical study of the liability distributions underlying depression and delinquency. *Journal of Child Psychology and Psychiatry*, *44*, 180-192.

van Os, J., & Sham, P. (2003). Gene-environment correlation and interaction in schizophrenia. In R. M. Murray, P. B. Jones, E. Susser, J. van Os, & M. Cannon (Eds.), *The epidemiology of schizophrenia*. Cambridge: Cambridge University Press. pp. 235-253.

van Wieringen, J. C. (1986). Secular growth changes. In F. Falkner & J. M. Tanner (Eds.), *Human growth, vol. 3, Methodology, 2nd ed*. New York: Plenum Press. pp. 307-331.

Venter, J. C., et al. (2001). The sequence of the human genome. *Science*, *291*, 1304-1351.

Viding, E., Blair, R. J., Moffitt, T. E., & Plomin, R. (2005). Evidence for substantial genetic risk for psychopathy in 7-year-olds. *Journal of Child Psychology and Psychiatry*, *46*, 592-597.

Viding, E., Spinath, F., Price, T. S., Bishop, D. V. M., Dale, P. S., & Plomin, R. (2004). Genetic and environmental influence on language impairment in 4-year old same-sex and opposite-sex twins. *Journal of Child Psychology and Psychiatry*, *45*, 315-325.

Volkmar, F., & Dykens, E. (2002). Mental retardation. In M. Rutter & E. Taylor (Eds.), *Child and adolescent psychiatry, 4th ed*. Oxford, England: Blackwell Scientific Publications. pp. 697-710. ［長尾圭造・宮本信也 監訳 (2007). 児童青年精神医学 明石書店に所収］

Volkmar, F. R., Lord, C., Bailey, A., Schultz, R. T., Klin, A., & Wadsworth, S. J. (2004). Autism and pervasive developmental disorders. *Journal of Child Psychology and Psychiatry*, *41*, 135-170.

Wachs, T. D., & Plomin, R. (1991). *Conceptualization and measurement of organism-environment interaction*. Washington, DC: American Psychological Association.

Wadsworth, S. J., Knopik, V. S., & DeFries, J. C. (2000). Reading disability in boys and girls: No evidence for a differential genetic etiology. *Reading and Writing: An Interdisciplinary Journal, 13*, 133-145.
Wahlberg, K-E., Wynne, L. C., Oja, H., Keskitalo, P., Pykalainen, L., Lahti, I., Moring, J., Naarala, M., Sorri, A., Seitarnaa, M., Laksy, K., Kolassa, J., & Tienari, P. (1997). Gene-environment interaction in vulnerability to schizophrenia: Findings from the Finnish Adoptive Family Study of Schizophrenia. *American Journal of Psychiatry, 154*, 355-362.
Waldman, I. D., & Rhee, S. H. (2002). Behavioural and molecular genetic studies. In S. Sandberg (Ed.), *Hyperactivity and attention disorders of childhood, 2nd ed.* Cambridge: Cambridge University Press. pp. 290-335.
Waldman, I. D., Rhee, S. H., Levy, F., & Hay, D. A. (2001). Causes of the overlap among symptoms of ADHD, oppositional defiant disorder, and conduct disorder. In F. Levy & D. Hay (Eds.), *Attention, genes and ADHD*. Hove, East Sussex: Brunner-Routledge. pp. 115-138.
Wang, W. Y., Barratt, B. J., Clayton, D. G., & Todd, J. A. (2005). Genome-wide association studies: Theoretical and practical concerns. *Nature Reviews — Genetics, 6*, 109-118.
Wang, X., Zuckerman, B., Pearson, C., Kaufman, G., Chen, C., Wang, G., Niu, T., Wise, P. H., Bauchner, H., & Xu, X. (2002). Maternal cigarette smoking, metabolic gene polymorphism, and infant birth weight. *Journal of the American Medical Association, 287*, 195-202.
Waterland, R. A., & Jirtle, R. L. (2003). Transposable elements: Targets for early nutritional effects on epigenetic gene regulation. *Molecular and Cellular Biology, 23*, 5293-5300.
Watson, J. D., & Crick, F. H. (1953). Genetical implications of the structure of deoxyribonucleic acid. *Nature, 171*, 964-967.
Weatherall, D. (1995). *Science and the quiet art: Medical research and patient care*. Oxford: Oxford University Press.
Weatherall, D. J., & Clegg, J. B. (2001). *The thalassaemia syndromes*. Oxford: Blackwell Scientific.
Weaver, I. C. G., Cervoni, N., Champagne, F. A., D'Alessio, A. C., Charma, S., Seckl, J., Dymov, S., Szyf, M., & Meaney, M. J. (2004). Epigenetic programming by maternal behavior. *Nature Neuroscience, 7*, 847-854.
Weir, J. B. (1952). The assessment of the growth of schoolchildren with special reference to secular changes. *British Journal of Nutrition, 6*, 19-73.
Whalley, H. C., Simonotto, E., Flett, S., Marshall, I., Ebmeier, K. P., Owens, D. G. C., Goddard, N. H., Johnstone, E. C., & Lawrie, S. M. (2004). fMRI correlates of state and trait effects in subjects at genetically enhanced risk of schizophrenia. *Brain, 127*, 478-490.
Williams, J. (2002). Reading and language disorders. In P. McGuffin, M. J. Owen, & I. I. Gottesman (Eds.), *Psychiatric genetics and genomics*. Oxford: Oxford University Press. pp. 129-145.
Wimmer, H., & Goswami, U., (1994). The influence of orthographic consistency on reading development: Word recognition in English and German children. *Cognition, 51*, 91-103.
World Health Organization. (1993). *The ICD-10 classification of mental and behavioural disorders: Diagnostic criteria for research*. Geneva: World Health Organization. [中根允文ほか 訳 (2008). ICD-10 精神および行動の障害：DCR 研究用診断基準（新訂版） 医学書院]
Wüst, S., Van Rossum, F. C. E., Federenko, I. S., Koper, J. W., Kumsta, R., & Hellhammer, D. H. (2004). Common polymorphisms in the glucocorticoid receptor gene are associated with adrenocortical responses to psychosocial stress. *The Journal of Clinical Endocrinology and Metabolism, 89*, 565-573.
Yaffe, K., Haan, M., Byers, A., Tangen, C., & Kuller, L. (2000). Estrogen use, APOE, and cognitive decline: Evidence of gene-environment interaction. *Neurology, 54*, 1949-1953.
Yamori, Y., Nara, Y., Mizushima, S., Murakami, S., Ikeda, K., Sawamura, M., Nabika, T., & Horie, R. (1992). Gene-environment interaction in hypertension, stroke and atherosclerosis in experimental models and supportive findings from a world-wide cross-sectional epidemiologial survey: A WHO-cardiac study. *Clinical and Experimental Pharmacology and Physiology, 19*, 43-52.
Yang, Q., & Khoury, M. J. (1997). Evolving methods in genetic epidemiology III: Gene-environment interaction in epidemiological research. *Epidemiologic Reviews, 19*,

33–43.
Young, L. J. (2003). The neural basis of pair bonding in a monogamous species: A model for understanding the biological basis of human behavior. In K. W. Wachter & R. A. Bulatao (Eds.), *Offspring: Human fertility behavior in biodemographic perspective*. Washington, DC: National Academies Press. pp. 91–103.
Young, L. J., Nilsen, R., Waymire, K. G., MacGregor, G. R., & Insel, T. R. (1999). Increased affiliative response to vasopressin in mice expressing the V_{1a} receptor from a monogamous vole. *Nature, 400*, 766–768.
Zoccolillo, M., Pickles, A., Quinton, D., & Rutter, M. (1992). The outcome of childhood conduct disorder: Implications for defining adult personality disorder and conduct disorder. *Psychological Medicine, 22*, 971–986.
Zoghbi, H. Y. (2003). Postnatal neurodevelopmental disorders: Meeting at the synapse? *Science, 302*, 826–830.

索　引

人名索引

アイゼンク（Eysenck, H.）　9
インゼル（Insel, T. R.）　218
ヴァイディング（Viding, E.）　98
ウールドマン（Waldman, I. D.）　89
エーリッヒ（Ehrish, P.）　189
エルダー（Elder, Jr. G. H.）　131
オコナー（O'Connor, T. G.）　72, 237

カステラノス（Castellanos, F. X.）　213
カスピ（Caspi, A.）　59, 248
カードノ（Cardno, A. G.）　82
カードン（Cardon, L. R.）　205
ガレノス（Galen）　92
カンセダ（Cancedda, L.）　267, 273
キャドレー（Cadoret, R. J.）　244
クノッピ（Knopik, V. S.）　35
クラッビー（Crabbe, J. C.）　7
クラドック（Craddock, N.）　85
クリック（Crick, F. H.）　2, 145
グリーンランド（Greenland, S.）　23, 27
クレックレー（Cleckley, H. C.）　94
クレペリン（Kraepelin, E.）　173
ゲー（Ge, X.）　229
ケイガン（Kagan, J.）　93, 94
ケイミン（Kamin, L. J.）　11
ケント（Kent, L.）　85
ケンドラー（Kendler, K. S.）　17, 19, 38, 91, 103, 243, 250
コステロ（Costello, E. J.）　128
ゴッテスマン（Gottesman, I. I.）　82
ゴールトン（Galton, F.）　4
コンガー（Conger, R. D.）　137

サンガー（Sanger, F.）　2
サンドバーグ（Sandberg, S.）　138
サンプソン（Sampson, R. J.）　131
ジェンセン（Jensen, A.）　9
ジャクソン（Jackson, J. F.）　15
ジャフィー（Jaffee, S. R.）　118, 244

シュルツケ（Slutske, W. S.）　63
ジョセフ（Joseph, J.）　83
ジョーンズ（Jones, I.）　85
スカー（Scarr, S.）　19
スペンス（Spence, M. A.）　206
スミス（Smith, S. D.）　213
スレイター（Slater, E.）　4, 13
ゾッコリーロ（Zoccolillo, M.）　130
ゾービ（Zoghbi, H. Y.）　207
ソープ（Thorpe, K.）　133

ダイム（Duyme, M.）　107, 122, 124, 133
ダイヤモンド（Diamond, M. J.）　184
ダニエルス（Daniels, D.）　106
タノック（Tannock, R.）　213
チェス（Chess, S.）　93
チャンピオン（Champion, L.）　235
ティエナリ（Tienari, P.）　83, 245
ディッケンス（Dickens, W. T.）　44
デネット（Dennett, D. C.）　17
トーニー（Tawney, R. H.）　13
ドノフリオ（D'Onofrio, B.）　122
トーマス（Thomas, A.）　93

パイク（Pike, A.）　133
ハインツ（Heinz, A.）　249
バウムリンド（Baummrind, D.）　15
ハグバーグ（Hagberg, B.）　207
バス（Buss, A. H.）　93
バーチ（Birch, H.）　93
バート（Burt, C.）　8
パトリック（Patrick, C. J.）　94
パブロフ（Pavlov, I. P.）　92
ハリス（Harris, J. R.）　19
ハリス（Harris, T. O.）　139, 231, 236
ハリリ（Hariri, A. R.）　249
バロン-コーエン（Baron-Cohen, S.）　267
ピアソン（Pearson, K.）　4
ピックルス（Pickles, A.）　30, 74

327

ピンカー（Pinker, S.）　14, 19
ファルコナー（Falconer, D. S.）　166
フィッシャー（Fisher, R. E.）　4, 165
フェルドマン（Feldman, M.）　189
フォーク（Falk, C. T.）　202
ブライアント（Bryant, P.）　132
ブライソン（Bryson, B.）　6
ブラウン（Brown, G. W.）　139, 231, 236
フリン（Flynn, J. R.）　44
ブレア（Blair, R. J. R.）　94
フロイト（Freud, S.）　92
プロミン（Plomin, R.）　7, 93, 106
ペトロニス（Petronis, A.）　186, 267
ボルグ（Borge, A. I. H.）　137
ホールデン（Haldane, J. B. S.）　4
ホーン（Horn, G.）　273
本田（Honda, H.）　129

マエス（Maes, H. H.）　63
マグフィン（McGuffin, P.）　91
マーフィー（Murphy, D. L.）　250
ミーニー（Meaney, M.）　268, 273
ミュラー–ヒル（Müller-Hill, B.）　10

メンデル（Mendel, G. J.）　1
モフィット（Moffitt, T. E.）　59, 89, 248
モランジュ（Morange, M.）　18

ヤコブ（Jacob, T.）　122

ラウブ（Laub, J. H.）　131
ラカトシュ（Lakatos, K.）　216
ラター（Rutter, M.）　124
ラッセル（Russell, B.）　27
リー（Rhee, S. H.）　89
リギンス–カスパーズ（Riggins-Caspers, K. M.）　238
ルビンシュタイン（Rubinstein, P.）　202
ル・ファニュ（Le Fanu, J.）　5
レウォンティン（Lewontin, R.）　18
ロウ（Rowe, D. C.）　19, 226
ローズ（Rose, S.）　16, 17
ロスマン（Rothman, K. J.）　23, 27
ロビンス（Robins, L.）　235

ワトソン（Watson, J. D.）　2, 145

事項索引

数字・欧文
5HTT　249
ACE　241
ADHD　35, 46, 87, 212
ALDH2　216
ApoE-4　200, 211, 241
AS　158
BDNFタンパク質　267
CBT　140
COMT　165, 211, 251
CYP1A1　242
DAT-1　212
DNA　2
DNA配列　3
DNAプーリング法　202
DRD4　212, 215
DSM-IV　32
EEA　53
FOX-P2　215
FOXタンパク遺伝子　215
g　9
GSTT1　242

HDLコレステロール　241
HL　241
HRR法　202
ICD-10　32
IL1　242
IQ　8
LODスコア　198
MAOA　245
PCR　3, 198
PKU　232
PWS　156
QTL　150, 170, 203
QTLきょうだいペア連鎖研究　204
RFLP　2, 198
RGS-4　211
RNA　16
RNAスプライシング　148
SLI　98
SNP　2, 198
SSR　2
TDT　202
VCFS　165

索 引

XO　163
XYY　164
X染色体不活化　158
X不活センター　185
X連鎖　151
βアミロイド　242
λ（ラムダ）　65

◦あ　行
愛着　216
アセチル化　184
アソータティブ・メイティング　63, 71
アタッチメント　216
新しい遺伝学　5
アデニン　180
アフリカ系アメリカ人　10, 211
アヘン　135
アポリポタンパク質E4　241
アミノ酸　182
アミロイド　210
アミロイド前駆体タンパク遺伝子　209
アメリカの先住民　128
アルコール依存リスク　216
アルコール中毒　121
アルツハイマー病　30, 98, 208, 210
　早発性——　98, 208
　遅発性——　99, 210
アルデヒド・ヒドロゲナーゼ遺伝子　216
アレル
アンジェルマン症候群　35, 158
アンジオテンシン変換酵素　241, 258

依存　95
一塩基多型　2, 198
一絨毛膜性　54
一卵性双生児　52
一致率　82
一般知能　9
遺伝カウンセリング　156
遺伝子　1
遺伝子・遺伝子間交互作用　224
遺伝子型　150
遺伝子・環境間交互作用　7, 16, 224, 240
遺伝子・環境間相関　16, 56, 233
　受動的——71, 233
　能動的——233
　誘導的——233
遺伝子座　150, 197
遺伝子多型　228
遺伝子治療　5
遺伝子発現　183, 184, 266
遺伝子プール　14
遺伝的カスケード　72

遺伝的関係　71
遺伝的脆弱性　111
遺伝的多様性　160
遺伝的媒介　119
遺伝マーカー　198
遺伝率　7, 11, 51, 226
遺伝論　14
移動　164
因果経路　37
インターロイキン遺伝子　242
イントロン　148, 180
インプリンティング　273

ヴァージニア双生児研究　63
ウィリアムズ症候群　164
うつ病　1, 204

栄養　272
易罹患性　2
エクソン　148, 180
エストロゲン療法　242
エピジェネシス　158, 185
エピジェネティック　108, 184
エピスタシス　105
エピソード　84
塩基　180
塩基配列　145
エンハンサー　182

横断データ　120
オキシトシン　218
オッズ比　28
親　134
親性インプリンティング　156
オリゴジェニック　150
折りたたみ　182

◦か　行
外向性　93
介入デザイン　132
海馬　141, 269
開放性　94
学業成績　1
学業不振　87
学習障害　35
拡大双生児家族デザイン　73, 234
獲得性異常　162
過食　272
家族研究　73
家族性負荷　73
活動性　60
家庭環境　15
カテゴリー　31

カテコール-O-メチル基転移酵素遺伝子 211
鎌状赤血球貧血症 105, 256
ガン 26
環境的媒介 53, 115
還元主義 17
感受性 3
感受性遺伝子 7, 74, 170
感情表出 120
肝性リパーゼ遺伝子 258
肝性リパーゼ脂肪分解酵素 241
冠動脈疾患 25
関連デザイン 201

偽遺伝子 188
偽陰性 203
気質 92
喫煙 241
逆座 164
逆境 138
キャリア 151
共遺伝 197
偽陽性 203
きょうだい 65, 68
きょうだいの交互作用効果 60
強迫性障害 66
共有環境 106
寄与危険度 28
近交系 224
キンドリング効果 43
勤勉性 94

グアニン 180
クラインフェルター症候群 163
グルココルチコイド 184, 269

系統 151
欠失 164
結節性硬化症 24, 209
決定論 16, 260
血友病 152
ゲノム 2
ゲノムインプリンティング 156
言語 214
言語獲得 214
言語使用 215
言語障害 35
言語発達 56, 126, 214
倹約原理 62

行為障害 63
交互作用 223
交叉養育 268

構造異常 164
行動遺伝学 7
行動主義 92
行動抑制 255
国際疾病分類第10版 32
心の理論 85
誤差 106
個人差 51
コドン 180
孤発性 207
コーピング 136
コロラド養子研究 69, 237
混合型家族研究 71

∽ さ 行

在胎週数 57
サイレンサー 182
サイレンシング 266
サラセミア 256
産科合併症 56
三種混合ワクチン 129
サンプリングバイアス 58

子宮内環境 272
刺激性薬物 87
刺激追求 215
自殺 14, 41
歯周病 242
シス作用 182
自然実験 124
自然選択 240
持続性 61
シトシン 180
自閉症 4, 16, 35, 36
自閉症スペクトラム障害 85, 171, 209, 214
社会格差 12
社会的きずな 218
社会的行動 15
ジャンクDNA 186
集団階層化 201
縦断デザイン 130
縦断データ 116
出現率 76
寿命 111
ショウジョウバエ 193
常染色体 151
進化 240
進化論 16
新奇性追求 215
心筋梗塞 204
神経症傾向 66, 93, 173, 204
神経線維腫症 155

神経内分泌　　46, 140, 266
人種差別　　9
人生経験　　99
心臓血管性疾患　　241
心臓麻痺　　204
身長　　44
心理社会的経験　　136

ストレス　　141
刷り込み　　273

正規分布　　34
制限酵素断片長多型　　2, 198
脆弱Ｘ症候群　　156
精神疾患の診断と統計マニュアル第4版　　32
精神遅滞　　168
精神病質　　94
精神分析　　92
性染色体　　151
絶対危険度　　29
全ゲノムスキャン　　198
染色体　　2
　第1――　　209
　第4――　　217
　第5――　　212
　第6――　　35, 213
　第7――　　164, 212
　第9――　　160, 200, 209, 212
　第11――　　202, 217
　第13――　　159, 185
　第14――　　209
　第15――　　158, 164
　第16――　　160, 200, 209, 212, 215
　第17――　　212
　第19――　　215
　第21――　　2, 163, 165, 209
　第22――　　165
染色体異常　　162
選択的刈り込み　　190
選択的スプライシング　　182
選択的配置　　70
善玉コレステロール　　241
先天性幽門狭窄症　　166
セントラルドグマ　　148, 180
全般性不安障害　　204

相加的遺伝効果　　60
相加的効果　　225
相加的交互作用　　225
増加的交互作用　　225
双極性障害　　16, 84
相互作用　　223

相乗的遺伝効果　　60
相乗的交互作用　　225
双生児　　4, 7
双生児研究法　　52
双生児‐単胎児間の比較　　126
双生児デザイン　　119
双生児の子どもデザイン　　122
双胎間輸血症候群　　54, 126
相対危険度　　28
増幅変数　　44

∽た　行
大うつ病性障害　　34
体細胞性異常　　162
胎児アルコール症候群　　135
胎児期　　135
体質異常　　162
対比効果　　60, 88
大麻　　131, 251
対立遺伝子　　1
対立遺伝子多様性　　160
多因子　　7
多因子性遺伝　　150, 165
多因子性疾患　　210
ダウン症　　2, 28, 35, 163, 209
多型性　　148
ターナー症候群　　163
ダニーディン縦断研究　　245
単一遺伝子性疾患　　206
単極性うつ病　　91
短肢小人症　　187
単胎児　　56
タンパク質　　6, 148, 180

チック　　66, 174
知的障害　　35
知能指数　　8
チミン　　180
注意欠陥／多動性障害　　35, 46, 87, 212
中間表現型　　219
重複　　164
調和性　　94
チロメサール　　129
チンパンジー　　192

低出生体重児　　242
ディスバインディン遺伝子　　211
ディスレクシア　　34, 35, 96, 213
低体重　　57
ディメンション　　32
デオキシリボ核酸　　2
適合度　　62
デザイナー・ベイビー　　11

テロメア　274
てんかん　172
転写　148, 181
伝達非平衡テスト　202
デンマーク養子研究　83

等環境仮説　53
統計学的遺伝子・環境間交互作用　231
統計学的交互作用　225
統合失調症　1, 4, 16, 32, 82, 165, 211
統合失調症スペクトラム障害　83, 245
統合失調症様障害　66
統制性　94
同祖的　52, 192
動物モデル　3
トゥーレット症候群　66, 174
特異的言語障害　98, 214
読字障害　35
特殊な読字障害　213
特性　4
突然変異　148
ドーパミンD2受容体遺伝子　186
ドーパミンD4受容体遺伝子　215
ドーパミン系神経伝達システム　212
ドーパミン受容体遺伝子　212
ドーパミン伝導体遺伝子　212
トランス作用　182
トランスジェニックマウス　188
トリコスタチン　271
トリソミー　163
トリヌクレオチド　156
トリプレット　180

な 行

軟口蓋心臓顔貌症候群　165

日本人　211
ニューレグリン1遺伝子　211
ニューロン　98, 189
二卵性双生児　52
認知行動療法　140

ヌクレオチド　2, 180

ネガティブな情動性　94
ネガティブな養育態度　229
ネガティブなライフイベント　54

脳イメージング研究　84
脳血管性疾患　99

は 行

ハウスキーピング遺伝子　184

パーソナリティ　1, 92, 93
パーソナリティ障害　92, 94
　シゾイド——　34, 172
　失調型——　172
パーソナリティ特性　215
バソプレシン　218
発現　184
発現量多様性　155
発達プログラミング　272
発話言語　214
ハプロタイプ　205
ハプロタイプ相対リスク法　202
パラノイド症状　172
バリン対立遺伝子　251
半きょうだい　67
犯罪　14
反社会的行動　26, 88
反社会的パーソナリティ障害　229
ハンチントン病　30, 151, 153

非共有環境　106
非共有環境効果　60
非コード領域　187
非相加的遺伝効果　60
ビッグファイブ　94
肥満　48, 272
ヒューマン・ゲノム・プロジェクト　3
評価バイアス　60
表現型　150
貧困　128

ファルコナー閾値モデル　166
不安障害　173
フィンランド双生児研究　82
フィンランド養子研究　83
フェニルケトン尿症　52, 232
不完全浸透　153
物質使用　95
物質使用障害　95
物質乱用　95, 216
不平等　12
プラダー・ウィリー症候群　156
フラミンガム心臓研究　241
プレセニリン遺伝子　209
プレーリーハタネズミ　218
プロザック　174
プロテオミクス　6, 280
プロモーター領域　181

平均への回帰　168
閉塞性気道疾患　37
ヘテロ接合体　151
ヘテロ接合体優位性　161

索　引

変更遺伝子　155
扁桃核　249

保護因子　26
ポジティブな情動性　93
ポリジェニック　150
ポリヌクレオチド　145
ポリペプチド　148, 180
ポリメラーゼ連鎖反応　3, 198
ポリモーフィズム　148
翻訳　181

⇨ ま 行

マイクロサテライト　198
マイクロサテライト単純反復配列　2
マウス　193
マラリア　233, 256

未熟　57
ミトコンドリア　182
ミトコンドリア伝達　149

メタ分析　81
メチオニン対立遺伝子　251
メチル化　184, 267
メッセンジャー RNA　148, 180
メンタルモデル　266
メンデル性　74, 105
メンデル性遺伝　150, 161, 206
メンデル性疾患　162
メンデルの法則　151

妄想疾患　66
モザイク現象　159, 162
モーズレー双生児レジスター　82
モノアミン酸化酵素　245
問題行動　90

⇨ や 行

薬物　217

薬物乱用　14, 41
薬理遺伝学　218
野生型　148
ヤマハタネズミ　218

優性　105, 148, 151
優性遺伝　151
優生学　10
誘導期間　29

よい遺伝子　254
養子　4, 7
養子研究　68, 83
養子研究法　52
養子デザイン　122

⇨ ら 行

卵性　57

離婚　102
離散形質　165
リスク因子　3, 24
リスク環境　5
リスク指標　28, 118
リボ核酸　16
リボソーム　182
量的遺伝学　51
量的形質遺伝子座　150, 170, 203

ルーマニア　107, 124, 242

レジリエンス　139, 241
劣性　151
レット症候群　152, 159, 185, 207

ロッドスコア　198

⇨ わ

悪い遺伝子　254

訳者略歴

安藤　寿康
あん　どう　じゅ　こう

1981年　慶應義塾大学文学部卒業
1986年　慶應義塾大学大学院社会学研究
　　　　科博士課程単位取得退学
1987年　慶應義塾大学文学部助手
1992年　同　専任講師
1993年　同　助教授
1997年　博士（教育学）
2001年　慶應義塾大学文学部教授
　　　　現在に至る

主な著訳書

遺伝と環境（共訳，培風館）
遺伝と教育（単著，風間書房）
ふたごの研究（共著，ブレーン出版）
心はどのように遺伝するか（単著，講談社）
事例に学ぶ心理学者のための研究倫理
　　　　　　　　　（共編著，ナカニシヤ出版）
精神疾患の行動遺伝学（共訳，有斐閣）
パーソナリティ心理学（共著，有斐閣）

Ⓒ　安藤寿康　2009

2009年7月15日　初版発行

遺伝子は行動をいかに語るか

原著者　M.ラター
訳　者　安藤寿康
発行者　山本　格

発行所　株式会社　培風館
東京都千代田区九段南 4-3-12・郵便番号 102-8260
電話 (03) 3262-5256 (代表)・振替 00140-7-44725

D.T.P. アベリー・平文社印刷・三水舎製本

PRINTED IN JAPAN

ISBN978-4-563-05207-2　C3011